干旱内陆河流域生态水文情势演变及水资源适应性利用

薛联青　张洛晨　周海鹰　魏光辉　杨　广　著

科学出版社

北　京

内 容 简 介

本书分析了干旱内陆河流域生态水文情势演变机制，进行了外界环境胁迫的水资源适应性利用研究，是水利部公益性行业科研专项经费项目、国家自然科学基金项目等多项研究成果的系统总结。本书详细阐述了内陆干旱区水资源演变规律，探讨了极端气候与水文事件演变趋势，构建了基于水文-生态响应关系的生态水流评估方法，考虑到生态和人类需水的互相协调作用，进行了基于流域系统协调的不同干旱情景下的水资源承载能力分析并介绍水资源适应性利用方法。本书内容对深入研究自然-人工复合作用下的流域水资源适应性利用，进行干旱区水资源复合生态系统的综合治理具有重要借鉴意义，为流域水资源规划、绿洲适宜发展规模确立及生态-环境-经济的可持续发展提供参考。

本书可供水文水资源专业、环境科学、资源科学、农业工程及水利工程等专业的科研人员、大学教师和相关专业的研究生与本科生，以及从事水资源管理、水土保持工程及环境保护方面的技术人员阅读参考。

图书在版编目(CIP)数据

干旱内陆河流域生态水文情势演变及水资源适应性利用/薛联青等著.
—北京：科学出版社，2017.11

ISBN 978-7-03-055019-4

Ⅰ.①干…　Ⅱ.①薛…　Ⅲ.①干旱区-内陆水域-水文情势-研究　②干旱区-内陆水域-水资源利用-研究　Ⅳ.①P333　②TV213.9

中国版本图书馆 CIP 数据核字(2017) 第 264099 号

责任编辑：惠　雪　沈　旭　冯　钊／责任校对：彭　涛
责任印制：张克忠／封面设计：许　瑞

科学出版社 出版
北京东黄城根北街 16 号
邮政编码：100717
http://www.sciencep.com

文林印务有限公司印刷
科学出版社发行　各地新华书店经销
*
2017 年 11 月第　一　版　开本：720 × 1000 1/16
2017 年 11 月第一次印刷　印张：14
字数：302 000

定价：89.00 元

(如有印装质量问题，我社负责调换)

序

干旱内陆河流域水资源短缺，生态环境脆弱，用水矛盾突出。气候变化、人类活动及水资源开发利用等复杂外界胁迫作用已严重影响到流域生态水文情势演变及流域生态安全，加强水资源适应性利用和统筹调配对维系流域水资源、生态–人口–经济可持续发展极为关键。塔里木河被誉为新疆的“母亲河”，全长 2486km，是我国最大的内陆河，流域地处中亚腹地，天山山脉和昆仑山山脉之间，塔克拉玛干沙漠位于其中部，流域水资源匮乏，生态系统极为脆弱。近年来该地极端气候及水文事件频繁发生，且受绿洲规模、人口–社会–经济发展驱动影响，生态用水和人类社会经济活动等不同行业的用水矛盾突出，生态水文情势演变的不确定性及引发的生态风险进一步加剧。如何加强适应性水资源开发利用，维护生态安全成为目前该流域所关注的热点问题。

《干旱内陆河流域生态水文情势演变及水资源适应性利用》一书内容面向国家水资源利用问题和水利行业的科技需求，汇集了作者研究团队在水资源演变规律、流域水文模拟和生态保护领域多年的研究成果，重点针对塔里木河流域水资源开发利用存在的问题，系统研究了外界胁迫作用下流域水资源演变规律分析方法、阐明了极端水文事件在不同时期发生的概率、特征及未来的发展变化趋势，建立了水库兴建、引水灌溉等人类活动和自然变异对生态水流情势影响的理论评估方法，揭示了强人类干扰下的流域水资源演化规律，很大程度上促进了流域生态水利调度的理论研究与工程应用。在充分考虑外界胁迫条件的前提下，该研究确立了适应于塔里木河流域生态水文特点的水资源承载能力评估体系及调配技术方法，提出了适应于生态水文情势演变规律的水资源适应性利用策略及适宜的绿洲发展模式。

该书内容丰富、科学性强、创新性明显，研究成果为塔里木河流域水资源管理、工程抗旱、调水抗旱、管理抗旱与生态环境综合治理提供了强有力的科技支撑，对维护干旱区流域生态安全与绿洲良性发展也具有积极作用。

2017 年 6 月 23 日

前　言

水是新疆的命脉，是制约新疆社会经济发展的决定性因素。近年来，气候变化、人类经济活动及水开发活动等复杂外界胁迫已严重影响该区生态水文情势演变，干旱内陆河流域水资源短缺形势更加严峻，流域生态安全问题突出。塔里木河作为我国最大的内陆河，地处中亚腹地，流经天山山脉和昆仑山山脉之间，塔克拉玛干沙漠位于其中部，被誉为新疆的“母亲河”，全长 2486km，是保障塔里木盆地绿洲经济、自然生态和各族人民生活的生命线。水资源开发利用和生态环境保护，不仅关系到流域自身的生存和发展，也关系到西部大开发战略的顺利实施，其战略地位突出。塔里木河干流自身不产流，“四源一干” 流域面积占流域总面积的 25.4%，多年平均年径流量占流域年径流总量的 64.4%，对塔里木河的发展与演变起着决定性作用。流域水资源匮乏，生态系统极为脆弱，频发的干旱灾害和生态恶化趋势令人担忧。尤其是近三十年来，受绿洲规模、人口社会经济发展驱动影响，水资源利用方式和用水格局已严重改变了流域水文生态格局，下游河道断流、地下水位普遍下降、天然绿洲萎缩、绿色走廊不断衰退等生态退化问题使塔里木河流域成为社会各界关注的热点区域。此外，由于极端气候及水文事件频繁发生，流域生态水文情势演变的不确定性及引发的生态风险进一步加剧。利用生态水文和谐统一的可持续发展观点，开展变化环境中的流域生态水文格局演变规律研究，加强适应性水资源开发利用和统筹调配不仅具有重要的科学价值，更是维系整个流域生态安全与人水和谐持续发展的迫切现实需求。

本书是作者在水资源演变规律、流域水文模拟和生态保护领域研究的积累，是国家自然科学基金项目 “典型流域水文极端事件模拟及对外界胁迫响应对比分析研究”(批准号 41371052)、水利部公益性行业科研专项经费项目 “自然社会交互作用下塔里木河流域水资源综合利用”(批准号 201501059)、“塔里木河流域干旱预警及水资源应急调配关键技术”(批准号 201001066) 等研究的理论与技术成果的系统总结，是有关内陆河流域生态水利调度及水资源调控理论基础与应用的展示。作者在总结前期研究成果的基础上，系统运用流域生态水文模拟、随机理论、生态动力学机理、不确定性分析方法以及环境水利工程等措施，针对干旱内陆河流域的水资源开发利用问题，重点阐述内陆干旱区塔里木河流域水资源及生态水文情势演变特征，研究建立变化条件下的流域水资源演变规律分析方法，进行极端气候与水文特征诊断，揭示极端事件在不同时期发生的概率、特征及未来趋势。以此为基础，本书提出定量评估水库兴建、引水灌溉等人类活动和自然变异对生态水流情势影响的理论方法，确立了不同利用方式的生态水流适应性开发利用策略，促进了流域生态水利调度的理论研究与工程应用。本书还创新性地构建了外界胁迫条件下适应于流域生态水文特点的水资源复合系统评估方法，分析了水资源适应性开发利用策略，从而为流域或区域水资源利用、工农业生产格局、维护干旱区流域水安全与绿洲良性发展提供参考。本书属水利科学、环境科学等多学科交叉综合研究的成果，为干旱区流域水资源规划、生态环境综合整治与绿洲良性运转提供科学参考。

全书分为 8 章。第 1 章综述外界胁迫下干旱区水文情势及水资源适应性开发利用等研究的国内外进展；第 2 章阐述外界胁迫下干旱区水资源演变规律；第 3 章模拟分析内陆干旱区气候历史、现状特征，并对未来气候情景格局演变进行预估；第 4 章分析极端气候和水文事件的时空分布规律；第 5 章模拟预测不同未来情景下生态水文情势的时空演变格局；第 6 章评估外界胁迫条件对流域生态水流情势的影响，建立适应生态变化的生态水流利用方法；第 7 章研究建立基于流域系统协调发展的水资源复合系统协调度计算方法，以此为基础，进行水资源适应性分析，建立不同干旱情景下的干旱内陆河流域水资源承载力调控策略；第 8 章系统总结前 7 章的研究成果，分析本书研究存在的不足，并提出后期展望。

全书由薛联青统稿，杨帆、时佳、张卉、祝薄丽、刘远洪等研究生参与了本书部分章节的编写、整编及校验工作，在此表示感谢。新疆塔里木河流域管理局王新平局长、孙超工程师等对本书的编写给予了帮助及指导，在此谨致谢意。同时对作者所引用的参考文献的著作者及不慎疏漏的引文作者也一并致谢！

本书的出版得到国家自然科学基金 (41371052)、水利部公益性行业科研专项经费项目 (201501059) 的资助，在此表示感谢！同时感谢江苏省高校优秀中青年教师和校长境外研修项目 (苏教师〔2015〕35 号) 人才计划的支持。

由于作者水平有限，编写过程中难免存在很多不足之处，敬请读者给予批评指正！

作　者

2017 年 7 月

目　　录

第 1 章　干旱内陆河流域水资源开发利用问题

本章主要阐述外界胁迫下干旱区水文情势演变与水资源适应性利用等相关问题的研究进展及拟解决的问题，综述了人类活动水文效应研究的定性和定量研究成果，剖析了人类活动水文效应定量化研究的方法模式，分析了气候变化、人类活动和土地利用等外界变化条件对水资源影响的研究成果。强烈的人工干扰使原有的水循环由单一的受自然主导的循环过程变成了受人工和自然共同影响、共同作用的新的水循环系统，现有的流域水资源自然演化模式难以有效地指导实践。因此，本章进一步阐述外界胁迫作用下生态水文情势及水资源适应性利用研究中存在的薄弱点，指出干旱区水资源适应性利用的研究尚处于起步阶段，采用多学科、多技术方法研究干旱内陆河适应当地生态水文格局变化以及区域特征和区域要求的水资源开发利用模式，提出水资源适应性利用对策尤为必要，对维护流域生态安全具有积极意义。

1.1　干旱内陆河流域水资源适应性开发

1.1.1　干旱区水文–生态问题研究

干旱区在世界上分布广泛，是全球环境变化与可持续发展研究中的重点区域之一。由于水资源匮乏，生态环境脆弱，干旱区水资源开发利用所引起的生态环境问题十分普遍，因此，干旱区水文–生态问题的研究已成为最前沿的课题并且是生态环境研究的核心问题。干旱区水资源开发利用引起的生态环境问题总体可归纳为三种：① 将水资源开发利用笼统地作为影响因素，对干旱区生态环境系统的某一种或几种关键要素及其变化进行观测、描述和分析。这类研究起源较早，研究的时空尺度和研究手段随着观测数据的积累、测验手段改进以及 “3S” 等新技术的进步而不断拓展。② 将生态环境问题泛化，具体研究各种不同类型的水资源开发利用活动对干旱区生态环境的影响，主要包括开采地下水、调水、灌溉、排水等对生态环境造成的影响，如地下水资源开发引起的生态环境问题等。康绍忠等 (2004) 分析了农业发展对水资源转化的影响及生态环境效应；魏晓妹等 (2006) 的分析表明，绿洲农业发展对水土资源的开发利用改变了流域水资源的转化格局，提高了水资源的利用率，可为绿洲的稳定和发展提供保障。③ 针对重点区域对水资源开发利用引起的生态环境效应进行研究。例如，有关干旱区水文–生态进程的研究表明，干旱区的主要植被格局及其水文–生态影响在生态系统中是最稳定的 (Zhang et al.，2014)。在水资源短缺情况下，确保生态需水量和维持一定的生态地下水位是保证干旱区生态系统正常运转的先决条件。目前国内外按照 “发生的问题—产生的机理—调控的标准—过程模拟—情景预测—响应对策” 这一逻辑思路，围绕干旱区水资源开发利用对生态环境的影响进行了大量研究 (邓铭江，2004；孙晓敏等，2010；Lauenroth，2014)。国际上进一步提出了水的生态循环概念 (water recycling)，并已被欧美发达国家采用。这个概念以水的可持续发展为宗旨，综合考虑了水生态环境及水再生循环。干旱地区的水文地质与环境研究也一直深受国内外水文地质学界关注。在近些年以 “全球变化与中国水循环前沿科学问题” 为主题的香山科学会议上，刘昌明院士曾指出应特别关注水文循环速率与水资源可再生性调控、人类与自然二元驱动的水文循环、水文循环与生态水文三个方面的研究。夏军院士提出，变化环境的水循环研究是 21 世纪水科学发展的一个十分重要的方向，强调了要加强变化环境中的水循环规律研究，区分变化环境中水循环过程的自然变化与人类作用的贡献，量化变化环境下陆地水循环规律等关键问题的研究。由此可见，自然变化和人类活动影响下的水资源演变规律需要考虑不同时空尺度及人类活动等方面的影响，加强水文–生态格局与水资源转化关系的研究，应由自然循环研究向人类社会经济–生态复合环境系统研究转化。从已有的研究进展来看，主要概括为：① 利用描述、统计、RS 和 GIS 等手段对干旱区水资源开发利用所引起的生态环境问题或生态环境效应研究较多，而对影响机理的研究相对较少；② 干旱区水资源过度开发利用对生态环境的胁迫机制研究较多，水资源开发利用不足和社会经济发展水平低而对生态环境产生的胁迫机制研究较少；③基于生态环境需水的干旱区水资源合理开发利用阈值研究较多，但水资源与生态环境之间响应关系的量化有待深入研究。

1.1.2　水资源开发利用与流域生态

内陆干旱区人类社会的发展以绿洲经济为基础，并伴随水资源开发利用而进行。绿洲的发展，实际就是水资源开发利用和适应生态环境变化的过程，绿洲生态发展的状况和持续稳定不仅受水资源开发利用程度的影响，也受水资源利用方式的影响。伴随着科技水平和经济实力的提高，干旱区绿洲水资源的开发利用也进入了一个快速发展时期，渠道防渗和大面积节水灌溉大大提高了引水和用水效率，水库塘坝控制了大多数地表径流，机井技术加快了地下水的开采利用，节水措施的实施、大面积滴灌的农业耕作技术，使流域内耕地的面积迅速增加，农业生产力得到了极大的提高，促进了经济、社会的持续发展。但在绿洲开发的同时，绿洲与沙漠之间的生态交错带被破坏，水文情势改变，从而造成干流上、中游段耗水严重，下游生态与环境急剧退化，地下水位降低、下游荒漠化扩大等一系列的生态负面影响。尤其在人类活动干扰强烈的干旱绿洲区，区域大循环减弱，局部小循环增强。水循环输出方式也发生巨大变化，垂向蒸散发输出增强，区域径流性水资源减少，有效利用的水分增加，人工作用已成为绿洲水循环乃至区域水循环过程的重要驱动力。流域水循环自然变化时空格局的整体性及其生态–水文响应过程已被改变，人工控制阶段的生态环境抵御外界冲击的能力非常弱，绿色生态几乎完全依靠渠系渗漏和少数的人工灌溉维系，一旦丧失这部分水源，绿洲生态可能会在短时间内崩溃。干旱内陆河流域绿洲水资源安全、流域的水问题以及一系列由水资源短缺衍生出的生态环境问题已成为发展干旱地区绿洲经济的瓶颈。

塔里木河流域 (简称塔河流域) 位于亚欧内陆干旱区，地处新疆南部，是我国最大的内陆河，在自然–人为作用双重影响下，荒漠–绿洲复合生态体系极具不稳定性，由于区域生态环境劣变趋势的发展而倍受世界关注。此流域总面积 102 万 km^2，其中山地面积占 47%，平原区面积占 20%，沙漠面积占 33%，气候干旱，降雨稀少，蒸发强烈，水资源相对贫乏，生态环境脆弱。塔里木河干流自身不产流，历史上塔里木河流域的九大水系均有水汇入塔里木河干流，但由于绿洲经济和荒漠生态系统激烈的用水竞争，20 世纪 40 年代以后，与塔里木河干流有地表水联系的只有和田河、叶尔羌河和阿克苏河三条源流，孔雀河通过扬水站从博斯腾湖抽水经库塔干渠向塔里木河下游灌区输水，形成 “四源一干” 的格局。受水汽条件和地理位置的影响，“四源一干” 流域面积占流域总面积的 25.4%，多年平均年径流量占流域年径流总量的 64.4%，对塔里木河的形成、发展与演变起着决定性的作用。

随着绿洲规模的扩大，强人工干预的水资源利用方式已驱动改变了塔里木河绿洲水循环及其水文生态格局。源流向干流输送的水量逐年减少，中下游近 400km 的河道断流，尾闾干涸，大片胡杨林衰败，生态环境日趋恶化。尽管自 2001 年起，已先后 18 次向塔里木河下游进行生态输水，同输水前相比，下游生态出现了一定的积极响应和变化，主要表现在水文过程完整性的恢复、地下水位的大幅抬升和天然植被生态响应。但在这种人为干预的治理下，生态–水文响应在大规模、大范围的生态输水实施过程中，如何保证下游生态预期恢复效果，实现 “生态需水” 径流过程以及干流生态保护所需的 “生态洪峰” 等生态水文情势特征，维护塔里木河流域生态保育的持续性及绿洲人水和谐发展仍是塔里木河流域生态治理重点关注的问题。

1.2 外界变化条件对水资源影响研究

1.2.1 气候变化和人类活动对水循环要素的影响

流域水循环是水资源赋存和演变的客观基础，随着人类活动影响的加剧，变化环境下的流域水循环机理发生了显著改变。中国气候变化对水文水资源影响的研究起步于 20 世纪 80 年代，从全国和典型区域的不同层次，开展了气候变化对水循环与水资源的影响及水资源安全与适应对策研究。近几年开展的国家重点基础研究发展计划 973 项目 “我国生存环境演变和北方干旱化趋势预测研究” 则针对全球变暖问题，重点研究我国北方干旱地区未来的气候情势、人类活动和水资源相互作用关系以及适应对策。陶辉等 (2014) 根据塔里木河流域 1961~2008 年 39 个气象站观测的气温和降水量数据，对流域近 50 年的气候变化进行了分析。塔里木河流域年降水量在 1961~2008 年呈显著上升趋势，年降水量上升显著的站点主要分布在天山南坡；年平均气温在 1961~2008 年亦呈显著上升趋势，从各站点的气温线性倾向率来看，气温的上升在整个流域具有普遍性，仅个别站点的线性倾向率较小。陈亚宁和徐宗学 (2004) 研究了气候变化对西北干旱区水文水资源的影响，表明气候变化将加剧西北干旱区的水文波动和水资源不确定性。

气候变化对水文水资源的影响研究，主要是通过研究气候变化引起的流域气温、降水、蒸发等变化来预测径流可能变化的增减趋势及其对流域供水的影响。在全球气候变化的影响下，各地气温一般都表现为升高，但不同流域内的降水量并没有呈现出明显的趋势，有的区域增加，有的减少。20 世纪 90 年代以来，受全球气候变化的影响，全球气温都呈现出上升的趋势，引起降雨的时空分布的变化。干旱区塔里木河流域作为全球变化响应最敏感的地区之一，气候变暖引起的水资源变化，将使资源开发利用过程中生态维护与经济发展的矛盾更加突出，流域内极端水文事件的频度和强度都在增加，水系统安全受到影响，水资源脆弱性和不确定性也将进一步加剧。

人类活动对自然水循环影响主要表现在水利工程建设及人工取–用–排水等方面。2006 年 9 月在北京举办的国际水文科学协会 (IAHS)PUB 研究计划学术研讨会，将人类活动对于水循环与水资源演变的影响作为热点研究问题，包括人类经济活动产生的耗水和调水行为如何作用和影响水循环的自然规律，进而如何导致不同尺度的生态演变等主题。Maik 和 Jay(2005) 收集了哥伦比亚 1879~1928 年实测的径流资料，并通过还原得到了天然径流过程，结果发现 “开荒” 可能会加速积雪春融，使 4~6 月份径流增加，开垦森林会使蒸散发减小进而导致年径流增加。Bewket 和 Sterk(2005) 发现人类活动对自然环境的破坏是导致径流发生变化的主要原因之一。任立良等 (2001) 研究了中国北方地区人类活动对地表水资源的影响，研究表明在中国的北方地区，河道外用水量的增加导致径流的减少，除气候变化的影响之外，河道外用水量的增加是实测径流减少的直接原因；干旱、半干旱地区人类活动对河川径流的影响程度强于湿润地区。芮孝芳 (1991) 认为灌溉的发展造成了河川水文情势的明显变化。曹明亮等 (2008) 根据丰满五道沟以上流域的具体情况，通过建立江域–径流相关关系定量分析了水利工程建设和下垫面变化对径流变化的影响。李新和周宏飞 (1998) 分析了人类引水、耗水对新疆塔里木河流域水文干预的影响，认为人类活动使得河流下游径流量减少，水量时空分布发生变化以及径流规律趋于复杂化。

在针对变化环境下水循环要素的演变规律研究中，气候变化和人类活动对水循环过程变化的主要贡献率的量化分析有多种方法，如统计分析法、分项调查法、情景组合法、水文模型法等。王国庆等 (2007) 提出了气候变化和人类活动对径流影响分离方法，以定量分析气候变化和人类活动对径流影响所占的百分比。主要是将流域实测径流分为两个部分，一部分是流域天然时期的天然径流量，另一部分是径流变化量。杨默远等 (2014) 分别利用双累积曲线法和 HIMS 模型模拟分析潮河流域降雨–径流关系的变化及原因。

目前，流域对气候变化和人类活动的水文响应研究已在塔里木河流域展开。例如，Zhang 等 (2011) 的研究表明，整个塔里木河流域的降雨、温度和径流表现出整年增长趋势，但是温度增长最显著的时间在秋季，天山山脉的降雨增长较为显著，阿克苏河的年径流增长较为显著。Xu 等 (2004) 发现在塔里木河流域降雨增加的量级小于温度增加的量级，温度增加与降雨增加并不一致。Wang 等 (2010) 探索研究了阿克苏河流域人类活动对气候和水文过程 (如风速、相对湿度、尘埃量、产流量) 以及对地下水位和水质的影响。

近年来，不断增加的人口压力和频繁强烈的人类活动已经改变了塔里木河流域的天然水循环过程，人工灌溉–蒸散过程逐渐成为干旱区最重要的水文影响过程。与此同时，流域自然生态水文过程也发生了显著变化，强烈的人工干扰使原有的水循环由单一的受自然主导的循环过程变成受人工和自然共同影响、共同作用的新水循环系统。现有的流域水资源自然演化模式已不能有效地指导实践，因此，研究变化环境下人类活动对水文循环的影响，从机理上探究塔里木河流域大规模水资源开发利用引起的相应水文变化，形成流域尺度相对完整的水循环体系，揭示塔里木河流域水循环过程及人类干扰程度，客观评价人工–自然驱动力作用对流域复合系统的影响，确立绿洲适宜性发展规模及水资源适应性调控策略，对保障塔里木河流域生态安全具有重大意义，是面向塔里木河治理需求、维护塔里木河持续良性发展的保障。

1.2.2 土地利用变化对水资源的影响

在一定条件下，土地利用变化和全球变化的其他要素一样，会对以土地为下垫面的水文循环和水资源产汇流过程产生影响，从而导致水资源在时间和空间上的分布特征都发生显著的变化，进而影响水资源演变趋势。1995 年，“国际全球环境变化人文因素计划”(IHDP) 和 “国际地圈生物圈计划”(IGBP) 联合提出 “土地利用/土地覆被变化”(LUCC) 研究计划，试图通过分析 LUCC 的动力机制，研究土地利用/覆被、气候和水文变化之间的联系，为解决区域水资源、水生态和水环境问题提供重要依据。土地利用/覆被变化代表了一种人为的"系统干扰",是体现人类活动对水循环影响的理想研究对象,土地利用/覆被变化将改变地表蒸散发、地表植被的截留量和土壤水分的入渗能力等,进而直接或间接地影响局部、区域或全球的水量和水文过程。

由于 LUCC 在全球变化研究中的重要地位,各国纷纷启动了相关的研究项目。LUCC 水文效应的研究,早期大都采用实验流域的方法,Hewlett 和 Hibbert(1967) 基于实验,分析了流域的土地利用变化对水资源演变的影响。自 1970 年以来,土地利用/覆被变化的水文响应研究,逐渐从试验流域观测统计分析转向水文模型方法。水文模型中经验模型的计算过程没有明确的物理法则,只列出输入数据、输出数据的关系式,在土地利用/覆被变化水文效应研究中应用很少。概念模型表现为整个流域的有效反应,其致命弱点在于不能处理不同土地的利用类型和水文过程,如 HSPF、HBV、CELIHYM、CHARM、SCS 模型等。分布式物理模型能够清晰反映地表土地特征如地形高程、坡度、形态和地貌,气象因素如降水、气温和蒸发等,能够将土地地表特征和模型参数建立直接联系,因而在解释和预测土地利用变化与气候变化的影响方面具有广阔的应用前景。Murtinho 等 (2013) 通过调整农业耕种,改变农田灌溉面积,发现随着农田面积和蒸散发量的变化,地表径流也随之变化,同时,排水的变化影响着径流的时程分配。Milly 等 (2003) 通过历史径流量数据与人类活动及气候变化的数值模拟,研究了重大洪涝灾害的威胁,进而发现气候变暖导致了重大洪涝灾害发生频率的增加,加速了全球水循环的进程。塔里木河流域由于特殊的降雨和土壤状况,使得其不同土地利用类型对水循环的影响成为一个研究重点。苏蕾蕾 (2011) 通过土地利用动态变化模型分析了塔里木河干流中游土地利用的时空动态变化。随着区域社会人口的持续增加和社会经济的不断发展,绿洲下垫面和土地利用方式发生了巨大的变化。近年来,土地利用变化在一定程度上无意识地逐渐破坏了西北干旱地区水循环的脆弱平衡,对包括塔里木河在内的河流造成了显著影响,并导致了一系列的生态环境问题。人类为了生产生活而进行的长期性或周期性的经营或经济活动,使得塔里木河流域两岸绿洲土地自然生态系统的利用方式及利用状况都发生了明显改变。王启猛等 (2010) 对变化环境下塔里木河径流变化及其影响因素进行了分析,发现人类活动是造成塔里木河流域径流变化的主导性因素,水利工程的修建和水资源取用量极大的增加改变了流域的径流过程。研究塔里木河流域土地利用变化及其对水资源的影响,对塔里木河流域水土资源的合理利用、生态环境的恢复具有重要的意义。

1.3 外界胁迫下流域生态水文情势演变及水资源适应性利用

1.3.1 外界胁迫下流域生态水文情势演变分析

河流作为人类经济社会发展的重要支撑和保障，其生态功能和健康现状的评价成为水文界的热点和难点问题。尤其是近年来，在全球气候变化和人类活动的双重影响下，河流的天然流态、泥沙冲刷及生物多样性均受到不同程度的影响，致使河流生态系统严重退化。河流水文情势中的流量、频率、历时、发生时间和变化率是形成和维持水域生态系统完整性与多样性的五个关键因素。水文情势是河道水流状态健康与否的主要标志，它决定着河流物质和能量的交换过程，影响着水生物之间的相互关系及栖息地状况，维持着河流生态系统的完整性。

近年来，随着西北干旱区人口数量的快速增长、社会经济的迅猛发展和城市化进程的加快，地区对水资源的需求量不断增加，干旱区水资源开发利用程度迅速提高，部分地区甚至超过了最大极限。位于中国西北干旱区的河西走廊、塔里木盆地等地，水资源利用率都已达到 65%以上，远远超过世界干旱区平均水资源利用率 30%的水平。水资源的过度开发利用致使干旱区水文情势和生态环境发生剧烈变化，由此引发的生态环境遭到严重破坏的例子不在少数。新疆塔里木河下游断流导致胡杨林大面积死亡，林地沙化面积达 270 万亩 ①之多；乌伦古湖水面下降至合理水位以下；博斯腾湖的盐化；石羊河下游的民勤盆地生态环境退化。诸如此类生态环境恶化的问题已经严重制约了干旱区经济的可持续发展，同时促使干旱区生态水文情势的演变过程加剧。因此，认识干旱区在外界胁迫下生态水文情势的演变规律，针对干旱区流域水资源短缺与生态恶化问题，综合考虑水文要素与生态要素的关联，研究水文过程和生态过程相互作用的物理和化学机制，寻求对生态有利、水资源可持续利用的管理方式是当前亟待开展的核心研究问题。

国内外对外界胁迫下演变剧烈的水文情势变化特征研究，大多是通过建立水文指标体系来量化水文因子的改变程度或分析水文因子与生态要素之间的响应关系。有关河流水文情势的评价工作，国内外学者已进行了大量的研究。自 20 世纪 70 年代开始，一些国家便陆续开展了河流生态系统的健康评价，提出了许多河流健康评价的指标体系，如南非的河口健康指数 (estuarine health index，EHI)、澳大利亚的溪流状态指数 (index of stream condition，ISC)、英国的河流保护评价系统 (system for evaluation rivers for conservation，SERCON)、美国国家环境保护局的生境适宜性指数 (habitat suitability index，HIS) 和河流地貌指数 (index of stream geomorphology) 等。这些评价指标从不同角度评价了河流生态系统的完整性，但对数据的搜集比较难、要求比较高，且涉及河流地貌、生物栖息地及其物种等大量

①1 亩 ≈666.67m^2。

信息。为此，美国学者 Richter 等 (1997) 提出了水文变异指标 (index of hydrologic alteration，IHA)，包括各月流量、年极端流量、极端流量发生时间、高低流量的频率及延时、流量变化改变率及频率共 5 类 33 个水文指标。随后，Richter 等 (1998) 在 IHA 的基础上提出了变化范围法 (range of varability approach，RVA)，主要通过对比不同时段河流水文情势的改变程度，定量分析受环境影响后河道水文特征的变化情况。RVA 方法问世以来，众多学者利用该法对生态水文情势演变进行分析。Yang 等 (2008) 采用 RVA 方法研究了小浪底水利枢纽工程和三门峡水库对黄河中下游水文情势的影响程度，结果表明，小浪底水利枢纽工程对黄河下游水文情势的影响大于三门峡水库。Shiau 和 Wu(2004) 应用 RVA 方法分析导流堰的水文影响，通过在水文指标的变化和人类需求之间建立平衡，以保持天然水流的多变性并促进生物群的生长。段唯鑫等 (2016) 利用 Mann-Kendall 秩次相关检验法对长江宜昌站的径流序列进行显著性分析，根据长江上游已建成的 14 座大型水库群的调度实况划分径流序列，采用 IHA/RVA 方法分析得出宜昌站的水文情势在 2000 年后发生了中等程度的改变，随着三峡水库等上游大型水库群的相继建成运行，长江下游河道的水文情势将会进一步改变。周婷等 (2011) 采用 Mann-Kendall 统计检验方法和 Pettitt 突变检验方法对涠公河清盛水文站 1960~2003 年径流量进行变化趋势和突变点分析，基于水文变化指标，采用变动范围法定量分析得出 1992 年前后河道的水文情势出现了显著变化，径流序列基本未发生突变。一些学者采用其他方法对生态水文情势在外界胁迫下的演变规律进行分析。黎云云等 (2015) 将层次分析法和熵权法结合赋予各水文指标生态权重，用以评价渭河关中段林家村、咸阳和华县 3 个重要控制断面的水文情势综合改变度，所得研究成果更加贴近渭河河道的实际情况。张洪波等 (2012) 在总结国内外水文情势指标研究成果的基础上，构建了适宜表征黄河河流生态水文情势的 50 个指标，并将该指标体系应用于兰州断面的生态水文评估。吴佳鹏和陈凯麒 (2008) 运用分形理论中分维数 D 描述流量过程形态特征，分析了不同典型年天然和人工调节二者流量过程的特征差异。Mwedzi 等 (2016) 利用津巴布韦境内 Manyame 流域 9 个水文站的实测径流资料，分析其建坝后不同断面的水文指标改变程度，发现径流特性在距离大坝 10km 范围内变化显著，11~20km 范围内发生低度改变，超过 20km 后大坝对河流的影响完全消失。Suen(2010) 利用中国台湾 23 个水位站的日流量数据计算了水文改变度及其对淡水生态系统的潜在影响。

塔里木河地处我国西北干旱内陆，具有自然资源丰富和生态脆弱的双重特点，在干旱区内陆河生态水文过程研究中具有典型性和代表性。随着塔里木河流域经济的发展和社会的进步，人类对水资源的开发利用程度不断提高，塔里木河干流上游修建平原水库，大量拦蓄河水用于灌溉，使河川径流量减少，改变了河流原有的水文条件，改变了河流天然的水文情势，打破了流域内生态系统的平衡。作为干旱区典型代表河流，塔里木河的水资源系统与生态系统之间相互联系、相互影响。仅仅独立地研究流域水文过程或生态过程，不能系统地揭示水与自然生态相互作用的客观规律，也难以解决淡水资源短缺、水质恶化和生物多样性减少等生态问题。以 IHA 指标体系为基础，采用改进的 RVA 法评估水利工程对塔里木河干流生态水文情势的影响，从生态水文情势演变趋势分析入手，结合生态–水文过程变化特征，基于水文改变指标基本分析方法，筛选建立环境流，分析代表站的水文指标改变程度及其生态影响，可为塔里木河干流水资源优化配置和河流生态调度提供技术参数。

1.3.2 外界胁迫下水资源适应性利用

气候变化和人类活动导致流域生态水流情势发生了显著变化，研究适应这种变化的水资源适应性利用对策是水科学研究的热点问题。塔里木河作为典型的干旱区内陆河，来水主要以高山冰雪融水补给为主，径流量季节变化大，水资源短缺，生态环境脆弱，引水灌溉和筑坝蓄水等水资源开发利用活动所引起的天然水流情势改变是引发流域生态环境问题的重要原因之一。因此，研究外界胁迫作用下水资源适应性利用问题具有重要的现实意义。水资源适应性利用 (adaptive utilization of water resources，AUWR) 是指，在水资源开发利用过程中，遵循自然规律和社会发展规律，适应人类活动、气候变化、陆面变化等环境变化带来的影响，保障水系统良性循环，所选择的水资源利用方式。目前，我国推行的一种新的水资源管理模式是最严格水资源管理制度。该制度提出从源头上实行水资源利用总量控制，从过程上实行用水效率控制，从末端上实行排污总量控制。然而，无论在 2012 年发布的《国务院关于实行最严格水资源管理制度的意见》中，还是在 2013 年发布的《实行最严格水资源管理制度考核办法》中，所提到某一阶段的考核指标都是相对固定的阈值，这虽便于考核，但针对环境变化 (包括气候变化、人类活动) 的考虑略显不足。水资源适应性利用理论提倡适应环境变化，正好是对最严格水资源管理制度的有益补充。在最严格水资源管理制度的刚性约束阈值制定方面，考虑环境变化带来的影响，制定特定条件下刚性约束阈值和环境变化条件下柔性约束阈值 (即约束指标的阈值可随环境变化而变化)，实行最严格水资源管理制度与水资源适应性管理相结合的模式。

针对水资源适应性开发、利用的问题，国外学者开展了大量的相关研究及应用，取得了一系列行之有效的经验。为了协调格伦峡谷大坝运行与生态环境保护之间的矛盾，1996 年美国内政部长发布了关于格伦峡谷大坝运行的决议报告，同意选择执行环境影响评价中关于修正下泄流量的替代方案，增加最小日泄水量，减少日泄水量变化幅度、最大日池水量以及最大日波动量。1993 年，美国陆军工程兵团和南佛罗里达州水资源管理行政区开展回顾性综合研究，促进了“佛罗里达湿地综合修复规划” 的产生。该规划采用适应性利用理念，旨在改善水质、修复恶化的水文条件等，核心是实现运行结果与规划方案的有机结合，为生态适应性修复提供借鉴，实现人类进步与生态环境保护的协调发展。2000 年，密西西比河的径流利用研究也充分运用了适应性利用理念，提出将稳定的径流模式逐渐改变为季节性径流模式，即逼近自然状态下的径流模式。目前，美国陆续将适应性利用与管理理念应用于密西西比河上游的河流生态、航运、景观娱乐等多方面的水资源综合利用中，如佛罗里达湿地的生态修复、路易斯安那州海岸的湿地生态修复、华盛顿州哥伦比亚河的鲑鱼保护与水力发电的协调发展。与此同时，其他国家也在积极开展水资源适应性利用的研究与应用工作。加拿大渔业和海洋署基于生态–水文响应关系，提出了一套社会–生态–经济框架，环境部针对目前复杂的生态和水资源系统提出适应性利用建议；英国哥伦比亚林务局将适应性利用理念应用于注重河岸、河流、动物栖息地修复等生态环境保护的水资源利用方面；1997 年，澳大利亚开展了海景尺度的大堡礁水资源适应性利用试验，形成珊瑚水质保护计划。总体而言，国外水资源适应性利用的研究已逐步推广应用于水生态的修复与保护方面。

国内水资源适应性利用的研究起步较晚，大部分研究尚处于理念的提出阶段。佟金萍和王慧敏 (2006) 建议采用适应性利用模式解决流域水资源的不确定性问题；李福林等 (2007) 将适应性利用新理念引入黄河三角洲的水资源利用问题中；夏军等 (2008) 将适应性利用理念应用于密云水库、饮用水源地、水资源利用中，提出适应性利用方法是保证河流生态修复工程成功的关键环节；袁超和陈永柏 (2011) 提出了三峡水库生态调度的水资源适应性利用需求，通过监测、评价与调整建立各部门及其利益相关者的平台发挥水库最大的综合效益；覃永良 (2008) 基于适应性利用的理念分析环境流量的工作流程，根据流量状态灵活地调整环境流量调度策略，为有效开展环境流量管理工作提供支持。这一理念在黄河流域的水资源利用研究中得以应用。为解决黄河下游的洪水频发与如何提高水资源的高效利用等问题，小浪底水利枢纽工程在水量调度计划及实施调度中，提出遵循量入为出、丰增枯减的原则。同时工程设计阶段依据库区泥沙淤积的情况，将水库运行分为四个阶段：蓄水拦沙阶段、逐步抬高主汛期运用水位阶段、形成高滩深槽阶段、后期调水调沙阶段。此外，孙超 (2005) 利用水资源适应性利用的理念，将黄河水量统一调度与调水调沙调度有机结合，促使下游河道结构改善、库区泥沙淤积改变、水量合理分配等问题的解决，有效支撑了区域经济发展、缓解生态环境恶化等问题。左其亭 (2017) 在对我国水资源开发利用模式思考的基础上，剖析了水系统与环境变化之间的互馈关系，提出了水资源适应性利用的概念，并阐述了基本原理。综合来看，国内学者认为适应性利用是解决河流生态保护复杂性问题的有效解决方法，亟待进一步研究以形成完善的理论方法体系，指导与推动适应性管理的实践应用。

水资源适应性利用是解决复杂、不确定生态系统的高效方法，弥补了人水和谐理论的局限性。而国内在适应性利用研究方面尚处于起步阶段，因此本书借鉴国外的先进经验，开展基于生态水文响应机制的流域水资源适应性利用研究，研究与探索构建完善的适应性利用理论方法体系，阐述概念和分析理论基础，切实从生态保护目标的需求出发，探寻河道生态与水文间的响应关系，确定不同利用方式的生态流量过程，为流域构建适宜的生态水文条件及水资源适应性利用提供科学参考。

1.4 干旱区绿洲生态与水资源开发利用关系研究

1.4.1 绿洲的发展演变

绿洲是干旱区荒漠中有稳定水源供给、利于植物生长和人类聚集繁衍的高效生态地理景观。绿洲作为一个特殊的复杂生态系统，其形成与演变受到自然条件因素和人为因素的共同作用。自然条件因素中水资源条件决定着绿洲形成的部位、规模，是绿洲形成的主导因子。绿洲都是沿河而生，或者出现在能够引到水的地方，水资源丰富，绿洲的规模大；水资源匮乏，绿洲的规模小。地貌地形条件决定着绿洲的形态，适宜的地貌部位和地表物质组成是绿洲形成的物质基础。山区河谷平原、平原区冲积扇、冲积平原、湖积平原等地常形成条带状、串珠状、扇形状绿洲，绿洲平面几何形状与适宜绿洲形成与发展的地貌类型空间分布基本吻合。气候、土壤和植被决定着绿洲起始经济发展的类型。人为活动因素包括人口数量、生产力水平、科技和社会发展状况等，是绿洲发展进化的主要因素，主要从物质流、能量流、信息流角度对绿洲的形成产生影响。

对于绿洲在演变过程中的阶段划分，不同学者有着不同的见解。樊自立 (1993) 以人类对地表水资源的利用方式为线索，把绿洲的演变发展阶段划分为下游简易饮水阶段、引水移向山前地带阶段与平原水库调蓄阶段。张林源等 (1995) 则以人类对绿洲开垦时间长短为依据将绿洲演变划分为原始绿洲、古绿洲、老绿洲、新绿洲四个阶段。周劲松 (1996) 按照绿洲产业结构的变化过程，将绿洲演变过程划分为原始牧业绿洲、传统农业绿洲与新兴产业绿洲三个阶段。绿洲的发展史就是干旱区农业文明的发展史。经过漫长的地质历史时期，低山丘陵和山间盆地 (河流中上游地带) 逐步形成原始天然绿洲，人类从“随畜逐水草”到“逐水草而居”，原始天然绿洲傍水而生，呈点状分布，农业主要依靠原始灌溉，生产力落后。随着人们活动深度和广度的加大，绿洲进入开渠引水灌溉时代，绿洲也向山前冲洪积扇、中游冲洪积平原发展，绿洲呈现点片或连片状分布，农业发展迅速。由于人们对耕地的需求不断增加，通过修渠建库打井，人工绿洲进一步向天然绿洲和荒漠开拓，绿洲呈现出大连片、小分散分布特征，此阶段绿洲规模开发最为迅速，生态问题逐渐显露，绿洲目前已经进入新型绿洲阶段，对水资源的合理调配和高效利用需求更加突出。

1.4.2　绿洲生态与水资源开发利用关系

内陆河流域多具有垂直分异显著的山地生态系统、绿洲生态系统和荒漠生态系统结构特征。山区冰雪融水和降水形成的径流量直接决定平原区绿洲和荒漠植被的范围和规模，生态系统具有较大的脆弱性和对水分的敏感性。同时，绿洲被荒漠分割且包围，相对丰富的自然资源与极端脆弱的生态环境交织在一起，水资源开发利用中生态保护与重建和发展经济间的矛盾始终是干旱区水资源管理中的核心问题。现代意义上的绿洲分为由天然河流和湖泊充沛的水量滋润而成的天然绿洲和通过人类修建水利设施形成的灌溉农业区或其他经济活动中心的人工绿洲。天然绿洲一般面积较小，承载人口数量不多，但却是干旱区人民得以休养生息的前站。随着人类的发展进程，天然绿洲生态环境中出现了农田和人类居住地，农田生态系统和人口增长相互促进，使居住地发展成为城市生态系统，自然景观逐渐被农田和城市这两个纯人工景观取代，三者在干旱区这个大背景下相互依存。荒漠绿洲生态系统不是一个单纯的自然或人工生态系统，而是自然–人工复合生态系统。

干旱沙漠区的降水稀少，蒸发强烈，带状沙漠植被稀少。供干旱系统植物吸收的水资源，特别是对于带状中生植物和旱生植物，主要依靠地下水，地下水在生态环境中起着十分重要的作用，环境管理者和决策者必须知道植物吸收水分来自的水源所占的比例以及随时间所发生的变化，这样才能更合理地制定环境保护对策。水资源的开发利用对荒漠绿洲生态系统的稳定性具有重要影响。在生态环境方面，陈亚宁等 (2003)、黄朝迎 (2003) 运用数理统计方法，分析研究干旱流域的气候变化及其对水资源和植被的影响，用假设的气候变化计算湿润 (或干燥) 指数的变化来预测未来气候变化的可能影响。在气候变化影响研究方面，张凯等 (2007) 对干旱流域气候变化的水文水资源效应进行了研究，包括温度变化与灌溉农业耗水量的关系，以及局部气候变化对区域水文循环和水资源的影响程度。罗格平等 (2004) 都认为绿洲的稳定性指标就是绿洲规模与绿洲需水量之间的一种定量关系，以理论绿洲面积与实际面积的比较来分析绿洲的稳定性。王忠静等 (2002)、司建华等 (2007)、黄领梅等 (2008)、许皓等 (2010)、黄鹏飞和王忠静 (2014) 探讨了绿洲生态系统与局地水资源的相互作用及绿洲发展模式。

水资源合理开发模式是实现水资源持续开发利用与生态环境相协调的重要技术方法，具有高度的复杂性、系统性、整体性和综合性。干旱区的水资源及生态环境是自身与周边自然、人为众多因素复合过程表现的结果。流域水资源可利用量主要是从流域的可再生维持角度，界定生态环境需水量关系后，采用数值模拟的手段加以确定。在有灌溉条件的绿洲区的地下水资源开发主要以降低浅层地下水位和防治土壤盐碱化为主要目的；在无灌溉条件的绿洲区，主要确定适度开采量和限制开采规模，以控制浅层地下水位大幅度下降，防治植被退化和土地沙化为主要目的。随着极端旱涝事件出现概率的增大，水资源转化不稳定性增强，干旱区中小流域的水资源研究主要转向从空间和多时间尺度进行多频率转化机制的深入探讨，侧重于地下水补给模式转化研究中的由天然河道补给减弱向人工补给增强的复合效应，以水资源状况和水位为约束条件，以生态安全为第一目标，遵循水资源转化的自然规律，以趋利避害实现水资源合理开发为原则。

在荒漠水文–生态格局演变研究中，很早就有学者提出荒漠绿洲地下生态水位的概念。生态需水量通常采用能够改善生态环境质量或至少不会进一步恶化的水量，目前没有确切的定义。对于沙漠绿洲，不同研究者使用生态需水量的延伸概念，参照能够维持绿洲景观和环境质量，并以改善绿洲环境质量的耗水量作为生态需水量，通过耦合水文模型提出生态地下水位的概念。在干旱区，影响植物生长、土壤水分和盐度的主要因素都与地下水位有关。地下水蒸发不会因地下水水位过高导致土壤盐分累积，同时植物生长不会受到由地下水水位过低导致的土壤干燥造成的影响，此时的地下水水位称为合理地下水水位。一些学者从不同角度提出合适水位、最佳水位、临界盐碱化深度以及生态警戒水位。周仰效 (2010) 采用地下水蒸腾量为指标，定量分析地下水和植被生长之间的响应关系，指出目前缺少两者之间相互作用与反馈的耦合模型；Nagler 等 (2011) 以蒸散量为指标，阐述了遥感观测和水文模型在水文分析中的应用。近些年的研究成果主要是建立了生态水位的基本概念，确定了一些典型沙漠植物的生态水位，但由于干旱区不同地域都具有特殊的水文地质及生态特点，以及方法的局限性，目前研究所确定的值大多是定性的或是半定量的。在 20 世纪 70 年代，同位素方法在生态和水文领域被广泛地使用，并迅速地成为该领域的有效方法，Pang 等 (2010) 利用同位素方法研究了塔里木河流域堤防工程对地下水补给的影响；Xie 等 (2014) 表示环境同位素方法可用来确定植物水分来源和取用水制度。在干旱区，降雨本身不能维持正常的生态系统运转，特别是有带状中生植物和旱生植物构成的生态系统。例如，中国干旱区天然的绿洲生态系统的水资源来源并非降雨，而主要来源于地下水和孤立山脉所截留的地表水。干旱区水资源具有年内和年际分配不均的特点，因此对干旱区植物水来源及其分配规律的研究是理解使用有限的水维持生态系统正常运转的前提。综合国内外研究现状，利用系统观点，将流域大气水–地表水–土壤水–地下水–生态格局作为一个整体，模拟流域水循环与生态系统的行为过程，是流域水与生态环境研究的一个发展趋势 (韩双平等，2008)。现状的水资源开发模式限于概念和建议较多，但离区域特征和区域要求的水资源利用模式仍有差距。从干旱区特定区域的水文生态发展特征，选择适应当地条件的生态格局，采用多学科、多技术方法研究干旱区绿洲生态与水资源开发利用的关系，对生态格局评估和保护具有积极作用和广阔的发展前景。

1.4.3 水资源开发利用水平与绿洲适宜发展规模

绿洲与荒漠长期共存，干旱区绿洲应以水为中心确定绿洲规模，防止水资源不足情况下土地过度开发造成荒漠化。人工绿洲的不断扩大和发展，必然要改变水资源的时空分布和消耗方式，从而使生态环境发生相应的变化。这种变化带来的好处是绿洲人口数量增加，水资源利用效率提高，土地生产潜力得到发挥，局地小气候得到改善。但同时也造成水土、水盐、水热平衡失调，自然生态的维系受到威胁，生物多样性受损，沙漠与绿洲之间的过渡带缩小，沙漠向绿洲入侵的缓冲作用减弱，从而使绿洲受到威胁 (Ling et al.，2014a)。绿洲生存发展需要有良好的绿洲植被生态系统所支撑的不同农牧林用地结构。不同的水分状况影响了绿洲的净辐射和水循环，绿洲是否稳定取决于绿洲水热、水土、水盐是否平衡 (魏晓妹等，2006；周仰效，2010；Xie et al.，2014；Zhang et al.，2014)。由于灌区水资源短缺，排水过多势必造成水资源浪费，因此，应加强土壤水盐监测。当土壤含盐量达到作物允许的含盐标准时，加强排水控制和管理，达到既降低地下水水位，维持区域水盐平衡，又发展生产合理利用水资源的目的。良性循环的稳定绿洲必须具有合理的农林牧用地结构，在节水灌溉条件下，绿洲适宜面积从水土资源总量上进行了平衡计算，考虑季节变化确定节水灌溉下可适度扩大的绿洲规模。

绿洲面积的大小取决于绿洲人口和经济发展的需要，而受制于自然资源的限制。绿洲土地资源的利用，主要以发展绿洲农业的基础——耕地的开发利用为热点。目前，前人已对西北干旱区土地利用及耕地变化问题展开了相关研究，研究主要集中在河西走廊以及新疆主要流域的绿洲。新疆在 20 世纪 50 年代初人工绿洲面积为 $1.66\times10^4\ km^2$，到了 90 年代中期，绿洲扩大到 $7.1\times10^4\ km^2$，扩大了 3.3 倍。河西绿洲解放初面积只有 $0.6\times10^4\ km^2$，到了 90 年代中期扩大到 $1.8\times10^4\ km^2$，扩大了 2 倍。李小玉等 (2006) 利用遥感影像研究了石羊河流域中游凉州区绿洲和下游民勤绿洲耕地的时空变化情况，得出石羊河流域耕地总面积逐年增长，人为因素是影响耕地动态变化的关键。李均力等 (2015) 认为耕地景观的变化与降水和河川径流量的增加有关，耕地的扩张速度与方向和水库的空间分布及建成时间有明显的相关性。满苏尔 · 沙比提和胡江玲 (2011) 在阿克苏流域、喀什地区研究了耕地变化情况，并分别分析了耕地和地下水水位、河流水文效应的关系，认为耕地面积与耗水量、地下水水位之间存在较好的相关性。白元等 (2013) 引入景观生态学因子，探讨了塔里木河干流耕地的景观空间格局变化及其生态影响。

绿洲规模的大小主要取决于可利用水资源量和其利用水平。在干旱区，一定的水资源只能孕育出一定的绿洲，绿洲与荒漠处在一个竞争平衡的状态。人类的社会经济活动打破了绿洲的自然平衡，造成了绿洲的增长、迁徙和萎缩。国外对干旱区绿洲适宜规模的研究至今鲜有报道，但很多学者早就对世界发展问题做过专门研究，指出 21 世纪世界各国经济活动的总体增长趋势面临三个方面的刚性约束：一是地球上有限的空间，二是日益加剧的资源稀缺，三是环境自净能力的限制。约·斯塔纽斯基在柯本气候带人口分布理论中确定了亚洲草原沙漠带适宜人口密度为 7 人/km^2，1978 年联合国沙漠会议曾提出干旱区人口压力临界值为 7 人/km^2。也有学者研究了绿洲土地利用方式的适宜配比和绿洲植物耗水量的计算方式。

国内对于适宜绿洲规模的研究进程，大致经历了一个由定性描述到构建模型分析的过程；在研究方法上，从简单线性模型到水量平衡模型再到水热平衡模型；从研究区域上，主要集中于塔里木盆地和河西走廊。20 世纪 80 年代后期，基本上以建立绿洲面积 (耕地面积) 与水资源量等因素之间的线性关系研究为主，未明确提出适宜绿洲规模的计算方法和模型。20 世纪 90 年代初，发展了绿洲规模和水资源之间的关系，但由于受适宜绿洲理论和方法的限制，绿洲规模的研究主要集中于探讨绿洲规模和水资源量的线性关系。从定义来看，李小明和张希明 (1995) 在对塔克拉玛干沙漠南缘绿洲多年研究的基础上分析了绿洲的稳定性及绿洲化进程，探讨了绿洲适宜规模的计算方式，提出适宜绿洲是指在有限的地表水和特有时空分布及现有渠系利用系数输入条件下，可维持的理论上相对稳定的最大规模绿洲生态系统。该定义考虑了确定绿洲规模的关键因素水资源量和重要影响因素渠系利用系数，但没有考虑社会经济水平、地下水资源量等对绿洲规模的影响。在此基础上，李卫红等 (2011) 对适宜绿洲规模的定义进行了完善，认为绿洲适宜规模是指一定历史时期，以保持绿洲生态环境稳定为前提，结合社会、科技发展水平，区域可利用的水资源总量可维持的一个规模小于或等于最大理论绿洲的面积。在计算方法和构建绿洲水资源利用模型方面，大致经历了从简单的线性函数模型到水量平衡模型再到水热平衡模型，绿洲适宜规模研究得到了逐步深入发展。邓永新等 (1992)、陈昌毓 (1989)、曲耀光和马世敏 (1995)、王国清和姜德华 (1991) 等最先进行绿洲规模适宜性的相关研究。学界起初还没有提出绿洲规模适宜性的概念，主要研究模型大都是以水分收支平衡为核心，讨论河川径流量和绿洲面积的关系。雷志栋等 (2006) 从水文学角度，分析了干旱区 “四水转化” 关系，并计算了研究区的水资源量与耗水量。汤奇成 (1990) 在对塔里木绿洲进行研究时就提出绿洲面积和径流总量之间有着极显著的相关关系，并通过研究得出了线性函数模型。姜德华和王国清 (1991) 在新疆库车绿洲的研究表明，耕地灌溉面积和引水量之间存在线性相关关系，并得出库车绿洲灌溉定额偏高，改善灌溉条件和提高水资源利用率后可扩大绿洲的耕地面积。陈昌毓 (1995) 建立了相关模型研究河西走廊实际水资源及其确定的适宜绿洲和农田面积的关系，其本质是研究耕地面积和水资源总量的关系。许有鹏 (1993) 将模糊综合评判方法应用于水资源承载能力研究中，并初步建立了评价模型。赵文智和庄艳丽 (2008) 提出了绿洲稳定性概念。王忠静等 (2002) 提出了绿洲适宜规模的水热平衡模型。学者根据水热原理，建立了评价绿洲稳定性的指标，得出了绿洲适宜规模的水热平衡公式。胡顺军等 (2006) 利用水量平衡和水热平衡建立了绿洲生态圈层结构并运用此方法计算出了渭干河灌区绿洲和耕地面积的适宜规模。凌红波等 (2009)、曹志超等 (2012) 后来也运用该法对玛纳斯绿洲和塔里木河下游绿洲的水资源生态安全和适宜规模做出了评价。陈亚宁 (2010) 在《新疆塔里木河流域生态水文问题研究》一书中详细系统地利用水量平衡原理探究了绿洲发展问题，提出了基本的基于水量平衡原理的绿洲适宜规模模型。

上述研究虽可为其他相似流域绿洲的适宜规模计算提供理论依据，但也存在一定的缺陷。随着全球气候变化对水资源的影响日益明显，在绿洲适宜规模研究中不能再忽略气候变化的影响。凌红波等 (2012) 在研究克里雅河流域规模适宜性的时候就发现了这一点，在研究过程中按照过去的径流量，分为丰水年、平水年和枯水年三种情况，讨论了克里雅河流域规模适宜性。由于过去的径流数据并不能代表未来河流的径流情况，导致这种计算方法有一定的滞后性且预测出的绿洲适宜规模可信度不高。为了进一步研究未来气候变化下绿洲的适宜规模，可以利用气候情景模式，模拟未来绿洲气候情景，再根据气候和径流的关系，确定未来的径流量，最后基于未来的径流量计算未来绿洲的适宜规模和耕地的适宜面积。这样计算出绿洲未来发展适宜规模和耕地适宜面积会更加科学、准确，具有一定的前瞻性，可以为流域内决策者在区域规划、生态建设、农业发展以及水土资源利用开发等方面提供相关科学依据。

第2章　外界胁迫下的水资源演变规律

本章详细阐述了干旱内陆河流域的自然地理、生态环境和水文气象特征，重点分析了外界胁迫作用下的流域水资源演变规律。系统描述了塔里木河流域的生态环境和水文气象特征，指出强烈人类活动致使人工绿洲不断扩张，挤占了大面积的天然绿洲，显著改变了土地利用和植被覆盖的分布格局，给流域生态环境造成了严重的威胁。从降水、温度、蒸发和径流等角度全面分析了水资源的时空分布特征。采用基于样本熵的小波阈值去噪和集合经验模态分解等方法，深入研究了外界胁迫作用下塔里木河流域源流、干流水资源及生态水文情势的演变情势，并进行了对比分析，采用累积量斜率变化的影响评估方法，确立了水资源利用方式的改变对流域生态维持所需要的水文径流过程及水资源的影响程度。

2.1　流域概况

2.1.1　自然地理

塔里木河流域处于东经 73°10′～94°05′，北纬 34°55′～43°08′，是环塔里木盆地的阿克苏河、喀什噶尔河、叶尔羌河、和田河、开都—孔雀河、迪那河、渭干河与库车河、克里雅河和车尔臣河等九大水系 144 条河流的总称，流域总面积 102 万 km^2，其中山地面积占 47%，平原区面积占 20%，沙漠面积占 33%。塔里木河流域地处塔里木盆地，盆地南部、西部和北部为阿尔金山、昆仑山和天山环抱，地貌呈环状结构，地势为西高东低、北高南低，平均海拔为 1000m 左右。各山系海拔均在 4000m 以上，盆地和平原地势起伏和缓，盆地边缘绿洲海拔为 1200m，盆地中心海拔 900m 左右，最低处为罗布泊，海拔为 762m。地理位置见图 2.1。

塔里木河流域北倚天山，西临帕米尔高原，南凭昆仑山、阿尔金山，三面高山耸立，地势西高东低，从上游到下游依次为高山、平原和荒漠。联系高山和沙漠的是一些大、中、小河流，以高山的降水与冰川积雪的融水为主要水源，流经山坡下的洪积平原，最终流入沙漠中的湖泊湿地或消失于沙漠中。塔里木河干流全长 1321km，自身不产流，历史上塔里木河流域的九大水系均有水汇入塔里木河干流。由于人类活动与气候变化等影响，目前与塔里木河干流有地表水力联系的只有和田河、叶尔羌河和阿克苏河三条源流，孔雀河通过扬水站从博斯腾湖抽水经库塔干渠向塔里木河下游灌区输水，形成“四源一干”的格局。塔里木河流域内有 5 个地 (州) 的

42 个县 (市) 和生产建设兵团 4 个师的 51 个团场。2016 年，流域总人口 1163.75 万人，其中少数民族占流域总人口的 85.11%，是以维吾尔族为主体的少数民族的聚居区。流域内现有耕地 2540.15 万亩，国内生产总值 2794.211 亿元，流域多年平均天然径流量 398.3 亿 m^3，主要以冰川融雪补给为主，不重复地下水资源量为 30.7 亿 m^3，流域水资源总量为 429 亿 m^3。

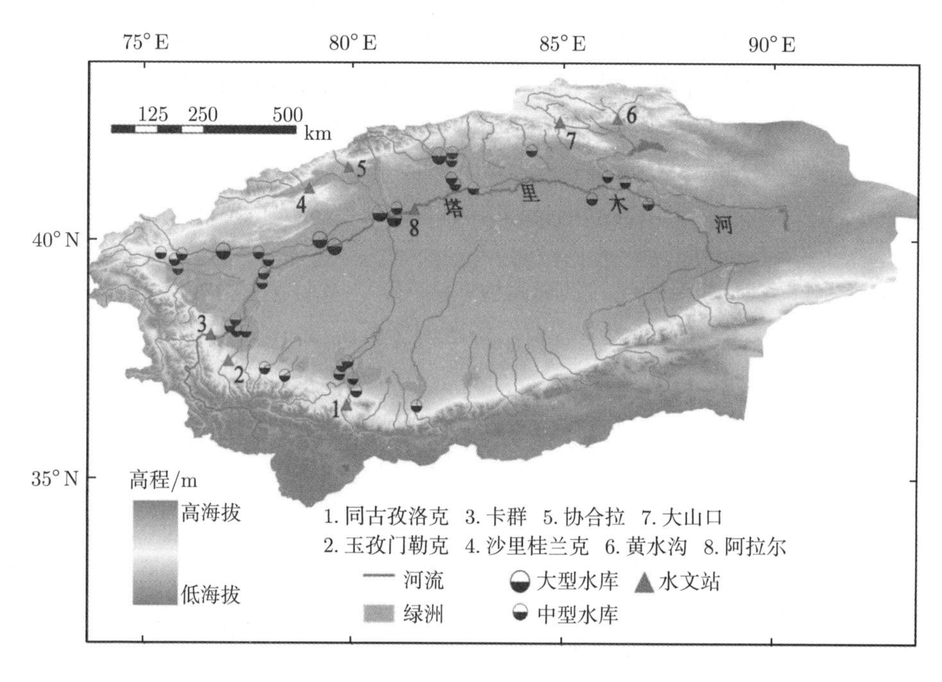

图 2.1　塔里木河流域地理位置示意图

2.1.2　气候特征

塔里木河流域地处中纬度欧亚大陆腹地，远离海洋，三面环山，形成了典型的大陆性干旱气候，降雨稀少，蒸发强烈，气候干燥，多风，日照长，温差大，夏季炎热，冬季干冷。全流域降水稀少，降水量时空分布差异很大，多年平均降水量为 116.8mm，干流仅为 17.4~42.8mm。流域降水量主要集中在春、夏两季，其中春季占 15%~33%，夏季占 40%~60%，秋季占 10%~20%，冬季占 5%~10%。广大平原一般无降水径流发生，在流域北部西北边缘靠近高山区形成了相对丰水带，这也是塔里木河流域的主要供给水源区，而盆地中部存在大面积荒漠无流区。流域内蒸发强烈，山区一般为 800~1200mm，平原盆地为 1600~2200mm。多年平均水面蒸发量是降水量的 20 倍左右，主要集中在 4~9 月，一般山区为 800~1200mm，平原盆地和沙漠为 1600~2200mm(以折算 E-601 型蒸发器的蒸发量计算)。夏季 7 月平均气温为 20~30℃，冬季 1 月平均气温为 −20~−10℃。年平均日较差 (一日中最高气温与最低气温之差)4~16℃，年最大日较差一般在 25℃以上。年平均气温在 10℃以上，年积温在 3300~4400℃以上。年日照时数在 2400~3200h，无霜期 160~240d。

2.1.3 水文特征

塔里木河流域的上游山区径流形成于人烟稀少的高海拔地区，河道承接了大量冰雪融水和天然降雨；径流出山口后以地表水与地下水两种形式相互转化，大量径流滋养了绿洲生态系统，创造了富有生气和活力的绿洲农业，为水资源主要的开发利用区和消耗区；其后径流流入荒漠平原区，地表水转化为地下水和土壤水养育了面积广阔的天然植被，并随着水分的不断蒸发和渗漏，最终消失或形成湖泊。塔里木河流域的水文循环基本过程如图 2.2 所示。水文循环被描述为山区水文过程、绿洲水文过程与荒漠水文过程，山区水文过程主要以出山口径流及少量地下水潜流形式转化为绿洲水文过程，绿洲水文过程受人类社会经济活动影响而变化剧烈并影响着荒漠水文过程。

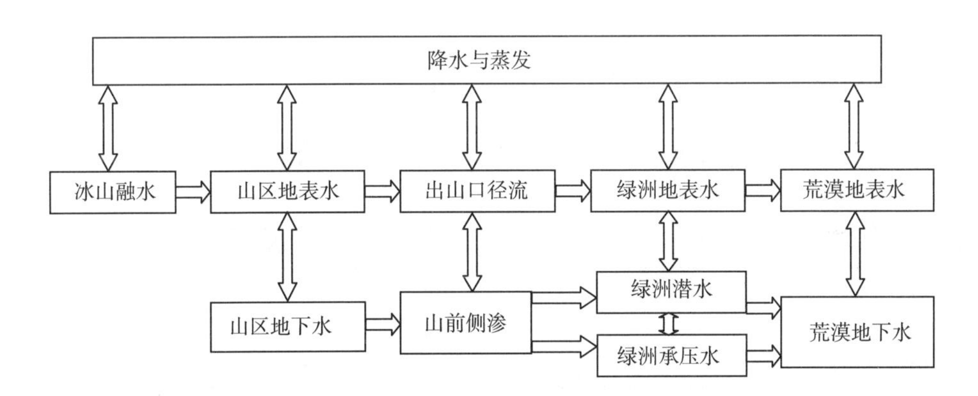

图 2.2 塔里木河流域水文循环基本过程示意图

降水、蒸发和径流等水文要素垂直地带性分布规律明显。从高山、中山到山前平原，再到荒漠、沙漠，随着海拔高程降低，降水量依次减少，蒸发能力依次增大。高山区分布丰厚的山地冰川，干旱指数小于 2，是湿润区；中山区是半湿润区，干旱指数 2~5；低山带及山间盆地是半干旱区，干旱指数 5~10；山前平原，干旱指数在 8~20，是干旱带；戈壁、沙漠，干旱指数在 20 以上，塔克拉玛干沙漠腹地和库木塔格沙漠区干旱指数可达 100 以上，是极干旱区。河流发源于高寒山区，穿过绿洲，消失在荒漠和沙漠地带，山前平原中的绿洲是最强烈的径流消耗区和转化区。

塔里木河干流洪水主要由上游三源流山区的暴雨及冰雪融水共同组成。据统计，三源流域内共有冰川 7200 多条，冰川总面积 13100 余 km^2，冰川储水量 1670km^3，年冰川融水量超过 100 亿 m^3，冰川融水比超过 60%。因此，塔里木河洪水以冰雪融水为主，凡出现峰高、量大、历时长的洪水，全系冰雪融水所致。塔里木盆地夏季常处于高压天气系统控制之下，天气晴朗，光热充足，能提供冰雪融水的热量条件，如遇气温升幅大，高温持续时间长的气候条件，河流就会发生洪水，特别是昆仑山北坡的气温是影响洪水的首要因素。暴雨洪水多发生在天山南坡，昆仑山中低山带亦有出现，这类洪水一般表现出峰高、量小、历时短的特点。塔里木河近期治理工程实施前，上游洪水由上游传播到下游需要 25d 左右，其中阿拉尔—新其满 2~3d 天，新其满—英巴扎 3~5d，英巴扎—乌斯满 5~7d，乌斯满—恰拉 8~10d。2001 年输水堤建成后，洪水传播时间有所缩短，英巴扎—乌斯满为 2d 左右。

塔里木河流域源流区河流主要以冰川和永久性积雪补给为主，塔里木河上游 50 多年的平均径流量为$44.61\times10^8m^3$，年径流量最大值发生在1978年，为$69.69\times10^8m^3$，年径流量最小值发生在 1972 年，为 $8.54\times10^8m^3$，最大值与最小值相差 $61.15\times10^8m^3$，离差系数为 0.26~0.30，径流的年际变化幅度较小，这正反映了塔里木河流域属于典型的大陆性干旱气候的特点。自20世纪80年代以来，受气候变化的影响，1981~2014 年的年径流量变化幅度明显要比 1958~1980 年小，详见表 2.1，其中 C_v 值为变异系数，又称变差系数，是标准偏差与平均值之比。

表 2.1 塔里木河上游年径流量的变化趋势

年份	C_v 值	Kendall 秩次相关检验			累积滤波器法
		统计值	趋势	显著性	
1958~1980	0.30	−1.82	下降趋势	不显著	减少
1981~2014	0.26	−0.23	下降趋势	不显著	减少
1958~2014	0.29	−1.14	下降趋势	不显著	减少

过去 50 多年，塔里木河上游年径流量总体上呈现下降趋势。其中，1958~1980 年呈明显下降趋势，1981~2014 年呈下降趋势，但下降趋势不显著。根据 Kendall 秩次相关检验的结果：在过去的 50 多年里，年径流量的 Kendall 秩次相关检验统计值为 −1.14，未通过置信度为 95%的显著性检验，表明在过去 50 年的年径流量具有微弱的下降趋势。1958~1980 年、1981~2014 年的 Kendall 秩次相关检验统计值分别为 −1.82 和 −0.23，均未通过置信度 95%的显著性检验，但 1958~1980 年的年径流量下降趋势要比 1981~2014 年的显著得多，这反映了近年来气候变化导致流域内气温升高、降水量增加，呈明显增湿趋势的事实。塔里木河上游年径流量累积平均曲线如图 2.3 所示。

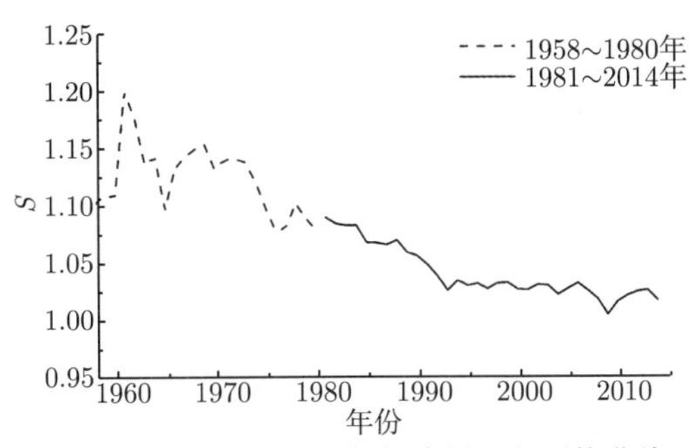

图 2.3 塔里木河上游年径流量累积平均曲线

S 指起始年到现状年的径流累积量的均值与全系列径流量的均值的比值

2.1.4 河流水系

塔里木河流域是环塔里木盆地的阿克苏河、喀什噶尔河、叶尔羌河、和田河、开都—孔雀河、迪那河、渭干河与库车河、克里雅河和车尔臣河九大水系 144 条河流的总称。由于受外界环境变化的影响，塔里木河与许多周边河流无水流输送过程。塔里木河干流位于塔里木盆地北缘，起始于阿克苏河、叶尔羌河以及和田河交汇处的肖夹克，归宿于台特玛湖，全长 1321km。由于人类活动与气候变化等影响，20 世纪 40 年代前后，克里雅河、喀什噶尔河、渭干河与塔河干流相继失去了地表水联系。由于车尔臣河在塔河干流尾闾台特玛湖南端直接汇入，在塔河干流的源流统计中未列入。目前与塔里木河干流有地表水联系的只有和田河、叶尔羌河和阿克苏河三条源流，孔雀河通过扬水站从博斯腾湖抽水经库塔干渠向塔里木河下游灌区输水，形成“四源一干”的水系格局。目前与塔里木河流域保持联系的河流主要有叶尔羌河、阿克苏河、和田河和开都河，塔里木河流域水系分布见图 2.4。

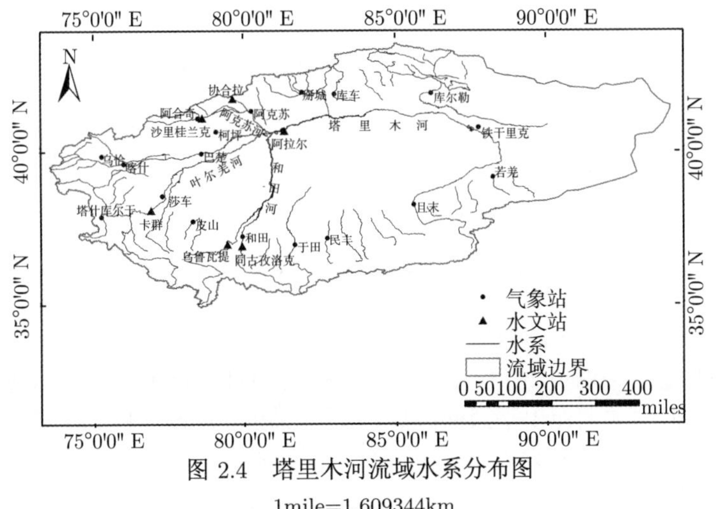

图 2.4 塔里木河流域水系分布图

1mile=1.609344km

塔里木河干流位于盆地腹地，流域面积 1.76 万 km^2，属平原型河流。干流划分示意如图 2.5 所示，以水文站阿拉尔站至英巴扎站为上游，河道长 495km，河道纵坡 1/4600~1/6300，河床下切深度 2~4m，河道比较顺直，河道水面宽一般在 500~1000m，河漫滩发育，阶地不明显。英巴扎至恰拉为中游，河道长 398km，河道纵坡 1/5700~1/7700，水面宽一般在 200~500m，河道弯曲，水流缓慢，土质松散，泥沙沉积严重，河床不断抬升，加之人为扒口，致使中游河段形成众多汊道。恰拉以下至台特玛湖为下游，河道长 428km，河道纵坡较中游段大，为 1/4500~1/7900，河床下切一般为 3~5m，河床宽 100m 左右，比较稳定。

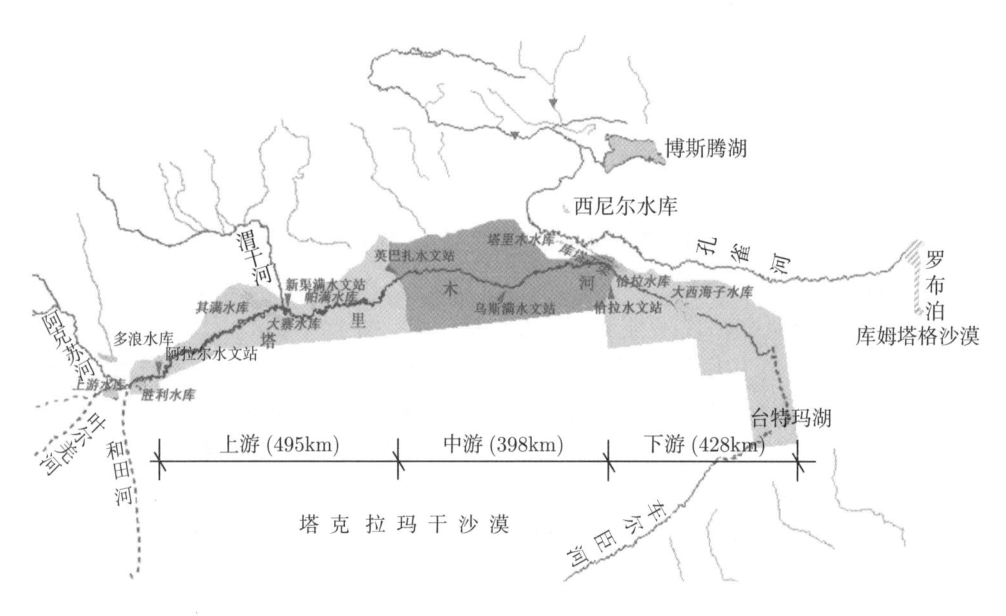

图 2.5 塔里木河干流划分及主要水文站点分布示意图

阿克苏河由源自吉尔吉斯斯坦的库玛拉克河和托什干河两大支流组成，河流全长 588km，两大支流在西大桥水文站汇合后，始称阿克苏河，流经山前平原区，在肖夹克汇入塔里木河干流。流域面积 6.23 万 km^2(国境外流域面积 1.95 万 km^2)，其中山区面积 4.32 万 km^2，平原区面积 1.91 万 km^2。叶尔羌河发源于喀喇昆仑山北坡，由主流克勒青河和支流塔什库尔干河组成，进入平原区后，还有提兹那甫河、柯克亚河和乌鲁克河等独立支流水系。叶尔羌河全长 1165km，流域面积 7.98 万 km^2(境外面积 0.28 万 km^2)，其中山区面积 5.69 万 km^2，平原区面积 2.29 万 km^2。叶尔羌河在出平原灌区后，流经 200km 的沙漠段到达塔里木河。

叶尔羌河发源于喀喇昆仑山北坡，由主流克勒青河和支流塔什库尔干河组成，进入平原区后，还有提兹那甫河、柯克亚河和乌鲁克河等独立支流水系。叶尔羌河全长 1165km，流域面积 7.98 万 km^2(境外面积 0.28 万 km^2)，其中山区面积 5.69 万 km^2，平原区面积 2.29 万 km^2。叶尔羌河在出平原灌区后，流经 200km 的沙漠段到达塔里木河。

和田河上游的玉龙喀什河与喀拉喀什河，分别发源于昆仑山和喀喇昆仑山北坡，在阔什拉什汇合后，由南向北穿越塔克拉玛干沙漠 319km后，汇入塔里木河干流。流域面积 4.93万km^2，其中山区面积3.80 万km^2，平原区面积1.13 万km^2。

开都—孔雀河流域面积 4.96 万 km^2，其中山区面积 3.30 万 km^2，平原区面积 1.66 万 km^2。开都河发源于天山中部，全长 560km，流经 100 多 km 的焉耆盆地后注入博斯腾湖，从博斯腾湖流出后为孔雀河。20 世纪 20 年代，孔雀河水曾注入罗布泊，河道全长 942km，进入 20 世纪 70 年代后，流程缩短为 520 余 km，1972 年罗布泊完全干枯。随着入湖水量的减少，博斯腾湖水位下降，湖水出流难以满足孔雀河灌区农业生产需要。同时为加强博斯腾湖水循环，改善博斯腾湖水质，1982 年修建了博斯腾湖抽水泵站及输水干渠，每年向孔雀河供水约 10 亿 m^3，其中约 2.5 亿 m^3 水量通过库塔干渠输入恰拉水库灌区。

塔里木河流域“四源一干”河流特征如表 2.2 所示。

表 2.2 塔里木河流域“四源一干”特征表

流域名称	河流长度/ km	流域面积/万 km^2			附注
		全流域	山区	平原	
塔里木河干流区	1321	1.76		1.76	
开都—孔雀河流域	1502	4.96	3.30	1.66	包括黄水沟等河区
阿克苏河流域	588	6.23 (1.95)	4.32 (1.95)	1.91	包括台兰河等小河区
叶尔羌河流域	1165	7.98 (0.28)	5.69 (0.28)	2.29	包括提兹那甫等河区
和田河流域	1127	4.93	3.80	1.13	
合计		25.86 (2.23)	17.11 (2.23)	8.75	

注：括号内为境外面积

2.1.5 水资源状况

塔里木河流域“四源一干”的河川径流量为 256.73 亿 m^3，占塔里木河全流域的 64.4%。阿克苏河、叶尔羌河、和田河和开都—孔雀河地表水资源量分别为 95.33 亿 m^3、75.61 亿 m^3、45.04 亿 m^3 和 40.75 亿 m^3。地下水资源与河川径流不重复量约为 18.15 亿 m^3，其中阿克苏河、叶尔羌河、和田河和开都—孔雀河分别为 11.36 亿 m^3、2.64 亿 m^3、2.34 亿 m^3 和 1.81 亿 m^3。水资源总量为 274.88 亿 m^3，其中阿克苏河、叶尔羌河、和田河和开都一孔雀河分别为 106.69 亿 m^3、78.25 亿 m^3、47.38 亿 m^3 和 42.56 亿 m^3。地表水资源形成于山区，消耗于平原区，消失于荒漠区；地表径流的年际变化较小，四源流的最大和最小模比系数分别为 1.36 和 0.79，径流年际变化不大，变差系数 C_v 值一般为 0.096~0.244；河川径流年内分配不均。6~9 月来水量占全年径流量的 70%~80%，大多为洪水，且洪峰高，起涨快，容易形成大洪灾；3~5 月灌溉季节来水量仅占全年径流量的 10%左右，极易造成春旱；平原区地下水资源主要来自地表水转化补给，不重复地下水补给量仅占总水量的 6.6%。

塔里木河上游三源流和开都一孔雀河流域平原区地下水天然补给量为 18.15 亿 m^3，平原区现状地下水补给量为 120.18 亿 m^3，地表与地下水的重复量为 102.03 亿 m^3，其中叶尔羌流域平原区地下水的总补给量最多，为 45.98 亿 m^3，占四条源流的 38.3%。塔里木河干流区的地下水资源比较复杂，但主要为河道渗漏等补给，总补给量为 27.48 亿 m^3，其中上、中游的地下水补给量占塔里木河干流地下水总补给量的 81.3%，见表 2.3。

表 2.3　干流浅层地下水补给量

参数	上游	中游	下游	合计
河道渗漏/亿 m^3	6.00	3.21	2.74	11.95
水库渗漏/亿 m^3	1.19	0.74	1.22	3.15
洪水漫溢/亿 m^3	2.82	2.51	0	5.33
渠道渗漏/亿 m^3	1.92	0.58	0.59	3.09
田间渗漏/亿 m^3	0.40	0.08	0.59	1.07
罗呼洛克湖/亿 m^3	0	2.89	0	2.89
合计/亿 m^3	12.33	10.01	5.14	27.48

阿拉尔水文站是塔里木河干流上游来水控制节点，阿拉尔水文站以下 447km 的英巴扎水文站是干流中游来水控制节点，英巴扎以下 398km 的恰拉水文站是干流下游来水控制节点，不同时段干流上、中、下游来水情况如表 2.4 所示。

50 多年来，受气候变化和人类活动的影响，塔里木河流域的水资源发生了很大变化。各源流水资源开发利用强度加大，汇入干流的水量逐渐减少，干流上、中游耗水量增加，到达下游断面的水量急剧减少，下游河道长期断流，地下水水位持续下降。在进入塔里木河干流的水量逐年递减的情况下，由于干流主要控制性工程不足，上、中游耗水量占阿拉尔断面来水量的比例不断增加，到达下游河道的水量递减趋势更为显著，致使下游大西海子拦河水库以下的河道断流，土地沙化，胡杨林面积锐减，尾闾台特玛湖干涸，下游生态用水难以得到保障。

表 2.4 干流上、中、下游来水情况统计表

时期	上游来水/亿 m^3	中游来水/亿 m^3	下游来水/亿 m^3	干流上、中游耗水量/亿 m^3	干流上、中游耗水率/%	干流下游耗水率/%
20 世纪 50 年代(1957~1960 年)	49.64	35.68	11.68	37.96	76.47	23.53
20 世纪 60 年代(1961~1970 年)	50.56	36.48	10.14	40.42	79.94	20.06
20 世纪 70 年代(1971~1980 年)	44.21	27.83	6.17	38.04	86.04	13.96
20 世纪 80 年代(1981~1990 年)	45.15	26.95	2.51	42.64	94.44	5.56
20 世纪 90 年代(1991~2000 年)	41.76	22.79	2.41	39.35	94.23	5.77
21 世纪初(2001~2015 年)	39.78	17.16	2.33	37.45	94.14	5.86
多年平均(1957~2015 年)	45.18	27.82	5.87	39.31	87.12	12.88

2.1.6 生态环境

塔里木河流域高山环绕盆地，荒漠包围绿洲，植被种群数量少，覆盖度低，土地沙漠化与盐碱化严重，生态环境脆弱。按照水资源的形成、转化和消耗规律，结合植被和地貌景观，塔里木河流域生态系统主要为径流形成区的山地生态系统，径流消耗和强烈转化区的人工绿洲生态系统，径流排泄、积累及蒸散发区的自然绿洲、水域及低湿地生态系统，严重缺水区或无水区的荒漠生态系统。

塔河流域的植被由山地和平原植被组成。山地植被具有强烈的旱化和荒漠化特征，中、低山带多寒生灌木，寒生灌木是最具代表性的旱化植被；高山带有呈片分布的森林和灌丛植被及占优势的大面积旱生、寒旱生草甸植被。干流区天然林以胡杨为主，灌木以红柳、盐穗木为主，另有梭梭、黑刺、铃铛刺等，草本以芦苇、罗布麻、甘草、花花柴、骆驼刺等为主。它们生长的盛衰、覆盖度的大小，随水分条件的优劣而异。

20 世纪 50 年代初到 80 年代初，塔里木河流域土地沙漠化十分严重。根据 1959 年和 1983 年航片资料统计分析，24 年间塔里木河干流区域沙漠化土地面积从 66.23%上升到 81.83%，上升了 15.6%。其中表现为流动沙丘、沙地景观的严重

沙漠化土地上升了 39%。塔里木河干流上、中游沙漠化土地集中分布于远离现代河流的塔里木河故道区域。下游土地沙漠化发展最为强烈，20 年间沙漠化土地增加了 22.05%，特别是 1972 年以来，大西海子以下长期处于断流状态，土地沙漠化以惊人的速度发展。阿拉干地区严重沙漠化土地已由 1958~1978 年的年均增长率 0.475%上升到 1978~1983 年的年均增长率 2.126%；中度沙漠化土地的年均增长率亦由 0.051%增加到 0.108%，严重威胁绿洲的生存和发展。

近 20 年来，由于自然环境演变和人类活动的加剧，加之流域人口增加，水土资源的不合理开发使得塔里木河流域生态环境问题较为突出，人工水库、人工植被、人工渠道及人工绿洲面积的增加，逐步引发了自然河流、天然湖泊面积减少，自然林地、草地、野生动物栖息地和水域面积也呈减小趋势。对于塔里木河干流而言，由于干流水资源空间分布不均，其上游天然植被面积明显大于中游和下游。上游区水资源最为丰沛，洪水期的河水漫溢为河岸两侧天然植被的更新和繁育提供了较好的自然条件，中游和下游地区由于水资源相对较少，对水土资源的过度开发利用，导致两岸地下水水位下降，土壤含水量降低，天然植被面积日益减少。

本书采用 Landsat TM/ETM 遥感影像解译及野外验证，获取了塔里木河流域 1980~2015 年不同年代的土地利用/覆被数据，分析了各流域土地利用/覆被的变化特征，反映了塔里木河流域的生态环境状况变化，其中塔里木河流域研究区 (平原区)2010 年与 2015 年天然植被面积统计见表 2.5 与表 2.6。根据土地利用现状将流域分为耕地、林地、草地、水域、居民用地和未利用土地 (荒漠化面积)，其变化趋势及特点分析统计如图 2.6 所示。

表 2.5　塔里木河流域研究区 2010 年天然植被面积统计

水资源分区		林草合计/万亩	林地/万亩				天然草地/万亩
			有林地	灌木林地	疏林地	小计	
研究区 (平原区)		7429.3	216.3	340.3	358.7	915.3	6514.0
塔里木河干流区	小计	1527.9	144.6	186.3	306.4	637.3	890.6
	上游	625.5	78.6	120.0	112.1	310.7	314.8
	中游	710.4	55.1	49.8	136.6	241.5	468.9
	下游	192.0	10.9	16.5	57.7	85.1	106.9
阿克苏河流域		1473.1	14.4	74.8	22.2	111.4	1361.7
和田河流域		1420.0	16.5	52.8	11.7	81.0	1339.0
开都—孔雀河流域		3008.3	40.8	26.4	18.4	85.6	2922.7

表 2.6 塔里木河流域研究区 2015 年天然植被面积统计

水资源分区		林草合计/万亩	林地/万亩				天然草地/万亩
			有林地	灌木林地	疏林地	小计	
研究区 (平原区)		7323.8	209.2	318.8	349.0	877.0	6446.8
塔里木河干流区	小计	1482.1	138.3	177.8	298.2	614.3	867.8
	上游	598.3	75.7	109.6	107.8	293.1	305.2
	中游	691.3	52.3	47.8	133.6	233.7	457.6
	下游	192.5	10.3	20.4	56.8	87.5	105.0
阿克苏河流域		1453.2	14.1	63.6	22.2	99.9	1353.3
和田河流域		1400.5	16.5	52.2	11.1	79.8	1320.7
开都—孔雀河流域		2988.0	40.3	25.2	17.5	83.0	2905.0

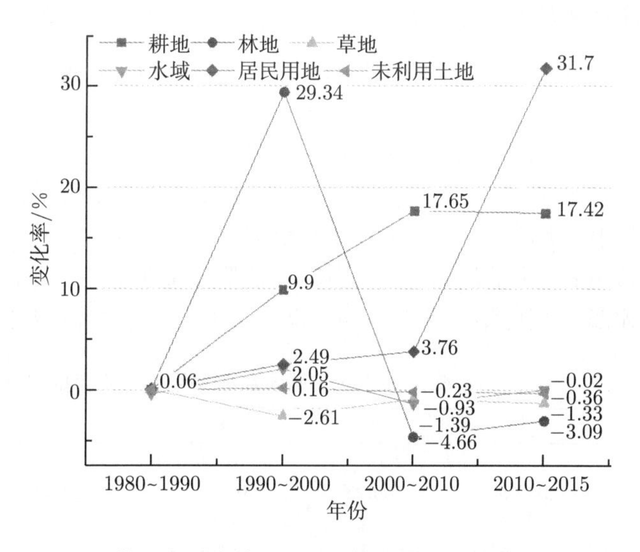

图 2.6 塔里木河流域不同时期土地利用和植被覆盖变化

根据以上数据，对比分析六种植被类型的变化趋势可知，自 1980 年、1990 年、2000 年、2010~2015 年，塔里木河流域的耕地和居民用地面积呈阶段性增加的趋势。从不同时期来看，相对 1980 年，1990 年六种植被类型变化均不显著；相对 1990 年，林地、耕地和居民用地面积分别增加了 29.34%、9.90%和 2.49%，与此同时，草地面积减少了 2.61%，其中林地面积变化最显著；相对 2000 年，2010 年耕地、居民用地面积分别增加了 17.65%、3.76%，而林地面积减少了 4.66%，说明人类活动引起的耕地、居民用地面积的增加挤占了一部分林地面积；相对 2010 年，2015 年居民用地、耕地面积分别增加了 31.7%、17.42%，说明人口密度增加带来了居民用地面积的剧增，但随着流域管理措施的加强，耕地面积的增加幅度趋于平缓。对比 2015 年和 1980 年的植被覆盖累积变化率，发现 2015 年耕地、居民用地面积比 1980 年增加了 54.84%、40.14%，与此同时，草地面积自 1980~2015 年不断减少，林地、未利用土地面积自 2000 年以来也呈阶段性减少的趋势。人类活动在改造沙漠的同时，人工绿洲大量挤占了天然绿洲，近 20 年来强烈的人类活动明显改变了土地利用和植被覆盖的分布格局，这给塔里木河流域生态安全及其良性发展演化带来了巨大隐患。

2.2 流域水资源演变特征

2.2.1 降水变化特征

1. 年、季降水量的空间分布特征

塔里木河流域 1960~2015 年年平均降水量为 80.17mm，属于我国降水比较匮乏的地区 (表 2.7)。由于塔里木河流域远离海洋，地处中纬度欧亚大陆腹地，四周高山环绕，形成了典型的大陆性气候。降水量总体上自东南向西北递减，且呈现出东高西低、南高北低的分布趋势 (图 2.7(a))。流域内大部分地区的年降水量低于 100mm，特别是中、下游地区，土壤沙化和植被枯竭趋于恶化。同时，流域内存在年降水量达 100mm 以上的测站，但范围较小且都分布在山区，其中天山的阿合奇站和乌恰站降水量分别达到了 219.65mm 和 184.79mm，为全流域之冠。

表 2.7 1960~2015 年塔里木河流域年和四季平均降水量的统计特征

降水量	年	春	夏	秋	冬
平均值/mm	80.17	18.15	38.89	14.63	8.50
最大值/mm	342.50	69.23	106.14	222.39	197.80
最小值/mm	19.93	0.54	5.94	0.24	0.08
变异系数	0.70	1.01	0.67	1.61	1.54

塔里木河流域降水的季节性分配很不均匀，春、夏、秋和冬季的平均降水量分别为 18.15mm、38.89mm、14.63mm 和 8.50mm，分别占年均降水量的 22.63%、48.51%、18.25% 和 10.60%。可见，夏季降水在塔里木河流域年总降水量中占的比重最大。

塔里木河流域 1960~2015 年年均降水量的变异系数为 0.7，整体呈现出由西北向东南以及由上游山区向下游荒漠区增加的趋势 (图 2.7(b))。流域内大部分地区年降水量的变异系数为 0.33~0.77，塔里木河流域的东南部边缘地区变异系数最大，其值在 0.50~0.77。对比全年和四季平均降水量的变异系数，发现全年和夏季变异系数较小，分别为 0.70 和 0.67，秋季最大，其值为 1.61，说明塔里木河流域降水量年际变化不大，而秋季降水量年际波动较大。

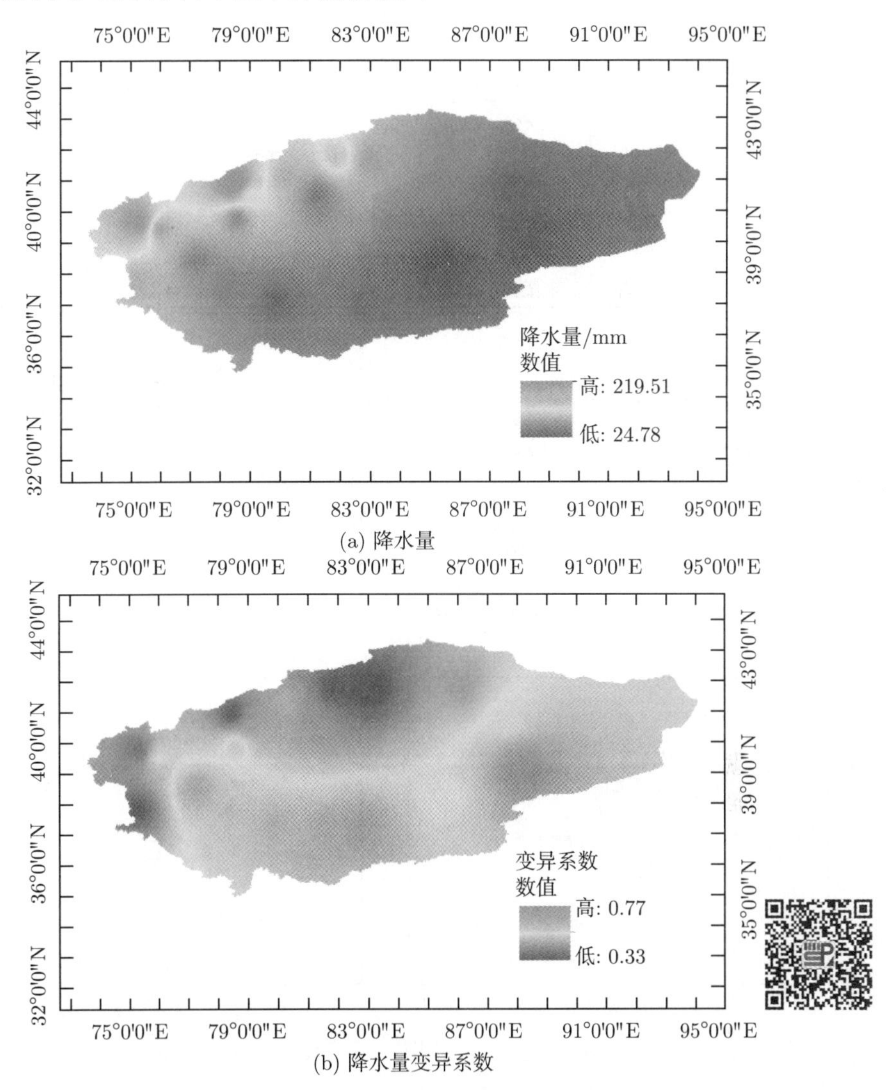

图 2.7 塔里木河流域 1960~2015 年年均降水量和变异系数空间分布图

对塔里木河流域年均降水量呈上升和下降趋势的站点数进行统计，20 个气象站点中，年降水量呈上升趋势的有 13 个，共有 6 个通过了显著性检验，下降的有 7 个，且未通过显著性检验 (图 2.8(a))。降水空间分布呈源流区减少、干流区增加，东北高、西南低的趋势。从季节角度分析发现，夏季全流域降水明显增加，秋季全流域降水明显减少，春、冬季节降水变化趋势与年变化趋势基本一致。

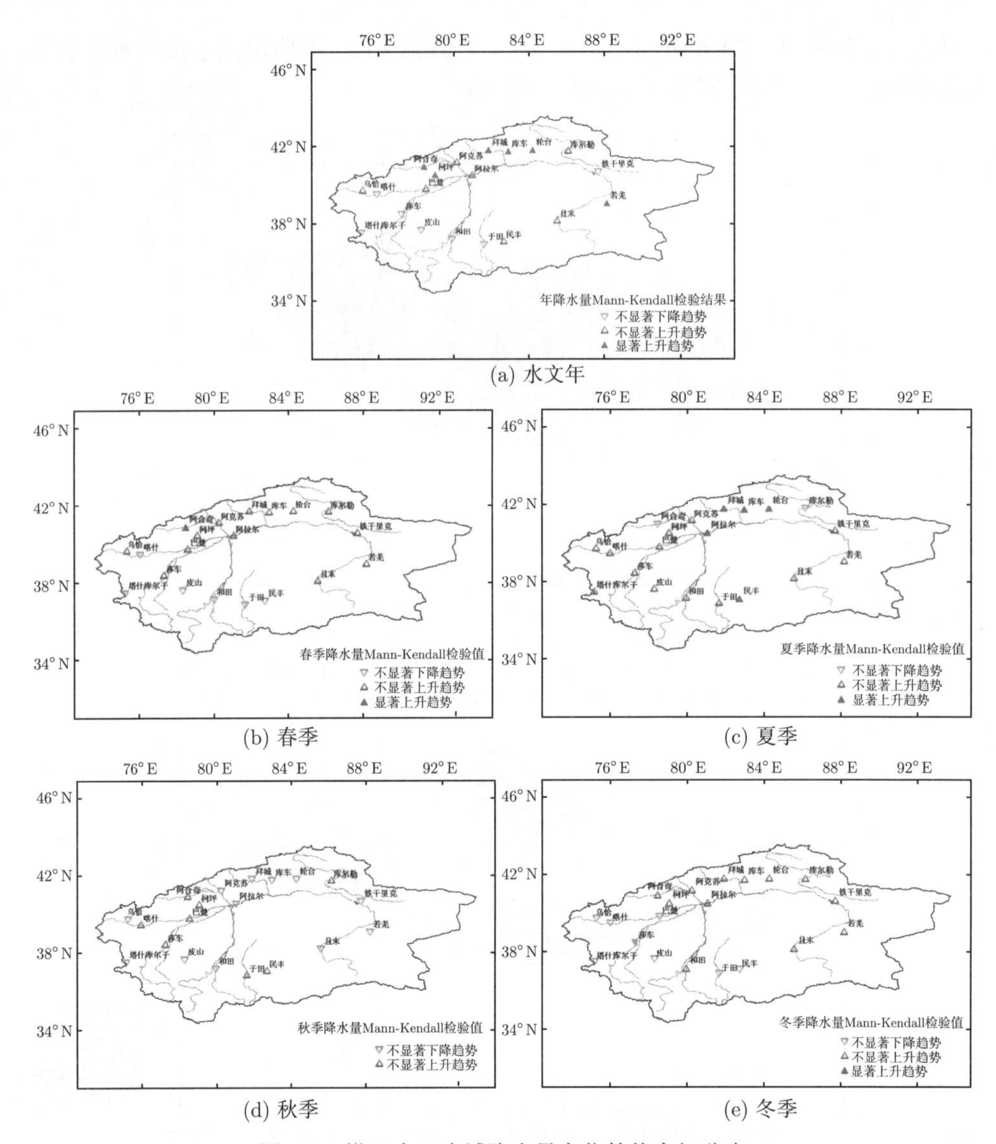

(a) 水文年

(b) 春季　　(c) 夏季

(d) 秋季　　(e) 冬季

图 2.8　塔里木河流域降水量变化趋势空间分布

2. 年、季降水量的时间变化

1) 年际变化

根据乌恰、塔什库尔干、阿合奇三个山区气象站日降水资料，以及山前平原面平均日降水资料，对 1960~2015 年日降水数据进行整理分析。由表 2.8 可以看出，塔里木河流域的降水分布有以下特点，高纬度降水高于低纬度，山区降水高于山前平原，且变差系数均在 0.4 左右，年际间波动浮动较大。

表 2.8 降水统计特征

站点	纬度/(°)	高程/m	多年平均/mm	变差系数
阿合奇	40.93	1985	219.6	0.35
乌恰	39.72	2176	185.5	0.39
塔什库尔干	37.77	3090	75.1	0.36
山前平原	—	—	62.5	0.42

阿合奇站多年平均降水量为 219.6mm，从降水量年际变化趋势来看 (图 2.9(b))，年降水量在 1960~2015 年呈增长趋势，线性倾向率为 2.21mm/a；乌恰站多年平均降水量为 185.5mm，从图 2.9(d) 可以看出，其年降水量在 1960~2015 年呈增长趋势，其线性倾向率为 1.45mm/a。塔什库尔干站和山前平原的降水量接近，分别为 75.1mm 和 62.5mm，其线性倾向率也相近，分别为 0.60mm/a 和 0.63mm/a。

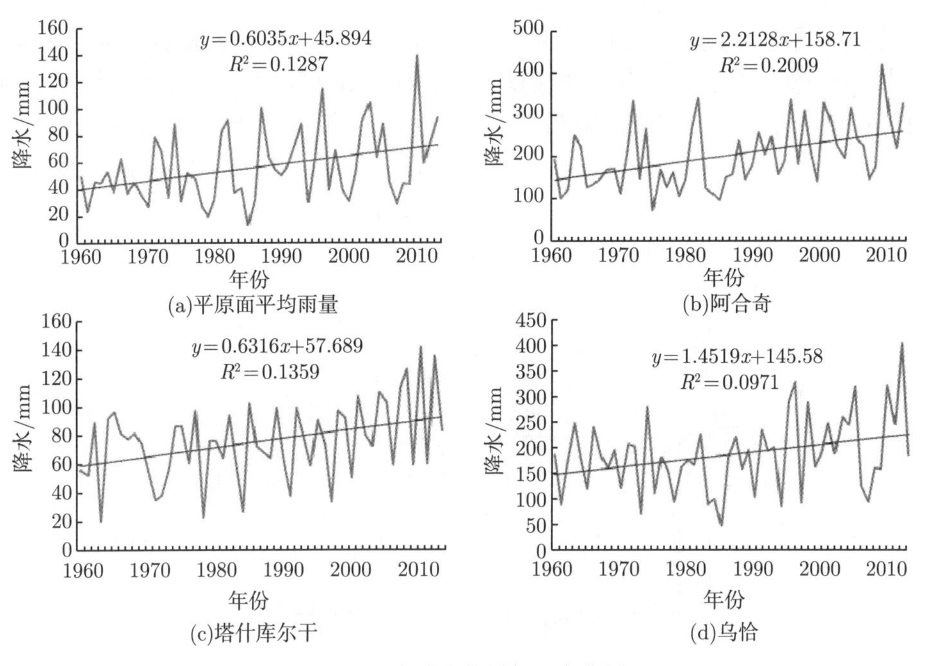

图 2.9 流域降水量年际变化图

流域按年代划分代际间降水统计如表 2.9 所示。从表中可以看出流域内降水呈增加趋势，20 世纪 70 年代和 80 年代山区和平原降水均有小幅度增加，增幅在 5~10mm；进入 90 年代后，山区降水出现明显增加，阿合奇站增长 50mm，乌恰站增长 41mm，增长 25%左右，而塔什库尔干降水基本保持不变，可能是纬度及海拔高度的原因，平原区降水增长了 8mm，约 12%，增幅基本保持不变。进入 21 世纪后，山区阿合奇站和乌恰站降水基本保持不变，塔什库尔干站降水大幅增加，增加了 23%(16.1mm)，而平原的降水略微下降 (3.7mm)；而在 2010 年以后，流域降雨大幅度增加，山区阿合奇站和乌恰站以及平原区降水增幅超过 50%，而塔什库尔干站降水增幅较小，约 19%。

表 2.9　流域按年代划分代际年均降水量

年份	阿合奇/mm	乌恰/mm	塔什库尔干/mm	平原/mm
1960~1969 年	181.2	176.8	71.6	49.6
1970~1979 年	186.9	157.9	60.8	53.8
1980~1989 年	194.8	156.0	72.2	60.7
1990~1999 年	244.9	197.5	71.5	68.7
2000~2009 年	245.7	198.1	87.6	65.0
2010~2015 年	330.4	288.3	104.2	99.0

2) 年代际变化

通过集中度来反映流域降水的年内分配程度，集中度越大表明年内降水越集中，集中度越小表明降水年内分配越均匀。由图 2.10 可以看出，相对于山区，平原降水集中度 C_n 变化较为剧烈，最大值为 0.8(1997 年)，最小值 0.17(1994 年)。在 20 世纪 80 年代，集中度最大为 0.58，20 世纪 90 年代以后集中度减小。山区降水集中度为 0.4~0.7，在 20 世纪 80 年代达到最小值 0.49，进入 20 世纪 90 年代以后集中度呈增长趋势，年内降水分布不均匀程度增加。

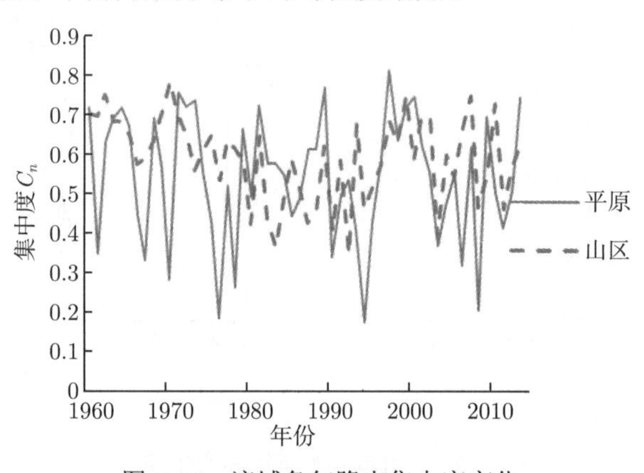

图 2.10　流域各年降水集中度变化

流域山区和平原不同季节多年平均降水如图 2.11 所示，山区的阿合奇站和乌恰站四季降水分布相似，夏季雨量最多，分别占全年降水量的 52%(114.4mm) 和 45%(82.8mm)，春季相对较少，分别占全年降水量的 26%(57.0mm) 和 30%(54.9mm)；秋季降水与春季降水接近，分别占全年降水量的 18%(39.8mm) 和 18%(34.3mm)；而冬季降水最少，只占全年降水量的 4%(8.3mm) 和 7%(13.4mm)。而山区的塔什库尔干站与平原的四季降水分布相同，且降水量基本相等，夏季雨量最多，均占全年降水量的 51%(39.1mm 和 32.2mm)，春季雨量各占全年降水量的 24%(17.9mm) 和 26%(16.2mm)，秋季和冬季雨量则相对较少，秋季雨量分别占全年降水量的 13%(9.6mm) 和 14%(8.9mm)，冬季最少，只占全年降水量的 11%(8.3mm) 和 8% (5.3mm)。山区的降水要多于平原，但年内降水的四季分布大致相同，降水集中在春季和夏季，降水量之和占全年降水量的四分之三。

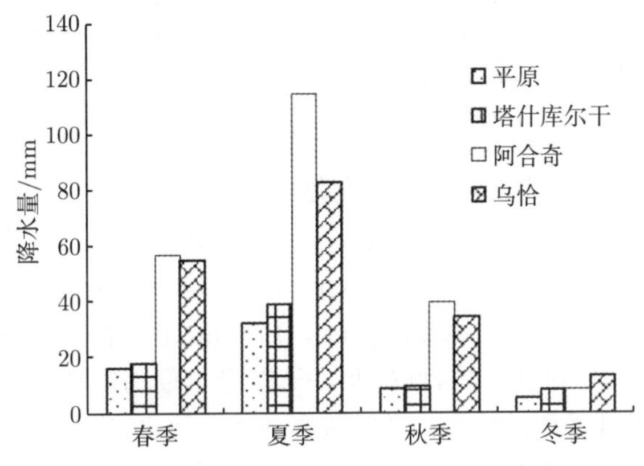

图 2.11 流域各分区不同季节多年平均降水量

根据表 2.10 来看，不同分区的年内降水的季节分配随年代的变化而有所不同。20 世纪 70 年代，山区和平原的春季降水均大幅减少，山区减少 27%，而平原将近减少 50%，其余季节降水则均有增加，山区秋季降水增幅较为显著，增长 50%，而平原夏季降水增幅显著，增长 50%。进入 20 世纪 80 年代后，春季降水又大幅增加，山区春季降水增长 68%，平原则增长 56%，而山区的夏季降水有所减少 (约 17%)，秋季和冬季小幅增加；平原区的春季和秋季降水有小幅度的增加，冬季有小幅度的减少。而在 20 世纪 90 年代，山区降水增长显著，春季和夏季降水分别增长了 27%和 32%，秋季和冬季则有小幅度的增长；平原降水在春季增长较显著，增长了 38%，夏季和冬季也有小幅增长，而秋季降水却有小幅度的减少。进入 21 世纪以后，流域春季降水又开始减少，山区春季降水减少 39%，平原春季降水减少 28%；秋季降水出现大幅增加，山区秋季降水增加 85%，而平原秋季降水增加 103%；山区冬季降水略微下降，平原冬季降水保持不变；山区夏季的降水增加了 4.5mm，而平原夏季降水减少了 4.3mm。而在 2010 年以后，流域各季节降水量均出现大幅增加，且增幅主要集中在春季和夏季。

流域秋季和冬季的降水一直保持增长趋势，其中山区秋季降水的增幅较大；春季降水在 20 世纪 70 年代经历一次降幅后逐渐增长直到 21 世纪又开始减少，在 2010 年以后又大幅增加；平原区夏季降水保持增长状态，而山区夏季降水在 20 世纪 80 年代经历一次降幅后又大幅增长。

表 2.10　流域各年代不同季节降水量

年份	山区/mm				平原/mm			
	春季	夏季	秋季	冬季	春季	夏季	秋季	冬季
1960～1969 年	51.9	104.1	21.0	4.2	18.1	21.3	7.0	3.2
1970～1979 年	37.7	108.9	33.0	7.3	9.5	30.3	7.4	6.5
1980～1989 年	62.5	89.8	34.2	8.4	14.8	34.9	8.7	2.3
1990～1999 年	79.1	119.2	36.3	10.4	20.4	35.8	6.1	6.4
2000～2009 年	48.3	123.7	67.0	6.77	14.7	31.5	12.4	6.4
2010～2015 年	71.7	180.2	58.7	19.8	24.1	49.8	16.2	8.9

3) 趋势变化

对塔里木河流域年、四季降水量的变化进行Mann-Kendall 趋势检验 (表 2.11)，结果表明，年降水量的 Z_{MK} 统计值为 1.53，没有通过 α=0.05 的显著性检验，表明塔里木河流域 1960～2015 年年均降水量的变化趋势不明显。不同季节来说，春季、秋季和冬季降水量分别以 0.2mm/10a、0.76mm/10a 和 0.22mm/10a 的速率上升，均没有通过 $\alpha = 0.05$ 的显著性检验。夏季降水量则以 2.79mm/10a 的速率上升，过去 55 年里上升了 15.35mm。虽然秋季降水量变化趋势没有通过显著性检验，但 Z_{MK} 统计值均接近 1.96，表明塔里木河流域秋季降水量的变化在未来几年有可能具有显著性意义。而夏季降水量的增加可能减少塔里木河流域特别是中、下游地区干旱等灾害带来的损失。

表 2.11　1960～2015 年塔里木河流域年、季平均降水量的变化趋势

时期	MK趋势检验			变化幅度/(mm/10a)
	Z_{MK}	趋势	显著性	
年	1.53	↑	不显著	0.44
春	0.01	↑	不显著	0.2
夏	2.67	↑	显著	2.79
秋	1.40	↑	不显著	0.76
冬	0.52	↑	不显著	0.22

2.2.2　气温变化特征

1. 年、季气温的空间分布特征

塔里木河流域 1960～2015 年年均气温为 10.71℃，最大值为 21.16℃，出现在 2007 年 (表 2.12)，总体呈现出东高西低、南高北低的分布趋势 (图 2.12(a))。中、下游大部分地区年平均气温为 8～12℃，塔里木河流域的东南部达 10℃以上，为全流域年平均气温最高的地区，靠近天山、昆仑山的源流区是全流域气温最低的地区，年平均气温最低值在 6℃左右。春、夏、秋和冬季的年平均气温分别为 13.37℃、23.43℃、10.96℃和 −5.18℃(表 2.12)。

表 2.12 1960~2015 年塔里木河流域年、季平均气温总体特征

参数	年	春	夏	秋	冬
平均值/°C	10.71	13.37	23.43	10.96	−5.18
最大值/°C	21.16	15.51	25.06	49.90	−2.59
最小值/°C	9.06	11.51	21.86	8.43	−9.78
变异系数	0.15	0.08	0.03	0.29	0.34

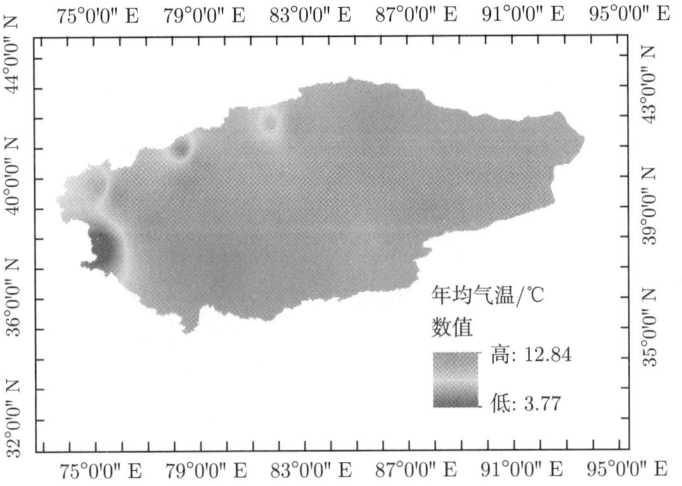

(a) 年均气温

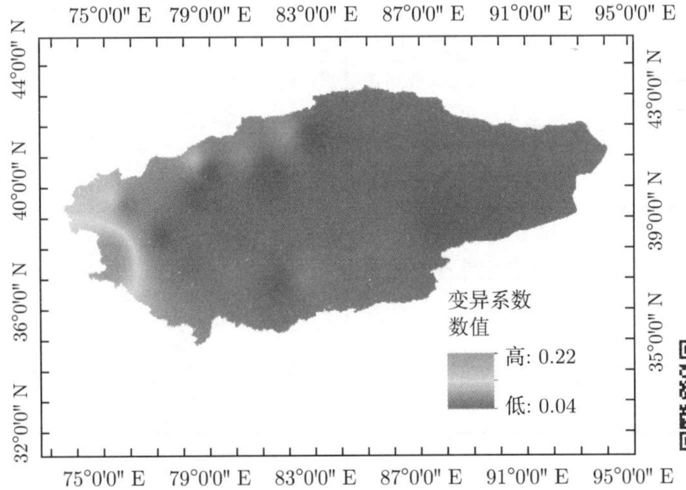

(b) 年均气温变异系数

图 2.12 塔里木河流域 1960~2015 年年均气温和变异系数空间分布图

塔里木河流域 1960~2015 年年平均气温的变异系数为 0.15，整个塔里木河流域以源流区的变异系数为最大。全年和四季平均气温的变异系数中夏季最小，为

0.03；冬季最大，为 0.34，说明塔里木河流域夏季平均气温变异较小，而冬季气温波动相对较大。随着全球气温的上升，塔里木河流域年平均气温在大部分气象站点都表现出较一致的上升趋势，20 个气象站点中有 14 个气象站点通过了 α=0.05 的显著性检验。从季节角度来看，冬季温度呈上升趋势，且有 17 个站点通过了 α=0.05 的显著性检验；夏、秋时期温度普遍呈不显著上升趋势，春季温度变化呈现源流区不显著上升，干流区不显著下降的形势 (图 2.13)。

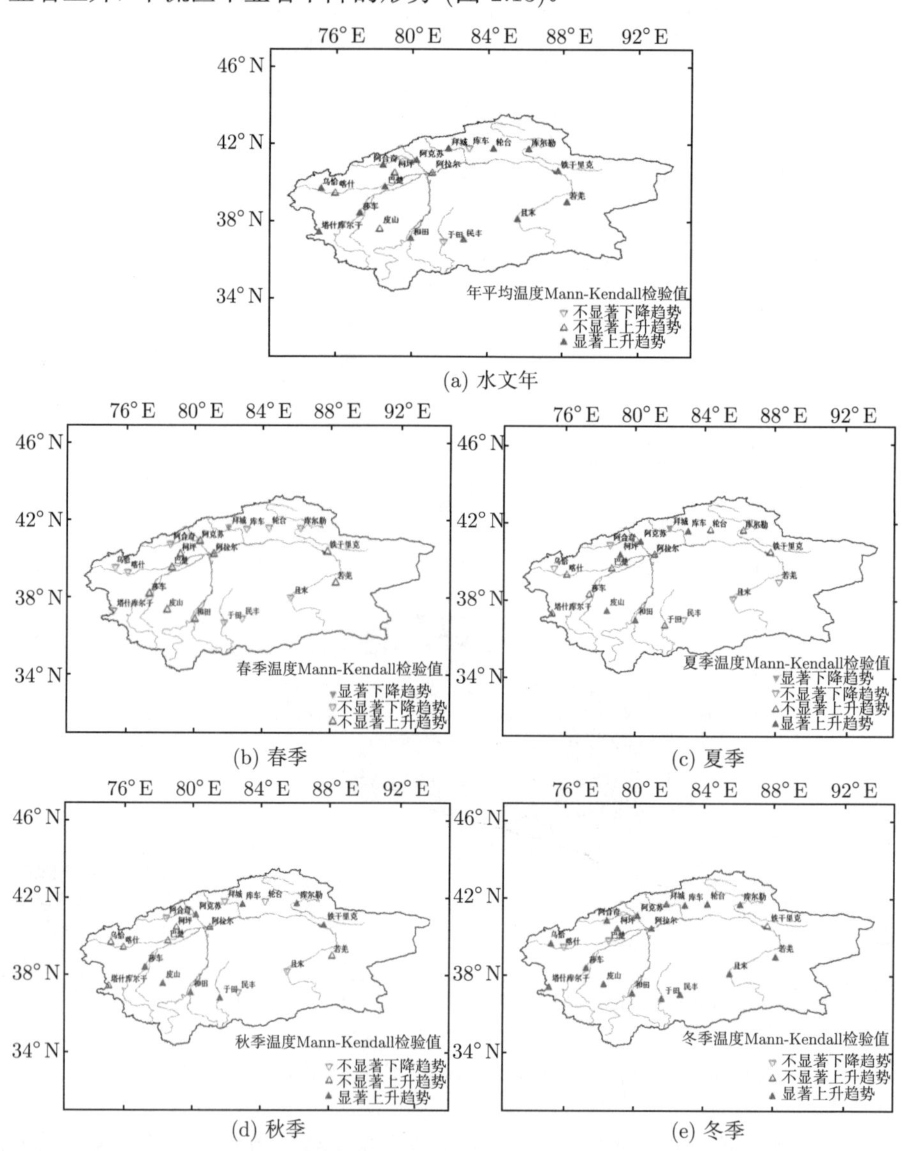

图 2.13　塔里木河流域气温变化趋势空间分布

2. 年、季气温的时间变化

1) 年际变化

流域气温表现为平原高于山区，且随着海拔高度增加，气温降低。平原多年平均气温为 18.9℃(表 2.13)。山区的阿合奇站和乌恰站气温接近，分别为 13.5℃和 14.1℃，这是由于两站高程相近，在 2000m 左右；而山区的塔什库尔干站多年平均温度最低，为 11℃，这是因为该站海拔高度为 3000m。流域多年平均最高气温和多年平均气温的变差系数较小，而多年平均最低温度变差系数较大，表明流域年最低气温波动较为剧烈。

表 2.13　流域各分区气温统计特征

分区	最高气温/°C	变差系数	平均气温/°C	变差系数	最低气温/°C	变差系数
平原	18.9	0.04	11.7	0.05	5.3	0.14
塔什库尔干	11.0	0.09	3.6	0.25	−3.5	0.26
阿合奇	13.5	0.05	6.6	0.10	1.0	0.79
乌恰	14.1	0.05	7.3	0.11	1.4	0.92

流域各分区年均最高气温、年均气温和年均最低气温变化及其线性趋势如图 2.14 所示，流域气温整体呈上升趋势。流域各分区的年均最高温序列线性趋势方程的倾斜率分别为 0.21℃/10a(平原区)、0.15℃/10a(阿合奇)、0.23℃/10a(塔什库尔干) 和 0.08℃/10a(乌恰)，均呈增长趋势，但仅平原区的最高温序列线性趋势通过了置信区间为 0.1(R^2=0.23) 的检验，未通过 0.05(R^2=0.23) 的置信区间检验，其他分区的最高温序列均未通过置信检验，增长趋势不显著。流域各分区年均气温呈增长趋势，除塔什库尔干未通过显著性检验外，其余各分区均通过显著性检验，增长趋势显著。平原区以 0.38℃/10a 的速率增长，阿合奇和乌恰分别以 0.25℃/10a 和 0.32℃/10a 的速率增长。流域各分区的年均低温序列增长趋势显著，平原区以 0.38℃/10a 的速率增长，塔什库尔干以 0.35℃/10a 的速率增长，阿合奇和乌恰分别以 0.4℃/10a 和 0.69℃/10a 的速率增长。

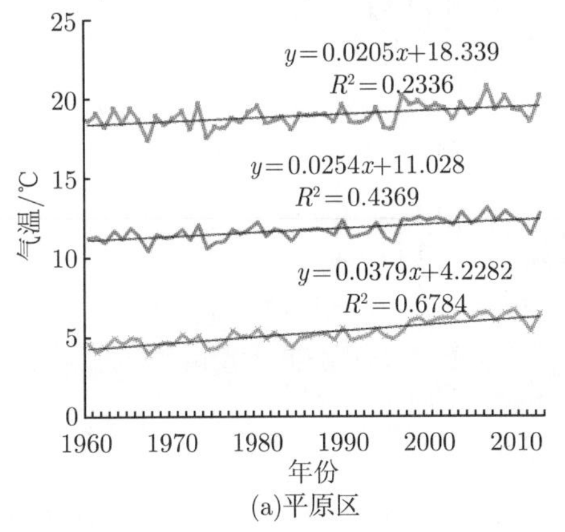

(a)平原区

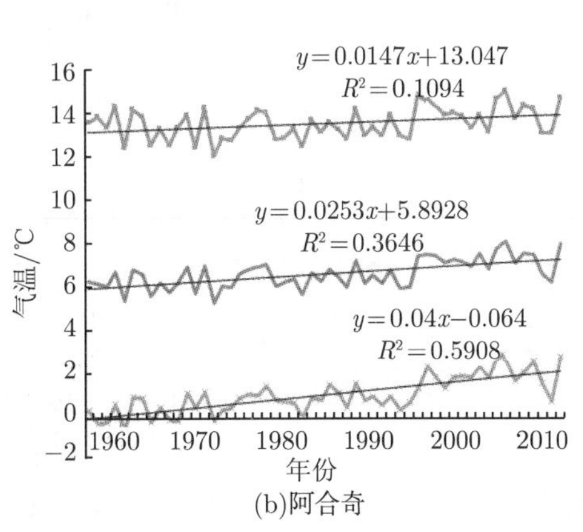

(b)阿合奇

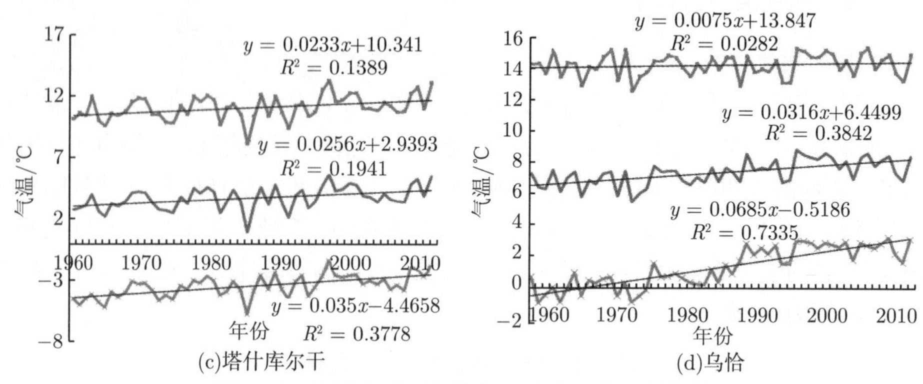

图 2.14　流域各分区年均气温变化及其线性趋势

上部最高气温，中部平均气温，下部最低气温

分别对比流域各分区气温年代变化 (图 2.15) 发现，流域各分区年均气温随年

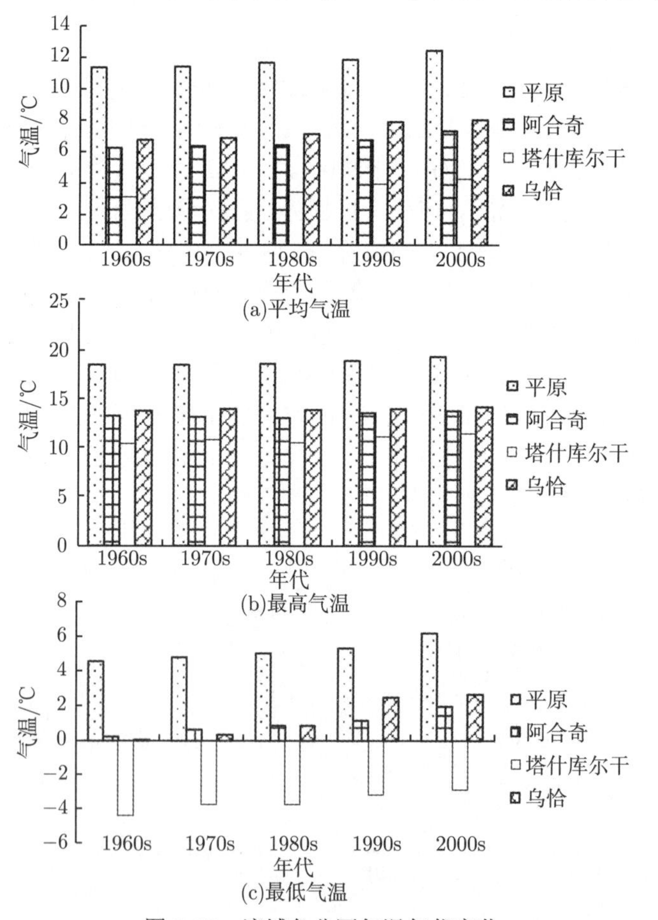

图 2.15　流域各分区气温年代变化

代变化呈增加趋势，山区的阿合奇站在 20 世纪 60~90 年代略有增长，总共增长了 0.5℃，进入 21 世纪以后增幅较大，增长了 0.6℃；山区的塔什库尔干和乌恰均在 20 世纪 90 年代有大幅增长，分别增长了 0.5℃和 0.7℃，21 世纪以后有小幅度增长。流域各分区的年均最高气温在 20 世纪 60~80 年代略有增长，增幅为 0.1℃，进入 20 世纪 90 年代后增幅变大，平原区增长了 0.25℃，山区的阿合奇增长了 0.5℃，塔什库尔干增幅最为显著，为 0.6℃；进入 21 世纪，平原年均最高气温增幅显著，为 0.4℃，山区仅增长了 0.2℃。与流域年均气温相同，平原区和山区阿合奇站的年均最低气温在 20 世纪 60~90 年代随年代变化而增长，平均增长趋势为 0.3℃/10a，且均在进入 21 世纪以后出现大幅增长，增幅分别为 0.9℃/10a 和 0.8℃/10a；而山区塔什库尔干和乌恰则在 20 世纪 90 年代出现大幅增长，增幅分别为 0.5℃/10a 和 1.6℃/10a。

流域气温受到气候变化的影响，呈增长趋势，尤其在 20 世纪 90 年代以后，增幅变大。气温升高主要体现在低温的升高。

2) 年代际变化

流域山区和平原多年平均气温分布如图 2.16 所示，各月平原气温均高于山区气温。山区和平原的气温均在 7 月达到最大值，1 月达到最小值，且山区和平原的温差在 7 月最大，平原要比山区高 6.3℃，1 月温差最小为 2.9℃。

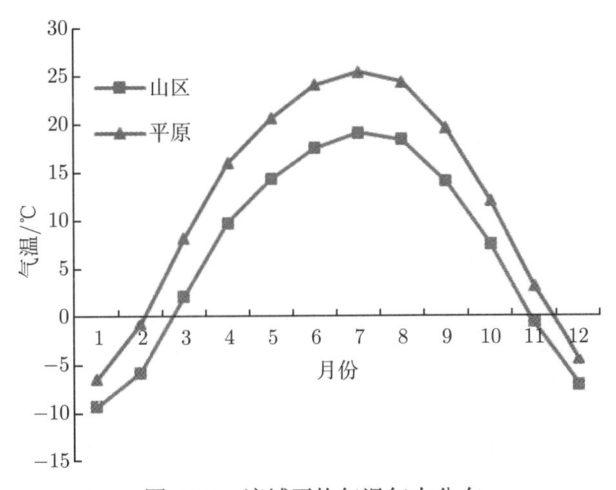

图 2.16 流域平均气温年内分布

进一步分析流域不同季节的平均气温、平均最高气温和平均最低气温的年代变化分析如表 2.14(a)~(c) 所示。可以看出，平均气温在 20 世纪 80 年代除冬季气温出现增长外，其余各季均有所下降。冬季气温增幅达到 0.7℃，春季和秋季降幅在 0.1~0.2℃，夏季基本保持不变；进入 20 世纪 90 年代后，气温开始回升，山区秋季和冬季增幅最大，分别为 0.8℃和 0.6℃，夏季增大 0.1℃，而春季基本不变；平原区秋季和冬季分别增长 0.4℃和 0.3℃，春季和夏季基本保持不变，山区平均气温增幅大于平原。而进入 21 世纪以后，流域春季气温发生显著变化，山区和平原的春季平均气温分别增长了 1.5℃和 1.4℃，山区夏季和秋季平均气温均增加了 0.4℃，冬季气温上升 0.2℃，而平原的夏季和秋季的平均气温分别增长了 0.6℃和 0.7℃，冬季却下降了 0.1℃；而在 2010 年以后，流域气温又有所下降，其中春季和冬季下降较为显著，约 0.5℃。

表 2.14(a)　流域不同季节气温年代际变化——平均气温

年份	山区平均气温/℃				平原平均气温/℃			
	春季	夏季	秋季	冬季	春季	夏季	秋季	冬季
1960～1969 年	8.40	17.85	6.19	−7.92	14.36	24.43	10.99	−4.73
1970～1979 年	8.50	18.18	6.83	−8.24	14.60	24.35	11.34	−4.84
1980～1989 年	8.18	18.12	6.51	−7.52	14.45	24.36	11.18	−3.57
1990～1999 年	8.13	18.23	7.30	−6.94	14.47	24.36	11.56	−3.24
2000～2009 年	9.68	18.68	7.57	−6.70	15.90	24.95	12.28	−3.33
2010～2015 年	9.22	18.63	7.70	−7.40	15.46	24.90	12.17	−3.88

表 2.14(b)　流域不同季节气温年代际变化——平均最高气温

年份	山区平均最高气温/℃				平原平均最高气温/℃			
	春季	夏季	秋季	冬季	春季	夏季	秋季	冬季
1960～1969 年	15.15	25.42	13.29	−0.57	21.64	31.80	18.69	2.24
1970～1979 年	15.09	25.42	13.80	−1.49	21.67	31.67	19.15	1.73
1980～1989 年	14.62	25.41	13.41	−0.97	21.45	31.64	18.84	3.03
1990～1999 年	14.59	25.66	14.37	−0.20	21.34	31.82	19.73	3.09
2000～2009 年	16.25	25.83	14.09	−0.50	22.99	32.11	20.05	2.80
2010～2015 年	15.67	25.70	14.40	−1.05	22.50	32.11	19.95	2.43

表 2.14(c)　流域不同季节气温年代际变化——平均最低气温

年份	山区平均最低气温/℃				平原平均最低气温/℃			
	春季	夏季	秋季	冬季	春季	夏季	秋季	冬季
1960～1969 年	2.45	11.38	0.43	−13.46	7.32	17.27	4.13	−10.51
1970～1979 年	2.60	12.02	1.29	−13.36	7.70	17.40	4.53	−10.29
1980～1989 年	2.61	12.06	1.21	−12.47	7.55	17.39	4.40	−9.26
1990～1999 年	2.65	12.23	1.83	−12.15	7.82	17.44	4.67	−8.60
2000～2009 年	3.95	12.91	2.60	−11.44	9.14	18.43	5.83	−8.33
2010～2015 年	3.83	13.20	2.78	−12.18	9.00	18.59	5.95	−9.00

对比分析流域不同季节平均最高气温和平均最低气温发现，山区与平原气温变化趋势一致。流域平均最高气温呈下降趋势，春季和夏季最高气温直到进入 21

世纪突然大幅增加，在 2010 年以后又有所下降，而秋季和冬季则在 20 世纪 90 年代大幅增温，进入 21 世纪后开始下降；而流域各季节平均最低气温随年代增加而增加，进入 2010 年以后春季和冬季最低气温有所下降，冬季下降较显著 (0.7℃)。

与 2.2.1 节中流域各年代不同季节降水量变化进行对比分析，发现降水量的变化与气温的变化基本保持一致，气温的升高导致降水的增加，但在 21 世纪的春季却出现相反的现象。21 世纪的山区和平原降水分别为 54.9mm 和 36.7mm，相对于 20 世纪 90 年代春季降水分别下降了 30%和 15%，而 21 世纪山区和平原的春季平均气温相对于 20 世纪 90 年代分别上升了 1.4℃和 1.3℃。

进一步分析相对湿度、水汽压和日照时数等气象资料，以解析降水减少的根本原因。如表 2.15、表 2.16 所示，与流域各年代不同季节雨量变化进行对比分析，发现平均水汽压和相对湿度与降水量有较好的相关性，平均水汽压和相对湿度增加，降水量则增加；平均水汽压和相对湿度减少，降水量则减少。进入 21 世纪以后，春季的平均水汽压与相对湿度均有所降低，虽然春季气温有所上升，但要产生降水还需要满足其他气象要素条件，因此降水减少。

表 2.15 流域山区平均水汽压和相对湿度年代际变化

年份	平均水汽压/0.1hPa				相对湿度/%			
	春季	夏季	秋季	冬季	春季	夏季	秋季	冬季
1960~1969 年	46.0	88.4	46.6	17.0	43.4	46.4	48.0	52.7
1970~1979 年	42.8	89.1	47.5	17.7	41.5	46.0	47.7	55.6
1980~1989 年	48.0	94.1	50.3	18.9	46.7	48.3	51.3	55.7
1990~1999 年	51.2	101.9	54.7	20.9	49.4	51.9	53.0	58.2
2000~2009 年	49.2	96.3	57.7	22.2	43.3	48.1	55.4	61.5
2010~2015 年	50.4	97.7	56.1	20.9	46.0	49.3	53.0	60.6

表 2.16 流域平均水汽压和相对湿度年代际变化

年份	平均水汽压/0.1hPa				相对湿度/%			
	春季	夏季	秋季	冬季	春季	夏季	秋季	冬季
1960~1969 年	59.1	121.0	66.7	24.1	37.8	42.6	50.1	56.0
1970~1979 年	59.1	124.2	69.4	25.9	37.6	44.1	51.0	61.0
1980~1989 年	59.6	128.4	70.5	25.7	37.7	45.2	52.1	56.0
1990~1999 年	62.5	138.6	74.4	28.1	39.8	48.5	52.9	59.4
2000~2009 年	59.2	127.9	73.1	28.4	34.9	43.9	51.2	60.4
2010~2015 年	61.6	130.0	70.8	25.8	35.6	45.1	49.7	56.8

3) 长期变化趋势

Mann-Kendall 趋势检验表明，塔里木河流域 1960~2015 年全年及四季平均气温均呈显著上升趋势，并且都通过了 $\alpha = 0.05$ 的显著性检验 (表 2.17)。塔里木河流域全年平均气温以 0.23 ℃/10a 的速率上升，56 年来上升了 1.27℃，略高于全国平均温度的增温速率 0.20℃/10a。从不同季节来看，冬季增温速率最大，为 0.34℃/10a，过去 55 年共增温 1.87℃/10a；春、秋季次之，分别为 0.25℃/10a 和 0.24℃/10a；夏季最小，为 0.16℃/10a。这种现象说明冬季平均气温的升高对塔里木河源流区冰川积雪覆盖的变化具有重要影响。

表 2.17　1960～2015 年塔里木河流域年、季平均气温变化趋势

时期	MK 趋势检验			变化幅度/(℃/10a)
	Z_{MK}	趋势	显著性	
年	4.25	↑	显著	0.23
春	2.97	↑	显著	0.25
夏	3.28	↑	显著	0.16
秋	3.87	↑	显著	0.24
冬	3.16	↑	显著	0.34

2.2.3　蒸发变化特征

1. *蒸发皿实测蒸发变化特征*

由各气象站实测 1960~2015 年日蒸发数据分别计算平原和山区各年总蒸发量(图 2.17)。平原区多年平均蒸发量为 2125mm，以 18.18mm/a 的速率递减，而山区多年平云蒸发量为 1868mm，且以 32.75mm/a 的速率递减。在 20 世纪 60 年代和 70 年代，山区蒸发皿测得的蒸散发量大于平原，而进入 80 年代以后，随着气温的升高，蒸发皿实测蒸发量逐年减少，且山区降幅大于平原，而使得平原蒸发皿蒸发量大于山区。

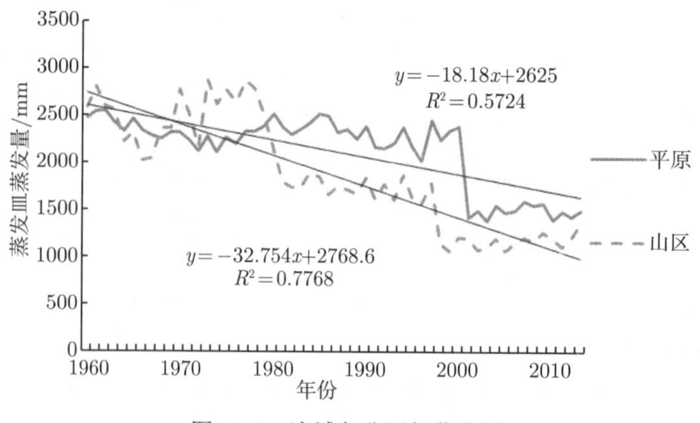

图 2.17　流域各分区年蒸发量

2. 潜在蒸散发变化特征

由日辐射、日最高气温、日最低气温、日相对湿度以及风速等气象资料，利用 FAO Penman-Monteith 计算该地区的潜在蒸散发量 PE：

$$\mathrm{PE}=\frac{0.408\Delta(R_n-G)+\gamma\dfrac{900}{T_{\mathrm{mean}}+273}u_2(e_s-e_a)}{\Delta+\gamma(1+0.34u_2)} \tag{2.1}$$

计算结果如图 2.18 所示，流域多年平均潜在蒸散发量为 1222mm，并以 1.17mm/a 的速率递减；山区多年潜在蒸散发量为 1009mm，并以 0.92mm/a 的速率递减，下降趋势并不显著。平原潜在蒸散发量多于山区，且流域潜在蒸散发的变化趋势与气温变化趋势呈反相关，流域气温逐年升高，而潜在蒸散发量逐年减少。

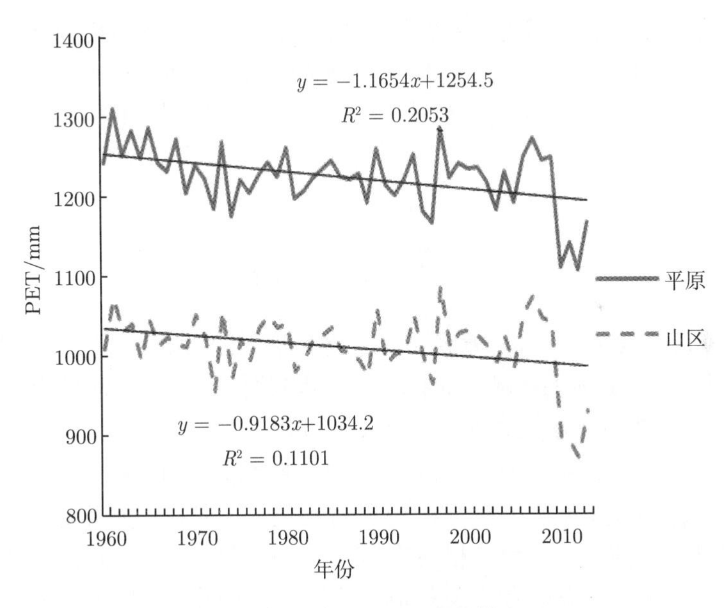

图 2.18 流域各分区潜在蒸散发量

3. 实际蒸发变化特征

"蒸发悖论" 是指蒸发皿实测蒸发量和潜在蒸发量随着气温的上升均呈减少趋势。陆地表面的年降水量代表着地面能提供的蒸散发的水分条件，从水量平衡的角度，流域内降水量增加必然会导致实际蒸散发的增加，从而使流域水循环进程加快。因此本书采用 Budyko 水热耦合平衡假设来分析塔里木河流域实际蒸散发量，在极端干燥条件下，比如沙漠地区，全部降水都将转化为蒸散发量 (Budyko，1958)：

$$当\frac{E_0}{P}\to\infty时,\frac{E}{P}\to 1$$

在极端湿润条件下，可用于蒸散发的能量 (潜在蒸散发) 都将转化为潜热：

$$当\frac{E_0}{P}\to 0时,\frac{E}{E_0}\to 1$$

并提出了满足此边界条件的水热耦合平衡方程的一般形式：

$$\frac{E}{P}=f(E_0/p)=f(\varphi) \tag{2.2}$$

式中，$\varphi=E_0/p$ 为干燥度，等于蒸发潜力与降水量的比值。

Budyko 的理论研究虽然基于较大的时空尺度，但没有考虑下垫面条件的变化对实际蒸散发产生的影响，因此经验曲线的形状较为单一。流域内自然条件的长期演变，形成了流域特有的植被形态和独特的空间分布，但随着气候变化以及人类活动的影响，流域的地形、土壤、植被等下垫面条件与土地覆盖和土地利用条件的改变，干扰了流域的水量平衡过程。傅抱璞 (1981) 基于水文气象提出了一组 Budyko 假设的微分形式：

$$\frac{E}{P}=1+\frac{E_0}{P}-\left[1+\left(\frac{E_0}{P}\right)^{\omega}\right]^{1/\omega} \tag{2.3}$$

式中，E 为实际蒸发量；P 为降水量，E_0 为蒸发潜力；ω 为积分常数，其范围为 $(1,\infty)$，参数 ω 值具有显著的区域分布特征且与流域面积无关，与流域土壤相对入渗能力、植被–土壤相对蓄水能力和平均坡度显著相关。

基于傅抱璞公式，从理论上分析得出气候变化的水文响应在不同气候带的规律：当干燥度 $\varphi=1$ 时，无论下垫面 (ω) 处于什么条件，潜在蒸散发量与降水量的变化对实际蒸散发的控制性作用是相同的；在湿润区 (即 $\varphi\ll 1$)，年潜在蒸散发的变化趋势对实际蒸散发的变化起关键控制性作用，潜在蒸散发的长期变化趋势与实际蒸散发的变化趋势相同；在干旱区 (即 $\varphi\gg 1$)，年降水量的变化趋势对实际蒸散发的变化起着主要控制性作用，实际蒸散发的长期变化趋势与降水量的变化趋势相同。

本书采用孙福宝 (2007) 在内陆河方面的研究结果，ω 取经验值 1.5，流域实际蒸散发量计算结果如图 2.19 和图 2.20 所示。流域实际蒸发量呈增加趋势，且增速小于降水量；平原区降水量以 0.6mm/a 的速率增长，蒸发量以 0.45mm/a 的速率增长；而山区降水量增速为 2.21mm/a，蒸发量增速为 1.15mm/a。

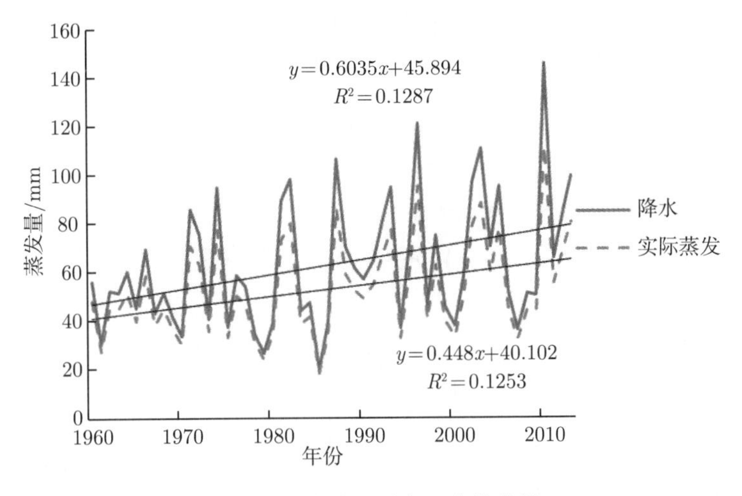

图 2.19 流域平原实际蒸散发量

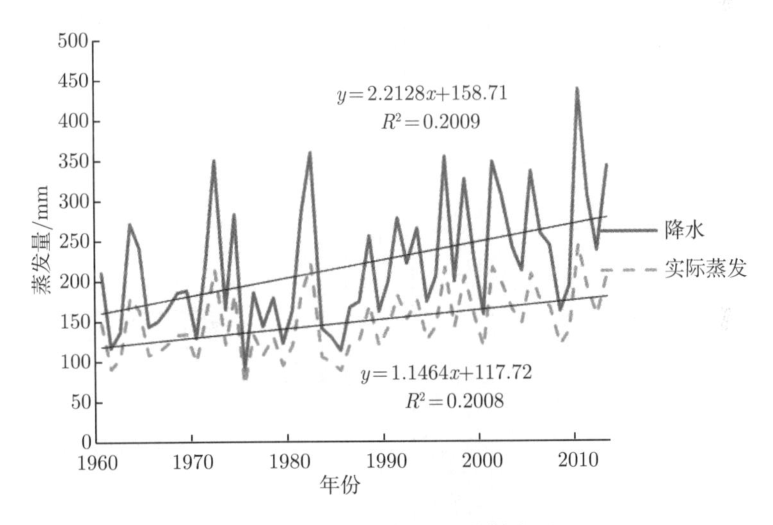

图 2.20 流域山区实际蒸散发量

蒸发量受太阳辐射、风速、水汽压差等多种因素的影响，在过去 40 年里流域年蒸发量呈现出明显的下降趋势，这与气候变化研究中的预期值相悖，符合 Michael 等提出的 “蒸发悖论”。春、夏、秋三季的蒸发量变幅较大，其中夏季整个流域的蒸发量下降趋势最为明显。流域年平均蒸发量在大部分气象站点都表现出比较一致的下降趋势，20 个气象站点中有 11 个气象站点通过了 α=0.05 的显著性检验。从季节角度来看，春、夏、秋季蒸发量普遍呈不显著的下降趋势，呈现东北部减少、西南部增加的形势，冬季蒸发量普遍呈上升趋势，尤其是在源流区，但变化趋势不显著，只有 5 个站点通过了显著性检验 (图 2.21)。

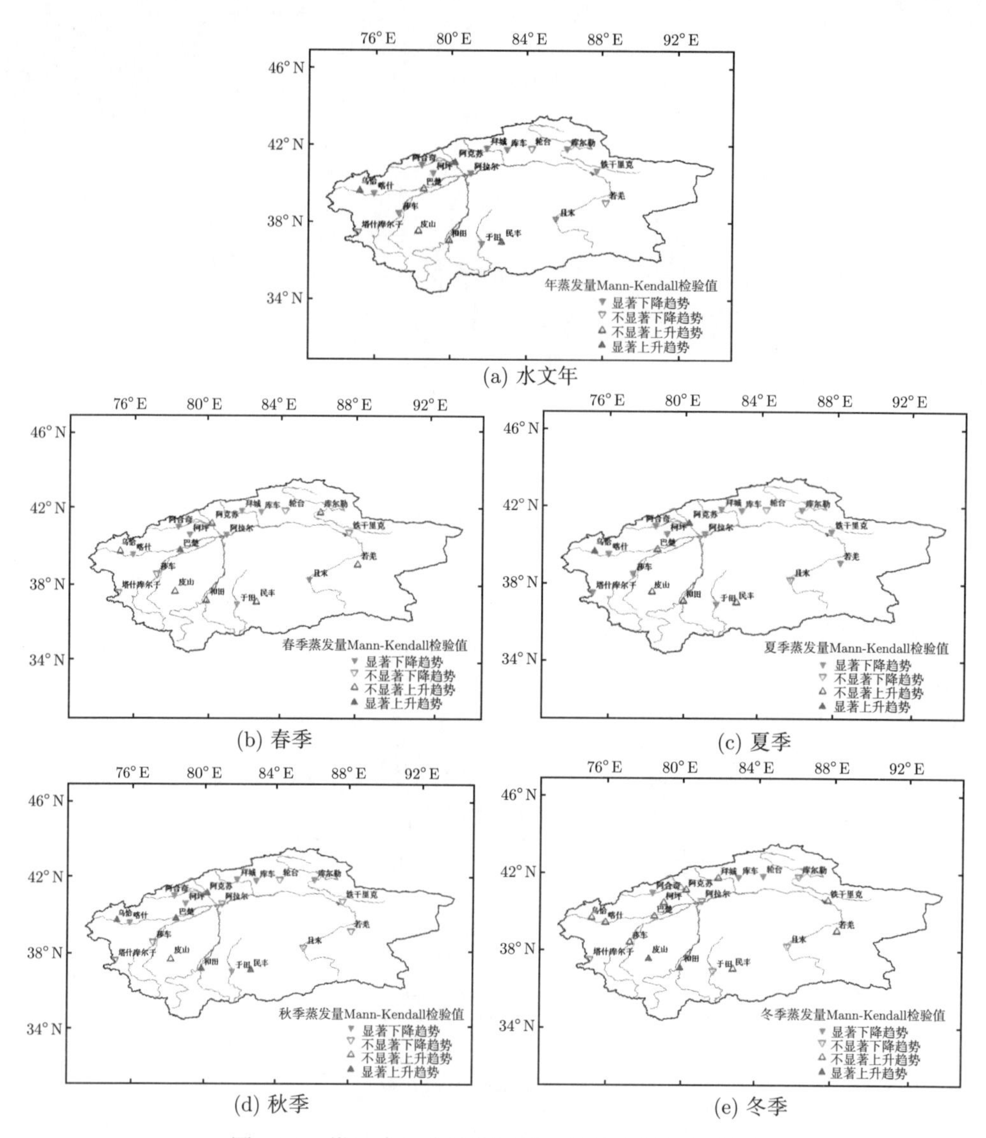

图 2.21　塔里木河流域蒸发量变化趋势空间分布图

2.2.4　径流变化特征

1. 径流年际变异特征

塔里木河是典型的干旱内陆河流，自身不产流，干流的水量均来自于上游的三条源流，分别为阿克苏河、叶尔羌河以及和田河。分别选取阿克苏河的协合拉站和沙里桂兰克站，叶尔羌河的卡群站和玉孜门勒克站以及和田河的同古孜洛克站和乌鲁瓦提站为代表分析三源流的出山口径流的变化特征，以塔里木河干流阿拉尔站为代表分析上游出口处径流变化特征。

根据流域内 6 个代表水文站点的 1960~2015 年日径流数据进行整理分析。变差系数和极值比反映的是径流的相对变化程度，这两个特征值大表示径流的年际变化剧烈，径流资源的利用难度较大，需加强水利调节。反之，则表示径流的年际变化较为平缓，利于水资源的开发利用。变差系数和极值比的大小主要取决于径流的补给来源以及流域的调蓄能力。由表 2.18 中可以看出相对于出山口径流，阿拉尔站径流年际变化剧烈，这对径流资源的开发利用产生不利影响。

表 2.18 各站点年径流统计特征值

河流名称	代表站	多年平均/亿 m^3	均方差	变差系数	极值比
阿克苏河	协合拉	49.52	7.61	0.15	1.95
叶尔羌河	卡群	65.79	11.36	0.17	2.13
和田河	同古孜洛克	22.26	5.13	0.23	3.05
塔里木河干流	阿拉尔	45.4	11.99	0.26	5.11

三源流出山口径流量以及干流阿拉尔站流量年际变化及变化趋势如图 2.22 所示，三条源流出山口径流量均有增加趋势，阿克苏河增加趋势显著，线性倾向率为 0.39 亿 m^3/a；叶尔羌河线性倾向率为 0.19 亿 m^3/a，但趋势并不显著；和田河径流增长趋势不显著，线性倾向率为 0.04 亿 m^3/a；而干流来水量却呈下降趋势，线性倾向率为 -0.12 亿 m^3/a。

根据地理条件，不论是在山区还是山前平原区，降水的增加将会引起径流的增加，然而温度对径流的影响，在山区和山前平原区是不同的。温度的增加会加速冰川融雪进程，增加出山口径流量，而在山前平原区，温度的增加则会造成蒸发量的增大，从而减少径流。在过去的几十年里，温度和降水呈增加趋势，山区出山口径流也在增加。而在山前平原区，尽管在过去的几十年里降水有所增加，但流量还是呈减少趋势。

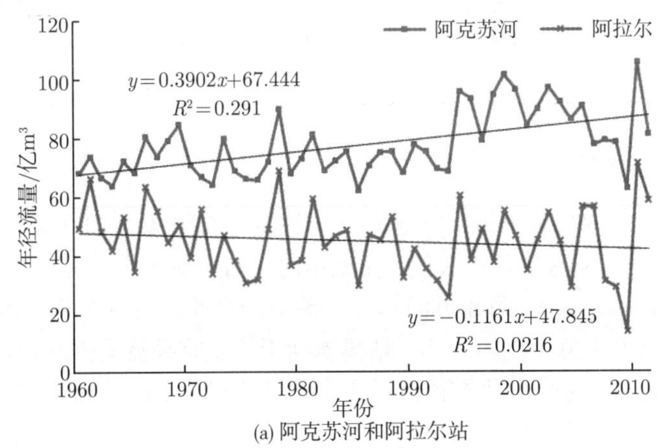

(a) 阿克苏河和阿拉尔站

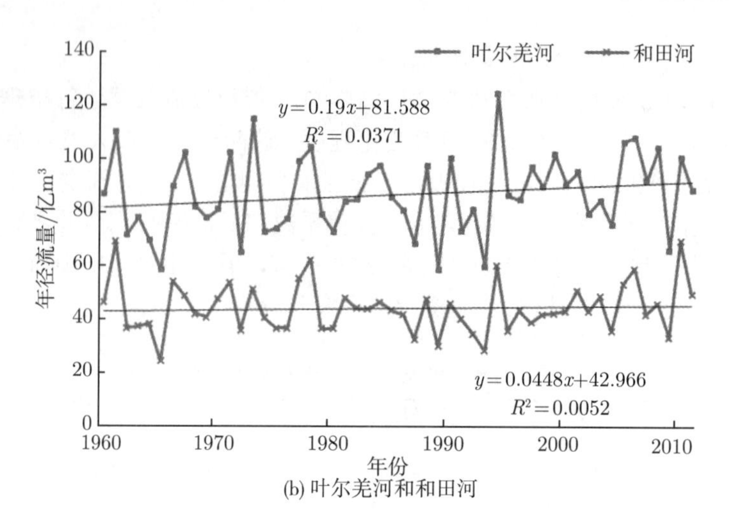

(b) 叶尔羌河和和田河

图 2.22　三源流出山口径流量及干流阿拉尔站流量年际变化及变化趋势

由表 2.19 可以看出，阿克苏河出山口径流量在 20 世纪 70 年代经历一次降幅之后开始增长，特别是在 20 世纪 90 年代增长显著，进入 21 世纪后有所下降；而叶尔羌河和和田河出山口径流量在 20 世纪 80 年代出现降幅后一直保持增加趋势；塔里木河干流来水量却基本保持下降趋势，直到 2010 年后又大幅增加。

表 2.19　流域不同年代平均径流量　　(单位：亿 m^3)

年份	阿克苏河	叶尔羌河	和田河	塔里木河干流
1960~1969 年	73.14	82.52	43.80	50.67
1970~1979 年	71.22	86.87	45.66	43.11
1980~1989 年	72.28	82.31	41.52	44.31
1990~1999 年	85.23	89.72	41.22	42.15
2000~2009 年	83.90	90.12	45.52	39.55
2010~2015 年	93.53	94.47	49.38	64.99

2. 径流年内变异特征

流域三源流出山口和干流多年各月平均径流分布如图 2.23 所示，流域径流集中在 6~9 月，且在 8 月达到最大值，径流年内分布相对集中。从表 2.20 中也可看出，流域径流集中在夏季，阿克苏河和叶尔羌河的夏季径流占全年径流的 68%，和田河夏季径流量占年总径流的 78%，塔里木河干流夏季径流量占总径流量的 64%；其次是秋季径流量，各分区秋季径流量占全年径流量的 12%~19%，春季和冬季最少，共占全年径流量的 10%~15%。

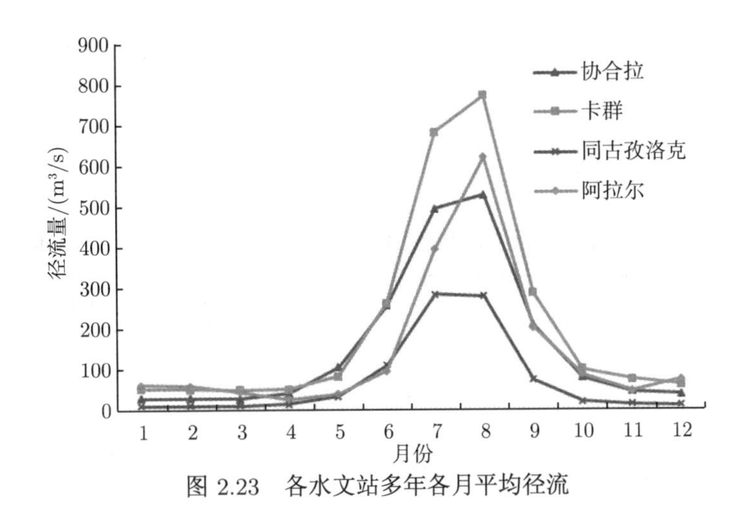

图 2.23 各水文站多年各月平均径流

表 2.20 三源流和干流径流年内分配

站点	春季		夏季		秋季		冬季	
	径流量/(m^3/s)	百分比/%	径流量/(m^3/s)	百分比/%	径流量/(m^3/s)	百分比/%	径流量/(m^3/s)	百分比/%
协合拉	55.67	9.0	423.74	68.49	108.98	17.61	30.33	4.9
卡群	59.37	7.11	569.75	68.27	151.94	18.2	53.44	6.4
同古孜洛克	17.56	6.2	222.21	78.73	33.67	11.93	8.81	3.12
阿拉尔	35.31	6.13	367.93	63.89	109.42	19	63.19	10.97

三源流冬季出山口径流各年代变化趋势与山区冬季各年代降雨变化趋势一致，这是因为冬季出山口径流主要受降雨的影响；源区夏季和秋季出山口径流在 20 世纪 80 年代有所下降，这是由于 20 世纪 80 年代山区夏季和秋季的气温下降，从而导致降雨和融雪量下降，20 世纪 90 年代流域增温增湿显著，源流区各季节径流均有所增加，夏季和秋季增加显著，而在 21 世纪初，春季气温相对于 20 世纪 90 年代上升了 1.5℃，降雨下降 39%，而源流区春季径流相对于 20 世纪 90 年代却仍有所增加，表明由于气温的显著增加，融雪量显著增加从而导致径流的增加；而在夏季和秋季，气温和降雨均相对于 20 世纪 90 年代均有所增加，而阿克苏河的出山口径流却有所减少，表明阿克苏河流域的积雪覆盖率下降，尽管气温上升，但融雪量减少；2010 年以后，山区气温相对于 21 世纪初有所下降，而径流却大幅度增加，表明降雨的增加占主导作用 (表 2.21)。

由于阿克苏河是塔里木河干流来水的主要补给来源，占总量的 73.2%，和田河占 23.2%，叶尔羌河仅占 3.6%，因此干流来水主要受到阿克苏河来水的影响。干流春季径流随年代变化不断增加，这是源区春季来水增加和山前平原区春季降水增加的共同结果；而尽管源流区夏季、秋季和冬季来水增加，山前平原区降水也有所增加，而干流径流却一直减少，表明主要受到人类活动的影响，且人类活动的影响程度不断增加。而在 2010 年后，干流来水也显著增加，这主要是因为 2010 年以后受气候变化影响，源流区出山口径流和山前平原降水均显著增加，气候变化对干流径流的影响占主要作用。

表 2.21　三源流和干流各年代径流年内分配　(单位：m^3/s)

年份	阿克苏河				和田河			
	春季	夏季	秋季	冬季	春季	夏季	秋季	冬季
1960~1969 年	111.14	613.30	155.44	43.86	34.21	456.05	63.76	15.80
1970~1979 年	105.57	591.86	158.58	44.46	33.03	470.88	66.19	15.19
1980~1989 年	116.18	586.70	147.13	45.14	33.75	408.56	57.36	16.13
1990~1999 年	129.92	700.20	190.51	50.42	31.76	419.46	66.65	17.21
2000~2009 年	131.60	677.17	187.65	57.08	39.71	446.47	71.69	22.89
2010~2015 年	163.68	706.67	256.45	59.55	51.47	547.77	122.93	23.27
年份	叶尔羌河				塔里木河干流			
	春季	夏季	秋季	冬季	春季	夏季	秋季	冬季
1960~1969 年	63.12	616.20	159.22	53.30	34.47	411.47	117.67	78.86
1970~1979 年	61.31	658.30	162.08	49.88	26.45	348.45	106.98	64.96
1980~1989 年	71.96	617.50	159.67	55.80	27.31	360.17	97.08	77.44
1990~1999 年	73.98	661.35	172.14	61.70	37.67	348.77	91.55	56.67
2000~2009 年	76.75	686.35	171.51	64.33	40.15	330.25	103.39	27.89
2010~2015 年	73.58	681.02	214.38	65.17	101.23	498.67	196.93	27.47

3. 径流突变分析

塔里木河流域三源区和塔里木河干流径流累积距平如图 2.24 所示，从图中可以看出，流域各源区和干流的径流累积距平大致呈 V 形分布，1993 年为 V 形的拐点，流域在 1993 年之前属于枯水期，1993 年之后，三源流均进入丰水期，径流量增大，而干流径流呈现丰枯频繁交替的现象。到 2006 年以后流域又进入枯水期，直到 2009 年又进入丰水期。

由于单一的突变检测方法存在突变点漏测或误测的可能，因此采用多种突变检测方法，相互印证，找到最准确的突变点。分别采用 Mann-Kendall 突变检验法、有序聚类分析、Pettitt 突变点检验以及滑动 T 检验法对塔里木河三源流和干流年径流序列进行突变点分析，结果如表 2.22 所示。经过不同突变检验方法对比分析发现，三源流均在 1993 年发生突变，和田河在 2009 年亦发生突变；而塔里木河干流则发生三次突变，分别发生在 1972 年、1993 年和 2009 年。

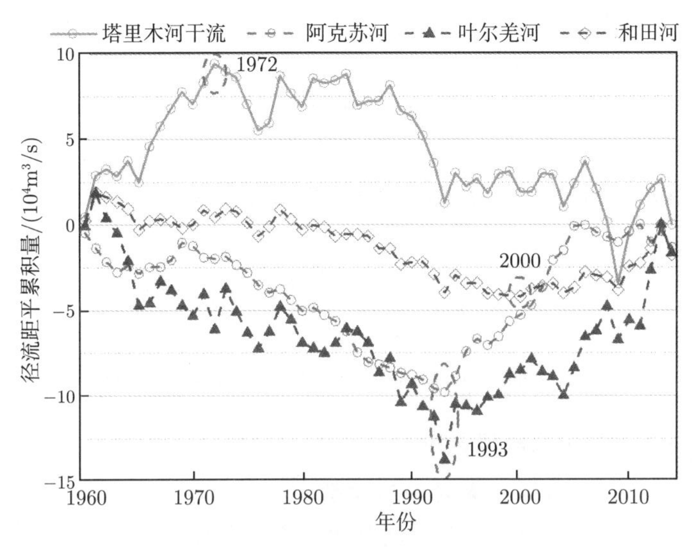

图 2.24 流域各分区径流累积距平

表 2.22 流域径流突变检验年份

河名	Mann-Kondall 突变检验	滑动 T 检验	Pettitt 突变点检验	有序聚类分析
阿克苏河	1985	1993,2003	1993	1992
叶尔羌河	1994	1966,1993	1993,2004	1993
和田河	2005,2009	1993	1993	2009
塔里木河干流	1972	1971，1988，1993	1973，1993，2009	2009

2.3 流域水资源演变规律分析

2.3.1 水资源演变规律分析方法

天然的水文过程和动态的水文系统是极其复杂和多变的，且易受到与之相关的多种物理因素的影响 (Ravins，2008)，这些因素包括气候特征、流域特征、地理特征。这些因素以及它们之间相互耦合对水文系统所造成的影响是极其复杂的物理过程。为了分析非稳定的水文序列的变化规律，将水文时间序列分为确定性成分和随机成分，其中确定性成分包括周期性过程和暂态过程 (趋势、奇异点等)，由确定性的物理机理产生，而随机成分就是通常所说的噪声，它是许多不确定的和随机的因素所产生的。因此，水文时间序列 X_0 表示为

$$X_0 = X + v \tag{2.4}$$

式中，X 为确定性成分，是序列 X_0 的主要成分，反映序列的变化特征，被称为主序列；v 是受到污染的序列 X_0 的噪声成分。尽管原序列的周期和主序列的周期相同，但由于受到噪声的影响，很难准确地识别序列的周期。绝对噪声等级 $\sqrt{\langle v^2\rangle}$ 公式如下：

$$\langle v^2\rangle=\frac{1}{N}\sum_{i=1}^{N}v_i^2 \tag{2.5}$$

式中，N 为噪声 v 的长度。序列的噪声也可通过信噪比 (SNR) 来定义，以分贝 (dB) 为单位：

$$\mathrm{SNR}=-20\log(\beta) \tag{2.6}$$

$$\beta=\langle v^2\rangle/\langle X^2\rangle \tag{2.7}$$

噪声等级和信噪比的值可以反映序列受到噪声污染的程度。

1. 基于样本熵的小波阈值去噪

首先，选择适当的小波函数和分解层数，对水文时间序列进行离散小波分解，得到各层的小波系数；给第一层的小波系数初定一个较小的阈值，其他层的阈值则按照 $2^{-1/2}$ 的速率递减，阈值去噪方法采用软阈值法；对去噪后的小波系数进行小波重构，得到去噪后的序列，与原序列的差值即为噪声序列；并计算噪声序列的样本熵值；逐渐增加阈值，最终得到不同阈值下的样本熵值序列 (桑燕芳等，2009；尚晓三等，2011)，并按照以下指标对去噪结果进行评价。

(1) 原始序列和去噪序列的均值 ($\overline{X}$) 应相近，并且噪声序列的均值等于与序列和去噪序列均值的差值；

(2) 序列经去噪后，其方差应该小于原序列的方差；

(3) 去噪后的序列的偏态系数应与原序列的相近；

(4) 去噪后的序列的一阶自相关系数应当变大，而噪声序列的一阶自相关系数应该接近于 0。

2. 集合经验模态分解

经验模态分解 EMD 方法能将信号自适应地分解到不同的尺度上，非常适合对于非稳定、非线性的信号进行处理 (Huang and Liu，1998；Jiang et al., 2010)。EMD 算法原理和步骤如下：

步骤 1 令 $x_{i,l}(n)=x(n)$，$i=1$，l=1；

步骤 2 找出 $x_{i,l}(n)$ 的所有局部极值点；

步骤 3 利用三次样条插值分别对局部极大值、极小值序列拟合，生成上包络线 $e_{\mathrm{u}}(n)$ 和下包络线 $e_{\mathrm{d}}(n)$；

步骤 4 计算包络线均值 $m_{i,j}(n)=e_{\mathrm{u}}(n)+e_{\mathrm{d}}(n)$；

步骤 5 取出分量 $h_{i,j}(n) = x_{(i,j)}(n) - m_{i,j}(n)$；

步骤 6 如果满足筛分停止准则，则认为 $c_i(n) = h_{i,j}(n)$ 是一个 IMF，$i = i+1$，l=1，转入步骤 7，若不满足，则 $x_{i,j}(n) = h_{i,j}(n)$，$l = l+1$，重复步骤 2~步骤 5；

步骤 7 记残余值 $r_i(n) = x(n) - \sum c_i(n)$，令 $x_{i,j}(n) = r_i(n)$，重复步骤 2~步骤 6 得到下一个 IMF。

如果 $r_i(n)$ 是一个趋势分量，算法停止；否则重复以上步骤直到满足结束条件。由上述流程可以将原始信号表示为 l 个 IMF 分量与 1 个趋势分量的和，其表达式如下：

$$x(n) = \sum_{i=1}^{l} c_i(n) + r_i(n) \tag{2.8}$$

该分析方法主要基于样本熵的小波阈值去噪对水文时间序列去噪，再对去噪后的序列做镜像延伸处理，以便抑制当使用集合经验模态分解 (EEMD) 时序列两端产生的端点效应，对延伸后的序列进行距平处理后用集合经验模态分解处理，得到各个序列的固态模态函数以及趋势项，使用最大熵谱分析法对各个固态模态函数进行周期分析，得到各个固态模态函数的周期项，并求其方差贡献率。

2.3.2 源流区水资源演变规律分析

1. 阿克苏河流域

对阿克苏河出山口 1960~2015 年 56 年年径流量序列进行小波阈值去噪，设定初始阈值后，分离出的噪声序列的样本熵值随阈值的逐渐增加而变化，其结果如图 2.25(a) 所示。当阈值为 3.1 时，噪声序列的样本熵值达到最大，然后随着阈值的再增加，样本熵值开始减小，表明此刻的阈值为最适当去噪阈值。该阈值下去噪序列与原序列的变化如图 2.25(b) 所示。

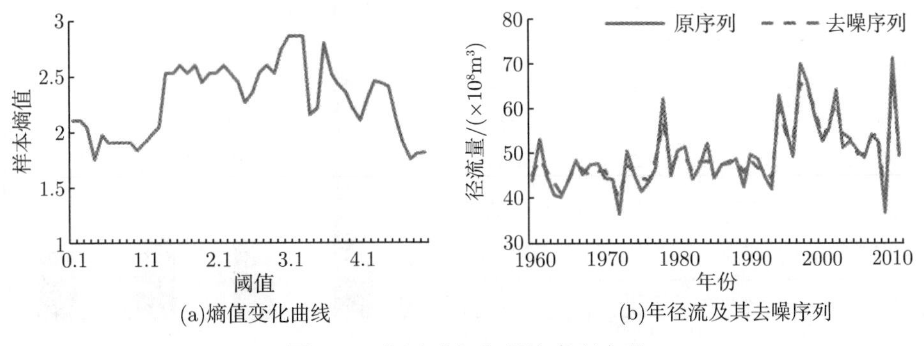

(a)熵值变化曲线 (b)年径流及其去噪序列

图 2.25 阿克苏河年径流序列去噪

对去噪结果进行评价(表2.23)发现，协合拉站的多年平均年径流量为49.52亿m^3，经过小波阈值去噪后，去噪序列的均值变为 49.54，与原年径流量序列的均值相差 −0.02，与分离出来的噪声序列的均值相等；原年径流量序列的方差为 57.88，而经过去噪后的年径流序列的均值变为 39.80，小于原年径流量序列，表明去除了噪声的干扰之后，原年径流量序列的复杂度降低；原年径流量序列和去噪后的年径流量序列的偏态系数分别 1.03 和 1.09，经去噪后偏态系数与原径流量偏态系数相近，表明经去噪后去噪序列保留了原年径流量序列的偏态特征；去噪序列的一阶自相关系数相对于原年径流量序列的一阶自相关系数增加了 0.2，而分离出的噪声序列的一阶自相关系数为 −0.06，接近于 0，表明经过去噪后，年径流量序列的自我相关性有所增加，而基于噪声完全随机的特点，无自我相关性，因此接近于 0。经过小波阈值去噪后，去噪后的年径流量序列和分离出的噪声的各项指标均符合要求，表明去噪结果合理，满足要求。

表 2.23　阿克苏河年径流量序列去噪结果评价

特征值	$\overline{X}$	σ	C_s	r
原序列	49.52	57.88	1.03	0.2
去噪序列	49.54	39.80	1.09	0.4
噪声序列	−0.02	—	0.43	−0.06

首先对去噪后的协合拉站的年平均径流量序列做镜像延伸处理，以便抑制当使用经验模态分解时序列两端产生的端点效应，然后对序列进行距平处理，再对经距平处理后的序列用集合经验模态分解处理，添加白噪声 0.2，采样频率为 1000，结果如图 2.26 所示，其中 imf1～imf4 分别为从高频到低频的固有模态函数，代表序列不同尺度的周期，Res 为残余项，代表序列的趋势项。

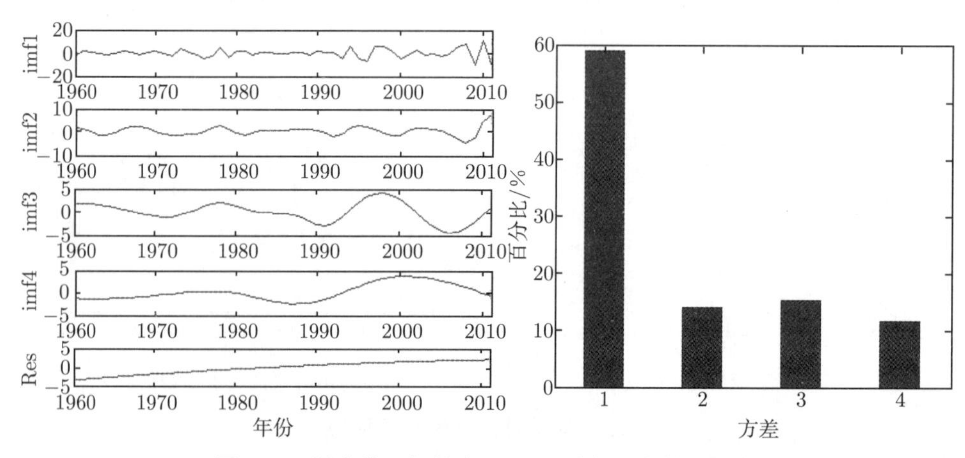

图 2.26　阿克苏河年径流 EEMD 分解和方差贡献率

经过最大熵谱分析法对各 imf 分量进行处理，得到各 imf 分量的周期。其中，第一个 imf 分量的周期为 3.3a，其方差贡献率达到 59%，表明其周期变化对序列的周期变化起主要作用；第二个 imf 分量的周期为 7.5a，方差贡献率为 14%；第三个 imf 分量的周期为 15a，其方差贡献率为 16%；第四个 imf 分量的周期为 30a，其方差贡献率为 11%。由各个 imf 分量的年际变化可以看出，各个分量在 20 世纪 70 年代波动剧烈，能量集中，径流丰枯变化频繁；进入 20 世纪 80 年代后振幅减小，波动减缓；进入 20 世纪 90 年代后，各个分量振幅显著增加，径流丰枯变化加剧。由趋势项可以看出，协合拉站年径流量呈增加趋势，在 2000 年以后增速有所减缓。

2. 叶尔羌河流域

对叶尔羌河出山口 1960~2015 年年径流量序列进行小波阈值去噪，设定初始阈值后，分离出的噪声序列的样本熵值随阈值的逐渐增加而变化，其结果如图 2.27(a) 所示。当阈值为 1.8 时，噪声序列的样本熵值达到最大，然后随着阈值的再增加，样本熵值开始减小，表明此刻的阈值为最适当去噪阈值。该阈值下去噪序列与原序列的变化如图 2.27(b) 所示。

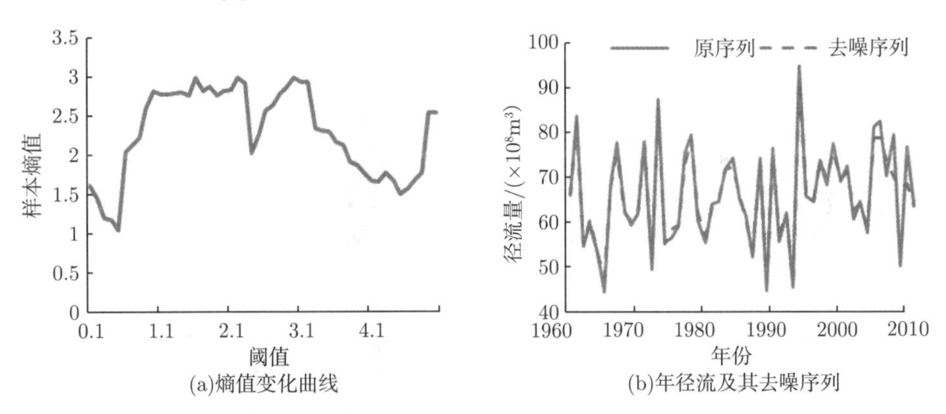

图 2.27　叶尔羌河年径流序列去噪

对去噪结果进行评价(表2.24)发现，卡群站的多年平均年径流量为65.79亿m^3，经过小波阈值去噪后，去噪序列的均值变为 65.85，与原年径流量序列的均值相差 0.033，与分离出来的噪声序列的均值相等；原年径流量序列的方差为 129.06，而经过去噪后的年径流序列的均值变为 96.51，小于原年径流量序列，表明去除噪声的干扰之后，原年径流量序列的复杂度降低；原年径流量序列和去噪后的年径流量序列的偏态系数分别为 0.165 和 0.126，经去噪后偏态系数与原径流量偏态系数相近，表明经去噪后去噪序列保留了原年径流量序列的偏态特征；去噪序列的一阶自相关系数相对于原年径流量序列的一阶自相关系数分别为 −0.157 和 −0.218，有所下降，而分离出的噪声序列的一阶自相关系数为 −0.066，接近于 0，表明经过去噪后，年径流量序列的自我相关性有所增加，而基于噪声完全随机的特点，无自我相关性，因此接近于 0。经过小波阈值去噪后，去噪后的年径流量序列和分离出的噪声的各项指标均符合要求，表明去噪结果合理，满足要求。

表 2.24　叶尔羌河年径流量序列去噪结果评价

特征值	$\overline{X}$	σ	C_s	r
原序列	65.79	129.06	0.165	−0.218
去噪序列	65.85	96.51	0.126	−0.157
噪声序列	0.033	11.24	0.252	−0.066

首先对去噪后的卡群站的年平均径流量序列做镜像延伸处理，以便抑制当使用经验模态分解时序列两端产生的端点效应，然后对序列进行距平处理，再对经距平处理后的序列用集合经验模态分解处理，结果如图 2.28 所示，其中 imf1~imf4 分别为从高频到低频的固有模态函数，代表序列不同尺度的周期，Res 为残余项，代表序列的趋势项。

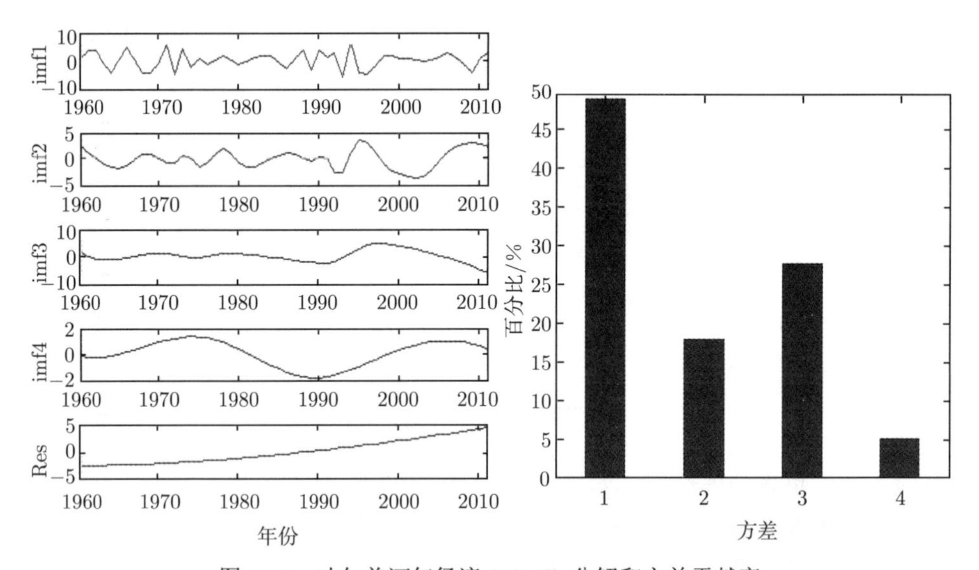

图 2.28　叶尔羌河年径流 EEMD 分解和方差贡献率

经过最大熵谱分析法对各 imf 分量进行处理，得到各 imf 分量的周期。其中，第一个 imf 分量的周期为 4.3a，其方差贡献率达到 49%，表明其周期变化对序列的周期变化起主要作用；第二个 imf 分量的周期为 15a，方差贡献率为 18%；第三个 imf 分量的周期与第四个 imf 分量的周期均为 30a，其方差贡献率为 33%。由各个 imf 分量的年际变化可以看出，4.3a 的周期分量在 1960~1975 年波动剧烈，能量集中，径流丰枯变化频繁，之后振幅开始减小，波动减缓；直到进入 20 世纪 90 年代后，各个分量振幅显著增加，径流丰枯变化加剧；但在 20 世纪 90 年代后期又进入平稳状态，15a 周期分量与它相似。

由趋势项可以看出，卡群站年径流量呈增加趋势，在 2000 年以后增速呈上升趋势。

3. 和田河流域

对和田河出山口 1960~2015 年 56 年年径流量序列进行小波阈值去噪，设定初始阈值后，分离出的噪声序列的样本熵值随阈值的逐渐增加而变化，其结果如图 2.29(a) 所示，当阈值为 30 时，噪声序列的样本熵值达到最大，然后随着阈值的再增加，样本熵值开始减小，表明此刻的阈值为最适当去噪阈值。该阈值下去噪序列与原序列的变化如图 2.29(b) 所示。

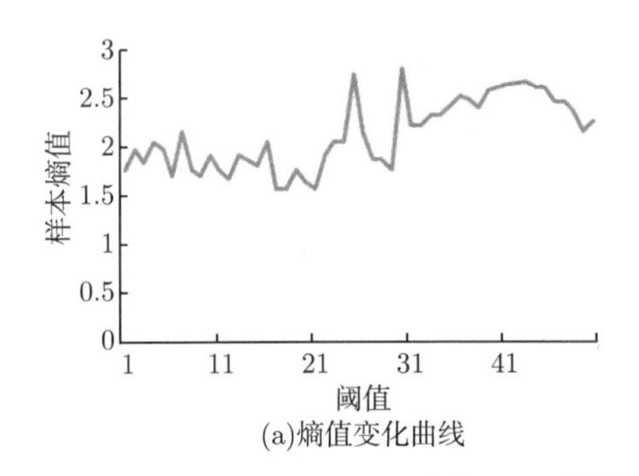

(a)熵值变化曲线

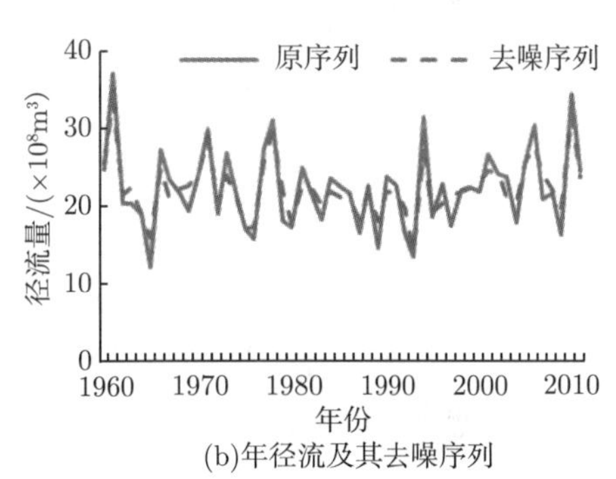

(b)年径流及其去噪序列

图 2.29　和田河年径流序列去噪

对去噪结果进行评价(表2.25)发现，和田河的多年平均年径流量为22.26亿m^3，经过小波阈值去噪后，去噪序列的均值变为 22.29，与原年径流量序列的均值相差 -0.03，与分离出来的噪声序列的均值相等；原年径流量序列的方差为 26.36，而经过去噪后的年径流序列的均值变为 13.78，小于原年径流量序列，表明去除了噪声的干扰之后，原年径流量序列的复杂度降低；原年径流量序列和去噪后的年径流量序列的偏态系数分别 0.61 和 0.73，经去噪后偏态系数与原径流量偏态系数相近，表明经去噪后去噪序列保留了原年径流量序列的偏态特征；去噪序列的一阶自相关系数与原年径流量序列的一阶自相关系数分别为 0.1 和 -0.1，有所上升，而分离出的噪声序列的一阶自相关系数为 -0.03，接近于 0，表明经过去噪后，年径流量序列的自我相关性有所增加，而基于噪声完全随机的特点，无自我相关性，因此接近于 0。经过小波阈值去噪后，去噪后的年径流量序列和分离出的噪声的各项指标均符合要求，表明去噪结果合理，满足要求。

表 2.25　和田河年径流量序列去噪结果评价

特征值	$\overline{X}$	σ	C_s	r
原序列	22.26	26.36	0.61	−0.1
去噪序列	22.29	13.78	0.73	0.1
噪声序列	−0.03	24.46	−1.8	−0.03

首先对去噪后的同古孜洛克水文站的年平均径流量序列做镜像延伸处理，以便抑制当使用经验模态分解时序列两端产生的端点效应，然后对序列进行距平处理，再对经距平处理后的序列用集合经验模态分解处理，结果如图 2.30 所示，其中 imf1～imf4 分别为从高频到低频的固有模态函数，代表序列不同尺度的周期，Res 为残余项，代表序列的趋势项。

经过最大熵谱分析法对各 imf 分量进行处理，得到各 imf 分量的周期。其中，第一个 imf 分量的周期为 3.3a，其方差贡献率达到 68%，表明其周期变化对序列的周期变化起主要作用；第二个 imf 分量的周期为 10a，方差贡献率为 28%；第三个 imf 分量的周期与第四个 imf 分量的周期均为 30a，其方差贡献率为 1.5%和 2.2%。由各个 imf 分量的年际变化可以看出，3.3a 的周期分量在 1960～1985 年波动剧烈，能量集中，径流丰枯变化频繁，之后振幅开始减小，波动减缓；直到进入 20 世纪 90 年代后，各个分量振幅显著增加，径流丰枯变化加剧；但在 20 世纪 90 年代后期又进入平稳状态，而 15a 的周期分量整体较为平稳，在 20 世纪 90 年代中期出现一次波动，在 2009 年以后起伏较大。

由趋势项可以看出，和田河年径流量呈增加趋势，在 2000 年以后增速显著上升。

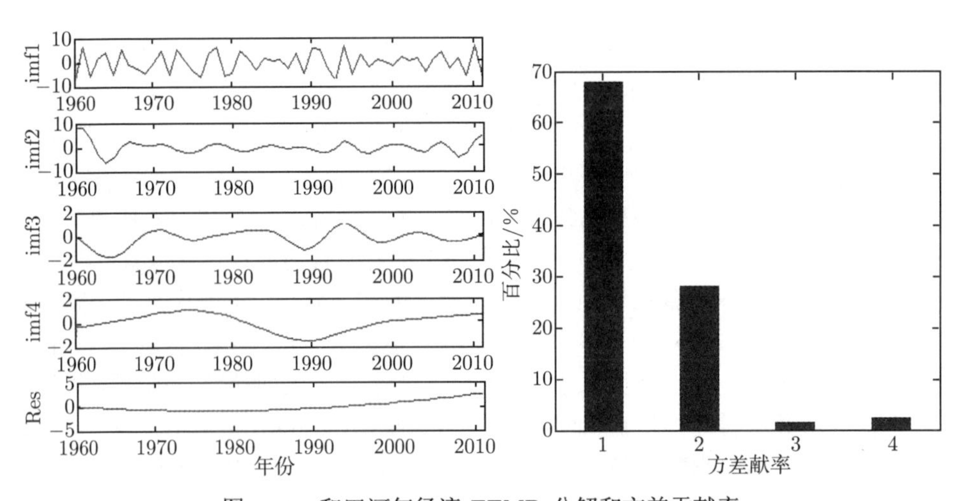

图 2.30　和田河年径流 EEMD 分解和方差贡献率

2.3.3 干流水资源演变规律分析

对干流阿拉尔站 1960~2015 年 56 年年径流量序列进行小波阈值去噪，设定初始阈值后，分离出的噪声序列的样本熵值随阈值的逐渐增加而变化，其结果如图 2.31(a) 所示。当阈值为 36 时，噪声序列的样本熵值达到最大，然后随着阈值的再增加，样本熵值开始减小，表明此刻的阈值为最适当去噪阈值。该阈值下去噪序列与原序列的变化如图 2.31(b) 所示。

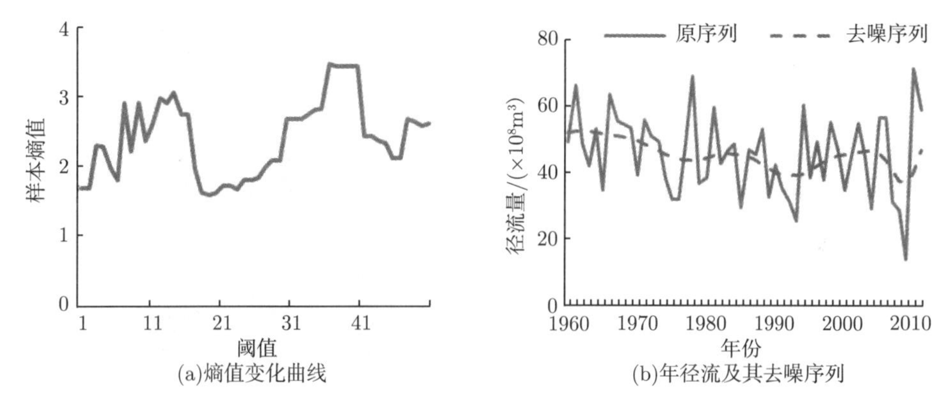

(a)熵值变化曲线 (b)年径流及其去噪序列

图 2.31 塔里木河干流径流去噪

对去噪结果进行评价(表2.26)发现，阿拉尔站的多年平均年径流量为45.4亿m^3，经过小波阈值去噪后，去噪序列的均值变为 45.2，与原年径流量序列的均值相差 0.2，与分离出来的噪声序列的均值相等；原年径流量序列的方差为 143.9，而经过去噪后的年径流序列的均值变为 16.93，小于原年径流量序列，表明去除了噪声的干扰之后，原年径流量序列的复杂度降低；原年径流量序列和去噪后的年径流量序列的偏态系数分别为 −0.1 和 0.1，经去噪后偏态系数与原径流量偏态系数相近，表明经去噪后去噪序列保留了原年径流量序列的偏态特征；去噪序列的一阶自相关系数相对于原年径流量序列的一阶自相关系数分别为 −0.09 和 0.1，有所上升，而分离出的噪声序列的一阶自相关系数为 −0.15，接近于 0，表明经过去噪后，年径流量序列的自我相关性有所增加，而基于噪声完全随机的特点，无自我相关性，因此接近于 0。经过小波阈值去噪后，去噪后的年径流量序列和分离出的噪声的各项指标均符合要求，表明去噪结果合理，满足要求。

首先对去噪后的阿拉尔站的年平均径流量序列做镜像延伸处理，以便抑制当使用经验模态分解时序列两端产生的端点效应，然后对序列进行距平处理，再对经距平处理后的序列用集合经验模态分解处理，结果如图 2.32 所示，其中 imf1~imf4 分别为从高频到低频的固有模态函数，代表了序列不同尺度的周期，Res 为残余项，代表了序列的趋势项。

表 2.26 阿拉尔站年径流量序列去噪结果评价

特征值	$\overline{X}$	σ	C_s	r
原序列	45.4	143.9	−0.1	−0.09
去噪序列	45.2	16.93	0.1	0.1
噪声序列	0.19	122.61	0.4	−0.15

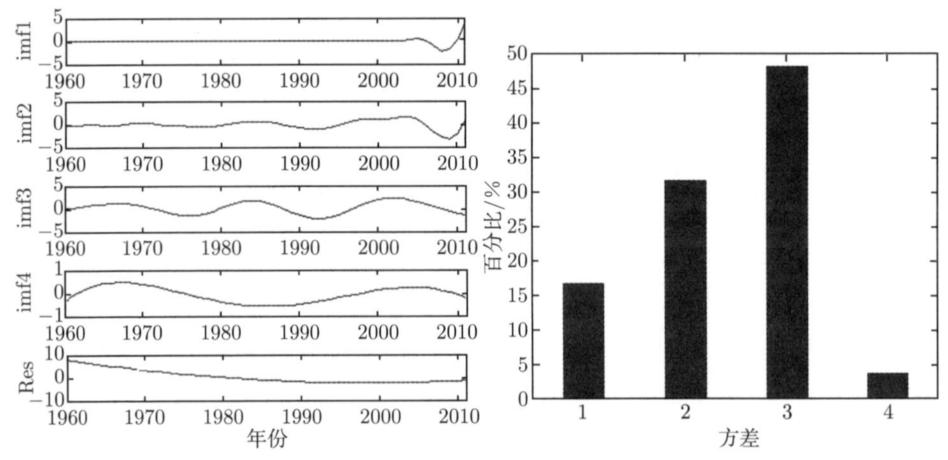

图 2.32 阿拉尔径流 EEMD 分解和方差贡献率

经过最大熵谱分析法对各 imf 分量进行处理，得到各 imf 分量的周期。其中，第一个 imf 分量的周期为 6a，其方差贡献率为 16%；第二个 imf 分量和第三个 imf 分量的周期为 15a，方差贡献率为 32%和 48%，表明这两个周期分量起主要作用；第四个 imf 分量的周期为 30a，其方差贡献率仅为 4%。由各个 imf 分量的年际变化可以看出，6a 的周期分量在 2005 年以前基本没有波动，2005 年后先下降后又在 2010 年上升；而 15a 的周期分量能量主要集中在 20 世纪 80 年代中期和 21 世纪初。

由趋势项可以看出，阿拉尔站年径流量呈递减趋势，在 2009 年有增加趋势。6a 和 15a 的周期分量均在 2009 年后显著上升，表明塔里木河干流进入丰水期。

综上所述，阿克苏河存在 3.3a、7.5a、15a 和 30a 四个周期，主周期为 3.3a；叶尔羌河存在 4.3a、15a 和 30a 三个周期，主周期为 4.3a；和田河存在 3.3a、10a 和 30a 三个周期，主周期为 3.3a；而塔里木河干流存在 6a、15a 和 30a 三个周期，主周期为 15a。干流径流主周期分量和趋势项均呈增加趋势，表明塔里木河干流在 2010 年后进入丰水期。

2.3.4 源流与干流水资源演变规律的对比分析

塔里木河源流及干流径流量特征值见表 2.27。源流区受全球气候变暖的影响，

表 2.27 塔里木河源流和干流阶段性特征

流域	流量	特征值	1960～1969 年	1970～1979 年	1980～1989 年	1990～1999 年	2000～2009 年	多年平均
阿克苏河	降水量	平均值/(m^3/s)	57.82	72.94	63.78	69.25	78.84	73.88
		极值比	1.95	3.1	4.36	3.12	3.86	8.96
		变差系数	0.37	0.5	0.51	0.42	0.43	0.46
	径流量	平均值/(m^3/s)	32076.34	29750.85	28853.14	36124.96	37755.65	33117.21
		极值比	0.79	0.36	0.7	0.7	0.69	1.37
		变差系数	0.2	0.11	0.13	0.19	0.19	0.2
叶尔羌河	降水量	平均值/(m^3/s)	71.57	60.8	72.19	71.53	87.57	73.78
		极值比	3.8	3.33	2.95	1.98	1.51	6
		变差系数	0.32	0.41	0.31	0.33	0.31	0.35
	径流量	平均值/(m^3/s)	73198.33	77090.81	73083.42	79591.63	79941.39	76786.78
		极值比	0.88	0.77	0.67	1.09	0.64	1.14
		变差系数	0.19	0.19	0.16	0.2	0.16	0.17
和田河	降水量	平均值/(m^3/s)	34.11	32.81	37.59	39.52	44.28	38.58
		极值比	2.8	6.23	28.68	5.51	3.6	31.91
		变差系数	0.3	0.67	0.83	0.48	0.59	0.63
	径流量	平均值/(m^3/s)	26266.71	26976.97	23793.18	24662.01	26762.13	26024.91
		极值比	2.05	0.95	0.71	1.33	0.86	2.05
		变差系数	0.29	0.24	0.17	0.23	0.18	0.23
塔里木河干流	降水量	平均值/(m^3/s)	38.7	46.13	57.14	55.69	44.27	49.06
		极值比	1.9	6.18	3.25	1.79	2.98	6.72
		变差系数	0.34	0.63	0.43	0.35	0.49	0.45
	径流量	平均值/(m^3/s)	60587.32	52734.38	51785.43	49242.59	46209.39	53025.5
		极值比	0.91	1.17	1	1.38	3.08	4.14
		变差系数	0.18	0.26	0.2	0.25	0.36	0.26

阿克苏河降水量在 21 世纪初达到最大，叶尔羌河和和田河的平均降水量总体上呈增加趋势，并且在 21 世纪初达到最大，20 世纪 80 年代的极值比和变差系数达到最大；源流区的和田河多年平均径流量呈不显著增加趋势，阿克苏河和叶尔羌河多年平均径流量呈显著增加趋势，径流量变化剧烈，但这一阶段的极值比和变差系数较小，与水库调蓄作用关系显著。源流平均降水量在 20 世纪 80 年代达到最大，20 世纪 70 年代的平均降水量的极值比和变差系数达到最大，降水量变化剧烈；干流

平均径流量呈显著减小趋势，极值比和变差系数在 21 世纪初达到最大，这是由于源流区绿洲面积的扩大和人口的增加加剧了灌溉用水量的消耗。此外，计算分析表明，1970 年前，干流径流量占源流总径流量的 27.84%；2000 年以后，比例降为 21.40%(表 2.28)。

表 2.28　干流径流量占源流径流量的比例

时间	径流量/(m^3/s)				比例/%
	阿克苏河	叶尔羌河	和田河	塔里木河干流	
1970 年之前	84966.05	82038.07	50585.24	35106.45	27.84
2000 年之后	95479.39	92398.04	55656.47	40109.10	21.40

总体而言，源流区径流量在 21 世纪初最大，20 世纪 90 年代极值比和变差系数较大，说明径流量变化剧烈。源流区多年平均径流量的极值比和变差系数均比 1960~2011 年大，说明径流量变化差异大，这与源流区水库的建成蓄水和灌溉用水等有关。干流径流量的极值比和变差系数呈显著增大趋势。同一时期，塔里木河干流的年径流极值比和变差系数比源流大，说明干流径流过程受人类活动干扰比源流径流量变化更为剧烈，塔河流域径流对人类活动的响应敏感性较大。

塔里木河径流变化具有明显的阶段性。塔里木河径流量的距平累积曲线如图 2.33 所示，按照曲线连续出现 5a 以上的变化趋势，可将阿克苏河和塔里木河干

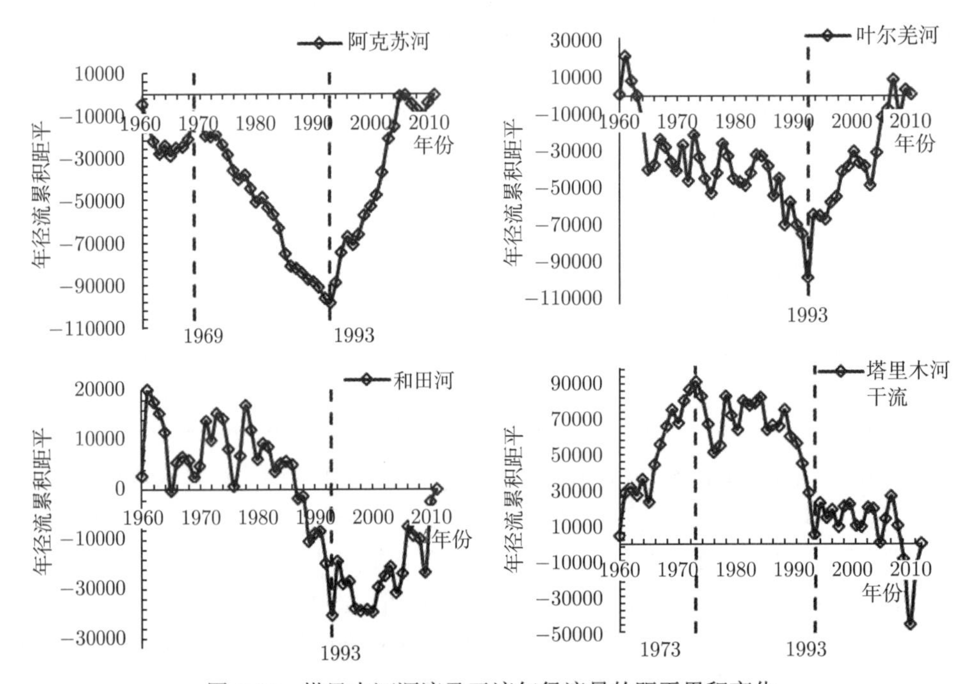

图 2.33　塔里木河源流及干流年径流量的距平累积变化

流径流量变化过程划分为丰–枯–丰 3 个阶段，叶尔羌河和和田河划分为枯–丰 2 个阶段。阿克苏河和塔里木河干流第一个枯水期分别开始于 1969 年和 1973 年，源流及干流枯水期结束时间均为 1993 年。三源流和干流的最后一个丰水期的变差系数分别为 0.16、0.17、0.23、0.33，表明最后一个丰水期塔里木河干流径流量变化相对源流区变化剧烈；源流区径流来源于天山、昆仑山的冰川融雪，因此主要受气候变化的影响；20 世纪 70 年代至今源流区绿洲面积不断扩大，大规模水利枢纽兴建，较大程度上减少了源流到干流的区间入流量，因此定量分析径流过程对人类活动的敏感性具有重要意义。

2.4 外界胁迫作用对塔里木河流域水资源影响评估

2.4.1 影响评估方法

将流域实测径流分为两个部分，一部分是流域天然时期的天然径流量，另一部分是径流量的变化量，径流变化量为人类活动影响和气候变化叠加之和 (王国庆，2006)。人类活动和气候变化对流域径流量的影响为

$$\Delta W_{\mathrm{H}} = W_{\mathrm{HR}} - W_{\mathrm{HN}} \tag{2.9}$$

$$\Delta W_{\mathrm{C}} = W_{\mathrm{HN}} - W_{\mathrm{B}} \tag{2.10}$$

$$\Delta W_{\mathrm{T}} = |\Delta W_{\mathrm{H}}| + |\Delta W_{\mathrm{C}}| \tag{2.11}$$

$$\eta_{\mathrm{H}} = \frac{\Delta W_{\mathrm{H}}}{\Delta W_{\mathrm{T}}} \times 100\% \tag{2.12}$$

$$\eta_{\mathrm{C}} = \frac{\Delta W_{\mathrm{C}}}{\Delta W_{\mathrm{T}}} \times 100\% \tag{2.13}$$

式中，ΔW_{T} 为径流变化总量；ΔW_{H} 为人类活动对径流量的影响量；ΔW_{C} 为气候变化对径流的影响量；W_{B} 为天然时期的径流量；W_{HR} 为人类活动影响时期的实测径流量；W_{HN} 为人类活动影响时期的天然径流量；η_{H}、η_{C} 分别为人类活动和气候变化对径流量的影响百分比。

1. 线性回归法

利用干流年径流量突变点前的数据建立源流出山口与干流水文站点年径流量的回归方程，依据回归方程计算干流水文站在突变前后的年径流量。计算所得突变点后径流量与实测径流量的差值即为人类活动与气候变化所产生的影响量 (徐小玲等，2009)。

2. 累积量斜率变化比较法

设累积径流量–年份线性关系式的斜率在拐点前后 2 个时期的径流量分别为 S_{Ra} 和 $S_{\mathrm{Rb}}(\times 10^8\mathrm{m}^3/\mathrm{a})$，累积降水量–年份线性关系式的斜率在拐点前后 2 个时期的降水量分别为 S_{Pa} 和 $S_{\mathrm{Pb}}(\mathrm{mm/a})$，则累积径流量斜率变化率为 $(S_{\mathrm{Rb}}-S_{\mathrm{Ra}})/|S_{\mathrm{Ra}}|$，同样，累积降水量斜率变化率为 $(S_{\mathrm{Pb}}-S_{\mathrm{Pa}})/|S_{\mathrm{Pa}}|$，那么降水量对径流量变化的贡献率 $C_{\mathrm{P}}(\%)$ 为 (王随继等，2012)

$$C_{\mathrm{P}} = (S_{\mathrm{Pb}} - S_{\mathrm{Pa}}) \,/\, |S_{\mathrm{Pa}}| \,/\, [(S_{\mathrm{Rb}} - S_{\mathrm{Ra}}) \,/\, |S_{\mathrm{Ra}}|] \times 100\% \tag{2.14}$$

同样，可计算潜在蒸发量对径流量变化的贡献率 (李凌程等，2014)。设累积潜在蒸发量–年份线性关系式的斜率在拐点前后 2 个时期的潜在蒸发量分别 S_{Ea} 和 $S_{\mathrm{Eb}}(\mathrm{mm/a})$，则累积潜在蒸发量斜率变化率为 $(S_{\mathrm{Eb}}-S_{\mathrm{Ea}})/|S_{\mathrm{Ea}}|$，那么潜在蒸发量对径流量变化的贡献率 $C_{\mathrm{E}}(\%)$ 为

$$C_{\mathrm{E}} = -\,(S_{\mathrm{Eb}} - S_{\mathrm{Ea}}) \,/\, |S_{\mathrm{Ea}}| \,/\, [(S_{\mathrm{Rb}} - S_{\mathrm{Ra}}) \,/\, |S_{\mathrm{Ra}}|] \times 100\% \tag{2.15}$$

依据水量平衡原理，人类活动对径流量变化的贡献率 $C_{\mathrm{H}}(\%)$ 为

$$C_{\mathrm{H}} = 1 - C_{\mathrm{P}} - C_{\mathrm{E}} \tag{2.16}$$

2.4.2 基于线性回归的影响评估

由上述研究可知塔里木河干流年径流量分别在 1972 年、1993 年、2009 年发生突变，1972 年以前流域受人类活动影响较小，因此以 1960~1972 年为基准期，以该时期干流年径流量累计值为因变量 (y)，源流出山口年径流总量累计值为自变量 (x)，建立干流年径流量累计值与源流出山口年径流总量累计值之间的回归方程。所建回归方程如下：

$$y = 0.2516x + 9.7256\ \left(R^2 = 0.9987\right) \tag{2.17}$$

利用基准期的实测降水、径流数据的均值，建立反映近似天然状况下的降水–径流模式，然后计算出不同时段的降水、实测径流、计算径流的平均值。各个时段的计算值与基准期计算值的差值即为此时段降水变化对径流的影响量，各时段与基准期的实测差值再减去降水变化的影响量，即得到人类活动的影响量。针对气候变化和人类活动对径流变化的影响分析，可以发现，20 世纪 70~90 年代，人类活动对径流的影响占主导地位，贡献率为 53.08%~86.24%。自 20 世纪 80 年代以来，西北干旱区气候从暖干向暖湿转化，气候变化对径流变化的贡献率也因此增加 (表 2.29)。

2010 年以后，由于气候变化的影响，源区径流大幅增加，并且上游人类用水活动得到有效控制，上游来水大幅增加，气候变化对径流的贡献率超过了人类活动对径流量的影响。

表 2.29 塔里木河干流年径流量受气候变化和人类活动影响程度

年份	实测/亿 m^3	理论值/亿 m^3	气候变化影响		人类活动影响	
			变化量/亿 m^3	比例/%	变化量/亿 m^3	比例/%
1960~1972 年	48.89	48.89	—	—	—	—
1973~1979 年	43.17	50.73	1.84	19.57	−7.56	80.43
1980~1993 年	41.26	47.84	−1.05	13.76	−6.58	86.24
1994~1999 年	47.82	57.03	8.14	46.92	−9.21	53.08
2000~2009 年	39.55	54.31	5.42	26.86	−14.76	73.14
2010~2015 年	51.51	60.89	12	56.12	−9.38	43.88

2.4.3 基于累积量斜率变化的影响评估

采用累积量斜率变化比较法评估人类活动和气候变化对径流变化的影响量及贡献率 (表 2.30)。由表 2.30 可知，塔里木河干流在不同时间段内，气候变化和人类活动对径流的影响分量相差较大，气候变化对径流变化的影响率为 12.33%~46.23%，人类活动对径流变化的影响率为 53.77%~87.67%。1973~1993 年，人类活动影响率较大，这是由于 20 世纪 70~80 年代绿洲灌溉面积大幅度扩张，灌溉耗水量增加消耗了大量水资源，另一方面，水利工程、水土保持及植被建设工程的兴建，在减少侵蚀、提高水资源利用效率的同时也减少了地表径流。1993 年以来，气候变化的贡献率显著增加，到 21 世纪初达到了 46.23%。这说明，虽然人类活动仍然是导致径流减少的主要影响因素，但降水量的增加减弱了人类活动的影响，气候变化对径流量的影响逐渐加强。

表 2.30 气候变化和人类活动对塔里木河水文要素影响变化的贡献率

年份	径流量/亿 m^3	潜在蒸发量/mm	降水量/mm	C_E/%	C_P/%	C_E+C_P/%	C_H/%
1960~1972 年	48.89	1246.45	92.98	—	—	—	—
1973~1993 年	42.32	1222.00	94.69	2.00	10.32	12.33	87.67
1994~2009 年	43.06	1226.92	113.35	1.80	31.72	33.52	66.48
2010~2015 年	51.51	1211.53	153.65	2.10	44.13	46.23	53.77

由表 2.31 可以看出，塔里木河上游流域在 1990~2000 年耕地增加了 1665km^2，林地增加了 854km^2，荒地裸地增加了 698km^2，水域减少了 115km^2，而草地却减少了 3064km^2，城乡用地减少了 139 km^2，塔里木河上游在 20 世纪 90 年代有大量草地转化为林地、荒地和耕地。而 2000 年以后，耕地大幅增加，大量的林地、草地以及荒地裸地均转为耕地，如 2000~2010 年，耕地增长 2599km^2，城乡用地有小

幅增加，为 50km^2，而其余土地利用类型全部减少，林地减少 170km^2，草地减少 1367km^2，水域减少 414km^2，荒地裸地减少 698km^2。并且 2010~2015 年 5 年间的耕地增加量已达到 2785km^2，超过了上一个 10 年的耕地增加量。这表明塔里木河上游主要的人类活动为灌溉，耗水增加主要是由耕地的增加造成的。而从 1993 年之后，尽管耕地的扩张速度大幅提高，但下放到干流的水量仍是在增加的。这表明一方面气候变化显著，降水量逐渐增加，源流来水逐渐增加，气候变化的影响逐渐增强；另一方面随着管理水平的提高以及先进灌溉方式的引进，用水效率得到提高，人类活动对径流的影响相对减弱。

表 2.31 塔里木河上游土地利用变化情况 (单位：km^2)

类型	1990~2000 年			2000~2010 年			2010~2015 年		
	S_{1990}	S_{2000}	ΔS	S_{2000}	S_{2010}	ΔS	S_{2010}	S_{2015}	ΔS
耕地	16192	17857	1665	17857	20456	2599	20456	23241	2785
林地	3301	4155	854	4155	3985	−170	3985	3840	−145
草地	113688	110624	−3064	110624	109257	−1367	109257	107175	−2082
水域	19702	19587	−115	19587	19173	−414	19173	19286	113
城乡用地	984	845	−139	845	895	50	895	1078	183
荒地裸地	188243	188941	698	188941	188243	−698	188243	187172	−1071

分别采用线性回归和累积量斜率变化比较法，定量分析塔里木河干流年径流受气候变化和人类活动的影响。线性回归与累积量斜率变化比较法结果相近，在 1972 年干流年径流发生突变后，在 1973~1993 年，气候变化对径流的影响占 15%左右，人类活动对径流的影响约占 85%，而在 1994~2009 年，气候变化和人类活动对径流的影响分别占 33%和 67%，气候变化对径流的影响增加。在外界胁迫作用中，人类活动是径流减少的主导因素。

2.4.4 基于样本熵的水资源复杂度分析

熵可用来衡量不确定性量级 (如混乱性、随机性、不规则性) 和随机现象中新信息量产生的比率。通常情况下，系统的无序度增大，则系统的熵值变大，复杂度增加，系统随机性和复杂性变得更强，最大的熵值归类于白噪声过程，完全随机并不可预测。然而传统的熵值计算方法基于多时间尺度或空间尺度，可能对系统潜在的动态不能精确或完整地描述。近代的研究表明多时空尺度的系统比单一尺度的系统具有更高的复杂度。Zhang 等 (1991) 在多尺度上应用复合熵和多种粗粒化熵，发现 $1/f$ 的噪声比布朗运动和白噪声具有更大的复合熵。基于此，Costa 和 Fragoso(2005) 提出多尺度熵分析法 (MSE)，并通过心率和步态时间序列来衡量生物系统的复杂度。通过传统的熵计算方法计算，病态的信号比健康的信号具有更大的熵值，而多尺度熵则与此相反，多尺度熵值分析表明在大的时间尺度上健康的信号的熵值大于病态的熵值，与复杂度损失假说相一致，因为病态的时间序列所包含的固有的有意义的结构受到破坏。

大部分水文过程在多时间尺度上包含有意义的结构，如相关性。假设自然条件下的水文系统是健康的，经过演变达到自身最大的复杂度。而由人类活动的影响，如土地利用的变化、城市化以及人类活动引起的气候变化，这样的健康系统可能转化为病态并损失自身的复杂度。河流系统的复杂度与河流自身的内部结构以及对水文变化的适应能力有关，包括降低的洪峰、洪水历时的增加、极端事件减少(比如洪涝和干旱年份) 等这些有利于流域生态系统的能力。而由于人类活动影响加剧，水文过程的随机性和不可预测性增加，河流失去了自身的构造和相关性。

样本熵是 Richman 等 (2004) 提出的一种新的时间序列复杂性测度方法，有别于近似熵的不计入自身匹配的统计量，是对于近似熵的改进。它是条件概率严格的自然对数，可以用 SampEn(m,r,N) 来表示。其中，N 为长度；m 为维数，一般取 2；r 为相似容限，一般取 (0.1~0.25)SD。通常情况下，样本熵值代表序列的复杂程度，一般成正比。对于长度为 N 的时间序列 $x(1),x(2),x(3),\cdots,x(N)$，其算法如下：

(1) 将序列按照序号组成一组 m 维矢量 $X(i)=[x(i),x(i+1),\cdots,x(i+m-1)](i=1,2,\cdots,N-m+1)$。

(2) 定义 $X(i)$ 与 $X(j)$ 间的距离 $d[X(i),X(j)]$ 为两者对应元素中差值最大的一个，即

$$d[X(i),X(j)]=\max[|X(i+k)-X(j+k)|] \quad k=0,1,2,\cdots,m-1 \tag{2.18}$$

对于每一个 i 值计算 $X(i)$ 与其余矢量 $X(j)(j=1,2,\cdots,N-m+1$，但 $j\neq i)$ 之间的 $d[X(i),X(j)]$ 。

(3) 给定阈值 r，对每一个 i 值统计 $d[X(i),X(j)]<r$ 的个数，然后计算其与距离总数 $N-m$ 的比值 (称为模版匹配数)，记作 $C_i^m(r)$，即

$$C_i^m(r)=\frac{\{d[\mathrm{X}(i),X(j)]<r\text{的数目}\}}{N-m}, \quad i=1,2,\cdots,N-m+1 \tag{2.19}$$

(4) 对 $C_i^m(r)$ 求平均，即

$$C^m(r)=\frac{\sum C_i^m(r)}{N-m+1}, \quad i=1,2,\cdots,N-m+1 \tag{2.20}$$

(5) 把维数 m 加 1，变成 $(m+1)$，重复 (1)~(4)，得到 $C^{m+1}(r)$。

(6) 所求样本熵为

$$\mathrm{SampEn}(m,r,N)=-\ln\left[C^{m+1}(r)/C^m(r)\right] \tag{2.21}$$

1. 径流样本熵

对流域三源流的出山口水文站和干流阿拉尔站 1960~2011 年日径流量序列进行处理，分别计算各站每年日径流序列的样本熵值，构成径流样本熵年际变化序列，如图 2.34 所示。各源流出山口处受到人类活动影响较少，出山口径流近似看作天然径流，因此其复杂度较小，为 0.02~0.05，三源流的出山口各年日径流序列的样本熵均呈增加趋势，这可能与气候变化有关，随着温度的上升，各源流出山口径流均呈增加趋势，年际间波动更为剧烈，造成径流序列的样本熵逐渐增大，复杂度增加；而干流阿拉尔站由三条源流来水汇合而成，因此其径流受到的影响因素较多，不光受到上游来水影响，同时还要受到气候变化和加剧的人类活动的影响，因此其复杂度更高，介于 0.05~0.15；阿拉尔站各年样本熵在进入 20 世纪 70 年代后样本熵值变小，且年际间波动更有规律性，可能是因为从 20 世纪 70 年代开始，受到人类活动的影响 (如河道治理、引水工程、修建渠道等)，流域下垫面条件发生改变，改变了产流条件，使径流更具规律性，而进入 90 年代以后，在 1993 年熵值达到最大值之后，开始下降，并在 21 世纪降到了 0.05 以下，熵值的减少表明序列年内径流规律性和可预测性增强，复杂度降低，而阿拉尔站日径流序列的熵值比 20 世纪 60 年代日径流熵值还要低，表明序列原本的规律性被打破。

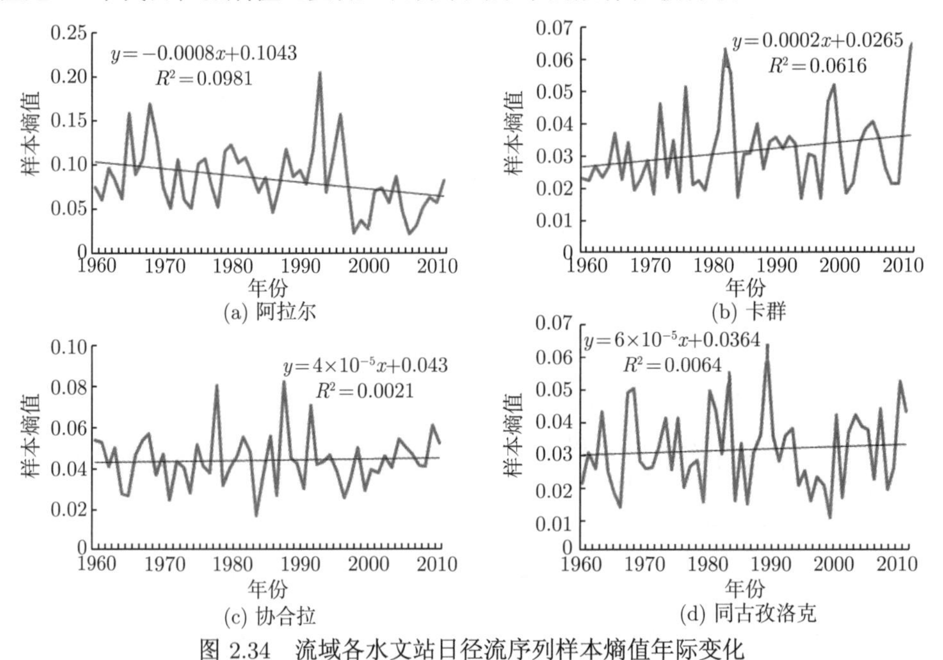

图 2.34　流域各水文站日径流序列样本熵值年际变化

再对各水文站的 1960~2011 年月径流序列进行动态样本熵计算，滑动窗口取 36，滑动步长取 1，结果如图 2.35 所示。三个出山口径流的滑动样本熵具有显著的规律性，这是由于序列的自我相似性和长程相关性，波动周期为 12 个月，其中同古孜洛克站月径流滑动样本熵序列最稳定，卡群站和协合拉站的月径流样本熵序列中有小的波动，特别是协合拉站在 20 世纪 80 年代末至 90 年代初均有波动，但由于径流自我调节能力，在 20 世纪 90 年代末又恢复到原有的复杂度。而阿拉尔站径流由于受到人类活动的剧烈影响，径流样本熵值从 20 世纪 60 年代开始就剧烈波动，熵值变化规律性低，而在 20 世纪 90 年代后期月径流滑动样本熵值突然急剧变小，且呈现较显著的规律性。

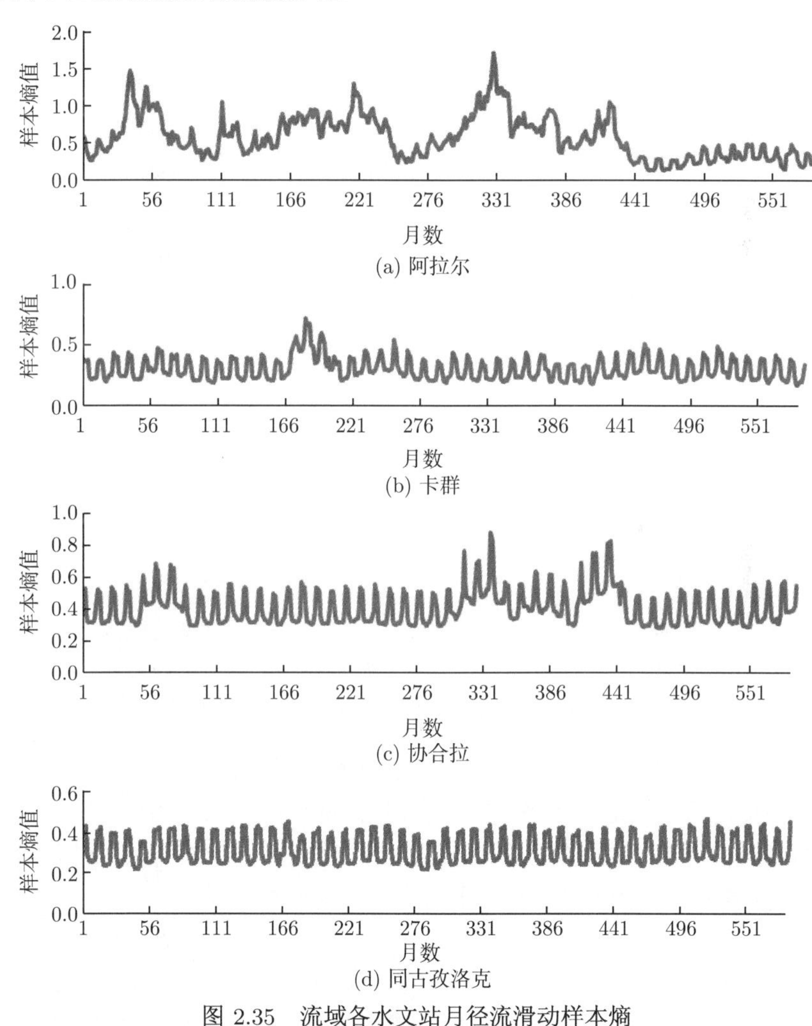

图 2.35 流域各水文站月径流滑动样本熵

2. 径流多尺度熵

多尺度熵是在样本熵的基础上，将时间序列粗粒化，求得各时间尺度的熵值。

先对三个出山口和干流 1960~2011 年日径流序列做多尺度熵计算，由 2.2.4 节知流域径流在 1993 年发生突变，将径流序列分为两段：1960~1992 年和 1993~2011 年，再分别对各径流序列做多尺度熵计算，探究径流突变前后的熵值变化，结果如图 2.36 所示。

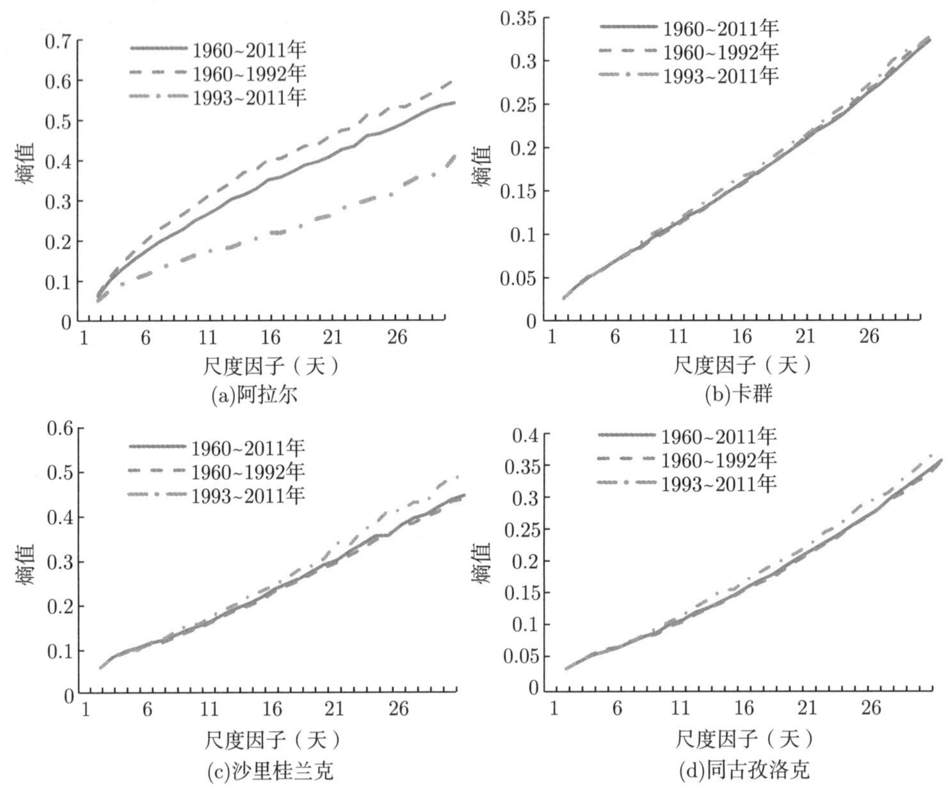

图 2.36　各水文站不同时段径流多尺度熵值

三个出山口径流的不同时段径流的多尺度熵有相同的规律，在时间尺度小于 10 日时，突变前后的熵值和总序列的熵值相同，随着时间尺度的增加，突变后的径流序列熵值开始增加，大于突变前的熵值，说明突变后的径流序列复杂度增加；而与之相反，干流阿拉尔站的径流序列熵值在突变以后发生显著下降，小于突变前的径流熵值。

多尺度熵值理论与传统单一熵值理论不同，传统单一熵值认为序列受到外界因素的影响 (如气候变化和人类活动)，系统的熵值增加，复杂度增加，并随着外界干扰因素的增强而增大，这无法解释随着气候变暖和人类活动影响加剧的条件下，塔里木河干流的径流熵值减少的现象。而多尺度熵则认为系统的复杂度随着自身的演化而逐渐增大，直到达到最大，然后开始衰减，与生物系统的复杂度相似，随着年龄的增长，生物体的机能不断完善，复杂度不断增加，而达到峰值后，随着生物体器官的衰竭，复杂度开始衰减。

塔里木河干流径流在 1960 年以后，由于自身的演化以及受到人类活动和气候变化的影响，系统复杂度不断增加，到 1993 年左右，复杂度达到了系统的最大值，而又因为外界环境影响的加剧，系统复杂度开始衰减，塔里木河干流的系统复杂度已被破坏。

2.5 本章小结

本章详细介绍了塔里木河流域的地理位置、地形地貌、河流水系及水文气象特征；分析了自然状态和受人类活动影响下主要水文站点的来水过程和变化趋势；剖析了区域内的社会经济发展和水资源开发利用现状、植被及生态系统组成和目前水资源利用存在的问题。

本章分析了塔里木河流域降水、温度的时空演变特征，以及源流及干流的径流年内、年际和突变分析特征。结果表明，源流区出山口径流主要在 1993 年发生突变，干流径流在 1972 年、1993 年以及 2009 年发生突变；流域在 20 世纪 90 年代中后期增温显著，引起降水大幅度增加，源流区径流显著增加，而干流则受人类活动影响呈减少趋势，在 20 世纪初，流域继续增温，而降水相对于 90 年代略有增加，致使源区径流少量增加，其中阿克苏河可能由于积雪覆盖减少径流有所减少，同时随着人类活动的增加，干流径流在 2009 年达到最低值。但流域在 2009 年以后增湿显著，源流区径流显著增加，干流径流亦进入丰水期。

本章还分析了流域水资源演变规律。基于样本熵的小波阈值去噪方法对水文时间序列去噪，再对去噪后的序列做镜像延伸处理，以便抑制当使用集合经验模态分解时序列两端产生的端点效应，然后对延伸后的序列进行距平处理，再对经距平处理后的序列用集合经验模态分解处理，得到各个序列的固态模态函数以及趋势项，使用最大熵谱分析法对各个固态模态函数进行周期分析，得到各个固态模态函数的周期项，并求其方差贡献率，得到了径流序列的周期演变趋势和趋势变化。塔里木河干流存在 6a、15a 和 30a 三个周期，主周期为 15a。干流径流主周期分量和趋势项均呈增加趋势，表明塔里木河干流在 2010 年后进入丰水期。

本章最后分别采用线性回归和累积量斜率变化比较法，定量分析塔里木河干流年径流受外界胁迫作用的影响，流域受气候变化，出现显著增温增湿，流域向暖湿转变的现象。通过对土地利用数据分析，得出流域最主要的人类活动是耕地的增加，20 世纪 90 年代以后，耕地持续增加，造成耗水量增加，使塔里木河干流径流逐渐减少。但在 2000 年以后，随着用水效率的提高，以及气候变化的影响加强，干流来水逐渐增加。

第3章 未来不同气候情景下降水模拟能力及其变化特性

干旱区塔里木河流域作为全球变化响应最敏感地区之一，气候变暖引起的水资源变化将使资源开发利用过程中生态维护与经济发展的矛盾更加突出，流域内极端水文事件的频度和强度都在增加，水资源脆弱性和不确定性也将进一步加剧。本章重点分析内陆干旱区气候历史和现状特征，开展了国际耦合模式比较计划第五阶段 (CMIP5)多模式集合对塔里木河流域气候变化模拟能力的评估，分析未来不同气候情景下降水模拟能力及其变化特性，完成了 CMIP5 降水数据在塔里木河流域的不确定性分析, 有助于进一步分析 CMIP5 数据对干旱内陆河的适用性并进行极端事件推求，为有限资料条件下未来流域水文情势演变分析及流域水文极端事件对外界胁迫的响应机理研究提供科学依据。

3.1 CMIP5 降水模拟预测分析与校正

随着气候趋于干暖、人口增长、城市化和社会经济发展等，水资源已远远不能满足人们的需求，研究气候变化对水资源的影响显得尤为重要 (IPCC，2013；李峰平等，2013)。研究表明，一个区域内的水资源总量在很大程度上取决于降水量，由于区域水资源量计算的复杂性，很多实际工作中经常用降水量估算水资源量。因此，研究气候变化下干旱区降水的时空变化对水资源评估、有关部门制定规划及保护和合理开发利用水资源具有非常重要的意义。

3.1.1 全球气候模式降水模拟评估

气候模式作为认识和归纳过去气候变化并对未来进行预估的重要工具，近几年得到快速发展 (吴迪和严登华，2013)。世界气候研究计划 (world climate research programme，WCRP) 的耦合模式工作组 (working group on coupled modeling，WGCM) 推动的耦合模式比较计划 (coupled model inter-comparison project，CMIP) 有力地推动了气候模式的发展，为气候模式诊断、验证、比较以及文件和数据存储提供了一个基础凭证，促进了模式的发展 (王橙海等，2009)。2008 年启动的 CMIP5 新增了一些模式试验，解决了 IPCC 第四次评估报告 (AR4) 后出现的问题，目的是充分利用气候变化理论，提高对未来气候变化的预估能力 (陈晓晨，2014)。

参加 CMIP5 试验的全球气候模式 (GCM) 均为 “大气–陆面–海洋” 耦合模式，其中大多数模式考虑了温室气体、太阳辐射以及硫酸盐气溶胶的变化。其相较于以前 CMIP3 的相同耦合模式有所改进，主要体现在大气和海洋模式水平分辨率的提高，引入了新辐射方案，改进了大气环流动力框架，改善了通量对对流层和平流层气溶胶的处理方案。CMIP5 共提出了四种新的温室气候排放情景 (representative concentration pathways，RCP)，其中，RCP2.6 为低排放情景，把全球平均温度限制在 2°C 之内，在 21 世纪后半叶能源应用为负排放，辐射强迫在 2100 年前就达到峰值，到 2100 年下降至 2.6W/m^2; RCP4.5 为中等稳定化情景，反映生存期长的全球温室气体和生存期短的物质排放，以及土地利用/覆盖变化，2100 年辐射强迫稳定在 4.5W/m^2；RCP6.0 为中等稳定化情景，其优先性小于 RCP4.5，2100 年辐射强迫稳定在 6.0W/m^2；RCP8.5 为高排放情景，假定人口最多、技术革新率不高、能源改善缓慢，这将导致长时间的高能源需求以及高温室气体排放，而缺少应对气候变化的政策，其辐射强迫 2100 年上升至 8.5W/m^2。目前，CMIP5 数据已被应用到多种水文要素 (气温、降水及径流等) 的模拟评价中 (郭家力等, 2010；陶辉等，2013；吴晶等，2014)。

当前的模式基本上能模拟出全球降水的大尺度变化特征，但区域性降水的模拟方面仍存在很多不足。此外，由于受季风气候和大地形等因素的影响，区域降水异常复杂，如何准确地模拟、预测区域的降水特征一直是中国气象学者关注的问题。本节将塔里木河流域未来降水进行特征分析，评估降水对未来气候变化的响应敏感程度及特征，分析流域中降水要素的时空变化情况，有助于水管理机构进一步了解 CMIP5 数据在不同流域的适用性及影响变化特点，积极应对气候变化带来的负面影响。本节采用 CMIP5 模式数据对塔里木河流域的降水要素进行模拟能力评价，并且预估未来 2021~2100 年的降水变化情况。

1. 数据

1) GCM 输出数据

本节选取了 CMIP5 公布的 20 个全球气候模式 (GCM) 月尺度数据，以其中 1961~2005 年为基准期，2021~2100 年为不同 RCP 情景下的未来时期 (RCP2.6、RCP4.5 和 RCP8.5)(Su et al，2016)，各个 GCM 的基本信息见表 3.1，资料来源为 https://esgf-data.dkrz.de/projects/esgf-dkrz/。

2) CN05.1 再分析数据

基于资料同化技术的再分析资料为人们认识大气运动的规律、理解全球和区域气候变化和变率提供了强有力的研究工具，为大气科学各类研究提供了重要的数据支撑。目前，时间序列较长、应用较为广泛的再分析资料数据集有 ERA-40、NCEP/NCAR、NCEP/DOE、JRA-25 等。本节中的实测数据采用国家气候中心根据 2400 余个中国地面气象台站的逐日观测记录，通过插值程序建立起来的一套 1961~2007 年中国区域经纬度分辨率为 0.25°×0.25° 的格点数据集——CN05.1(吴佳和高学杰，2013；Gao et al.，2012)。

表 3.1　国际耦合模式比较计划第五阶段中 20 个气候模式的基本信息

编号	模式	国家	大气资料水平分辨率 (经向 × 纬向)	编号	模式	国家	大气资料水平分辨率 (经向 × 纬向)
1	BCC-CSM1-1	中国	128° × 64°	11	IPSL-CM5A-LR	法国	96° × 96°
2	CNRM-CM5	法国	256° × 128°	12	IPSL-CM5A-MR	法国	144° × 143°
3	CSIRO-Mk3-6-0	澳大利亚	192° × 96°	13	MIROC5	日本	256° × 128°
4	FGOALS-g2	中国	128° × 60°	14	MIROC-ESM	日本	128° × 64°
5	GFDL-CM3	美国	144° × 90°	15	MIROC-ESM-CHEM	日本	128° × 64°
6	GFDL-ESM2G	美国	144° × 90°	16	MPI-ESM-LR	德国	192° × 96°
7	GFDL-ESM2M	美国	144° × 90°	17	MPI-ESM-MR	德国	192° × 96°
8	GISS-E2-H	美国	144° × 90°	18	MRI-CGCM3	日本	320° × 160°
9	GISS-E2-R	美国	144° × 90°	19	NCAR-CCSM4	美国	288° × 192°
10	HadGEM2-AO	韩国	192° × 145°	20	NorESM1-M	挪威	144° × 96°

3) 双线性插值

由于不同单模式的分辨率不同，因而首先采用双线性插值方法将所有模式数据及 CN05.1 数据统一插值到 0.5°×0.5° 经纬度网格上。

双线性插值 (bilinear interpolation)，又称为双线性内插。在数学上，双线性插值是有两个变量的插值函数的线性插值扩展，其核心思想是在两个方向上分别进行一次线性插值。假设函数 f 在点 $P=(x,y)$ 的值未知，而已知函数 f 在 $Q_{11}=(x_1,y_1)$，$Q_{12}=(x_1,y_2)$，$Q_{21}=(x_2,y_1)$ 以及 $Q_{22}=(x_2,y_2)$ 四个点的值。

第一步：x 方向的线性插值

$$f(R_1)\approx\frac{x_2-x}{x_2-x_1}f(Q_{11})+\frac{x-x_1}{x_2-x_1}f(Q_{21}) \tag{3.1}$$

式中，$R_1=(x,y_1)$。

$$f(R_2)\approx\frac{x_2-x}{x_2-x_1}f(Q_{12})+\frac{x-x_1}{x_2-x_1}f(Q_{22}) \tag{3.2}$$

式中，$R_2=(x,y_2)$。

第二步：对 x 方向插值后的数据进行 y 方向的插值

$$f(P)\approx\frac{y_2-y}{y_2-y_1}f(R_1)+\frac{y-y_1}{y_2-y_1}f(R_2) \tag{3.3}$$

由此可得到 P 点的值 $f(x,y)$。

4) 多模式集合平均法

在评估未来气候变化时，由多种模式所造成的不确定性很大程度上影响了模拟的精度。为了提高模式评估的可靠性，多模式集合平均法 (MME) 得到了广泛的运用和认可。集合平均是多模式集成方法中最简单的一种方法，是对所有参与模式汇报结果的简单集合平均。

$$\mathrm{MME}=\frac{1}{N}\sum_{i=1}^{N}F_i \tag{3.4}$$

式中，F_i 为第 i 个模式的回报值；N 为参与集合的模式的总数。

2. 模拟评估指标

采用多模式耦合平均法得到 CMIP5 多模式耦合均值，并与 CN05.1 数据对比，分析 CMIP5 的降水模拟能力。本节将 GCM 输出与实测数据统计特征值的拟合程度作为目标函数，根据各个目标函数的表现进行评估，进而综合评价气候模式的整体表现。通常采用以下三种指标进行判断：绝对误差(BIAS)、相对偏差(RE) 和空间相关系数(COR)。其中空间相关系数表示两个栅格图层间的相关系数，用于衡量两图层间的相关性。三种参数计算公式如下：

$$\mathrm{BIAS}=\overline{M}-\overline{O} \tag{3.5}$$

$$\mathrm{RE}=\left|\frac{\mathrm{BIAS}}{\overline{O}}\right| \tag{3.6}$$

$$\mathrm{COR}=\frac{\sum_{i=1}^{N}(X_{i\_fd1}-\overline{X_{i\_fd1}})(X_{i\_fd2}-\overline{X_{i\_fd2}})}{\sqrt{\sum_{i=1}^{N}(X_{i\_fd1}-\overline{X_{i\_fd1}})^2\sum_{i=1}^{N}(X_{i\_fd2}-\overline{X_{i\_fd2}})^2}} \tag{3.7}$$

式 (3.5) 中，M 为气候模式数据集；O 为观测数据集。式 (3.7) 中，$X_{i\_fd1}(X_{i\_fd2})$ 为图层 1(图层 2) 的格点值；$\overline{X_{i\_fd1}}(\overline{X_{i\_fd2}})$ 为图层 1(图层 2) 中所有格点的平均值；N 为图层中格点的数目。

3. 时间尺度

时间尺度上，对比基准期实测值与 20 个 CMIP5 气候多模式集合平均值，塔里木河流域实测 (模拟) 年均降水量为 100.45mm(354.86mm)，模拟值远大于实测值，在年均降水模拟上存在极大偏差。分析得到塔里木河 1961~2005 年年降水距平及变化趋势如图 3.1 所示。塔里木河流域实测 (模拟) 的增长率为 5.20mm/10a(3.74mm/

10a)，都呈现出显著增加的趋势，但其中实测降水的增长率大于模拟值的增长率，这表明多模式模拟的降水变化幅度偏小。其中，1980～1990 年模拟值的波动幅度远小于实测情况，实测值在这段时间出现两次降水峰值 (28%和 34%) 和一次降水谷值 (−30%)，存在降水峰值削弱的情况，多模式模拟未能表征出年降水要素的不确定性，对后续降水极端事件分析影响较大，推测其原因是 MME 平滑掉了模式自身的内部变率信号，难以再现降水周期变化的强度。

多模式模拟值在对塔里木河流域的时间序列趋势上模拟能力较好，在模拟降水数据量级和降水季节性分配上效果不佳，分析其原因，主要是与塔里木河流域实测站点少，用于 CMIP5 模拟的原始实测资料缺少有关，造成数值模拟出现大幅度偏差，且多模式模拟值远大于实测值，这一点与吴晶等 (2014) 在分析中得到的中国干旱区流域降水模拟普遍偏大的结论相吻合。

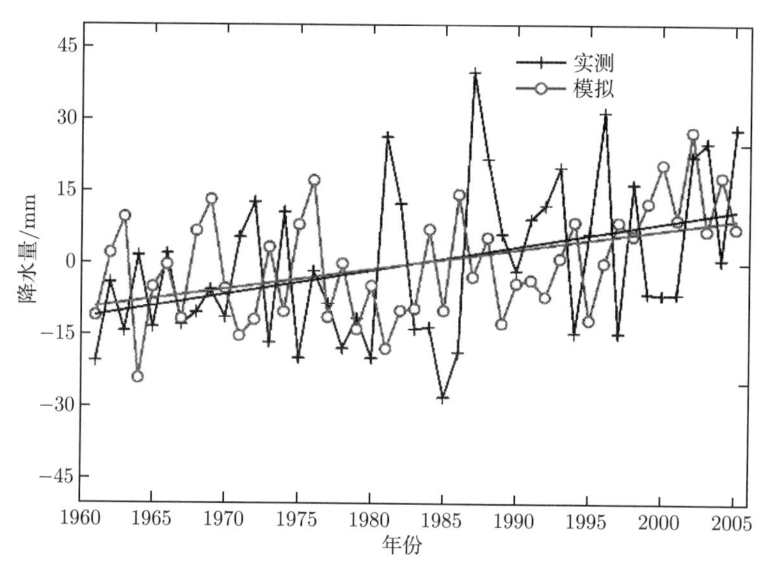

图 3.1 塔里木河 1961～2005 年年降水距平及其变化趋势

4. 空间尺度

空间尺度上，图 3.2 给出了塔里木河流域 1961～2005 年实测与模拟年均降水量空间分布图，塔里木河流域实测年均降水量分布呈环状由外向内递减，这与塔里木河的流域地形特征较为相符，阿尔金山、昆仑山和天山呈环状结构围绕着塔克拉玛干沙漠。阿尔金山、昆仑山和天山山脉处的年均降水量保持在 200mm 左右，而中心的塔里木盆地的年均降水量则为 50mm 左右，降水空间分布不均匀。虽然多模式模拟在降水数值上差异较大，但其年均降水分布大致呈现环状，与实测的年均降水空间分布相似，为了对比多模式模拟和实测年均降水分布模拟情况，计算两者之间的年均降水量空间相关系数为 0.55，实测年降水量的高值区部分集中在昆仑山南坡，多模式集合成功模拟出该特征，但塔里木河流域西南高海拔区的模拟年均降水量明显高于实测值，多模式模拟值甚至达到了 600mm。流域中出现偏差的这些区域地形起伏大，降水受高程的影响较为显著，同时还应考虑其他高空气候变量的影响。

多模式模拟值对塔里木河流域的降水空间分布模拟能力较好，推测原因是塔里木河流域地处欧亚大陆腹地，四周高山环绕，气候条件较为简单。

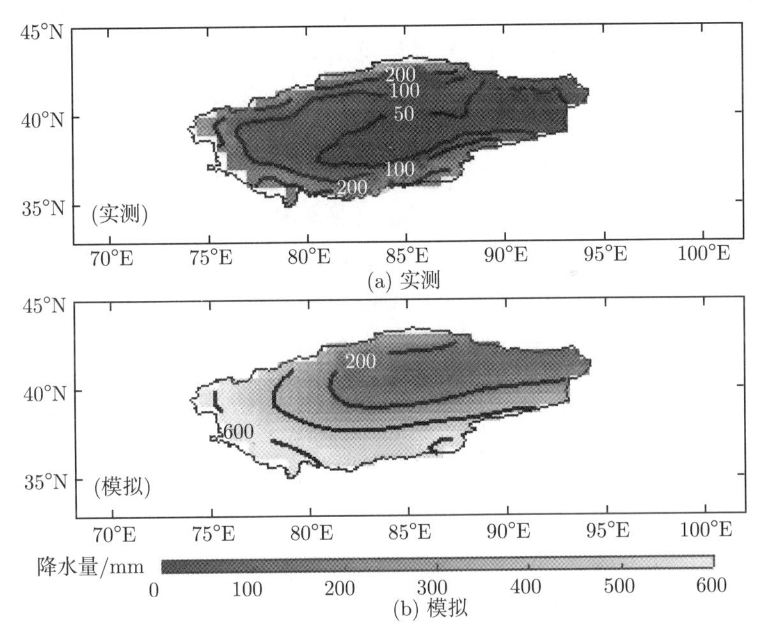

图 3.2 塔里木河流域 1961~2005 年实测与模拟年均降水量空间分布图

5. 结果分析

对于塔里木河流域的降水时空分布模拟情况，分别从时间尺度和空间尺度上进行分析。在时间尺度上，以塔里木河流域基准期 (1961~2005 年) 为实测年均降水量 (100.45mm)。对比基准期实测值与 20 个 CMIP5 气候多模式集合平均值，塔里木河流域实测 (模拟) 年均降水量为 100.45mm(354.86mm)，模拟值远大于实测值，在年均降水模拟上存在极大偏差。从流域实测与模拟年降水量距平变化曲线分析得出，塔里木河流域实测 (模拟) 的每十年增长率为 5.20mm/10a(3.74mm/10a)，均呈现显著增加的趋势。分析流域实测与模拟月尺度降水年内变化情况，塔里木河流域的模式模拟值均高于实测值，这一点与年均降水模拟情况相似，偏差较大的月份集中在春季和夏季，冬季的月降水偏差较小，仅为春季和秋季月偏差的一半左右，且降水集中期发生偏移，实测 (模拟) 降水集中月份为 6~8 月 (4~7 月)，多模式模拟得到的降水集中期扩大。从以上月降水偏差和降水集中期偏移可以发现，多模式模拟在塔里木河流域的月尺度降水模拟效果较差。

3.1.2　偏差校正

1. 统计偏差校正 (EDCDF)

目前，由于我们对复杂大气缺乏深入理解，以及 GCM 所采用的大气物理过程为简单化的模型，因此，现阶段的 GCM 模拟结果和观测资料会存在一定的偏差。偏差校正是基于一定的转化方程，来调整模拟变量与观测变量之间的差异，它的应用前提是当前气候条件下的校正关系同样也适用于未来气候条件下。采用统计偏差校正可以有效减小模式的模拟误差，通过建立基准期的模式输出与观测结果间的统计关系，从而推断 GCM 未来的轨迹。常见的偏差校正方法有线性缩放、幂转换、方差比例变化、局部比例缩放、delta 变换和概率分布形式转化。

本节采用 Li 等 (2010) 在 CDF(cumulative distribution functions) 法基础上改进的 EDCDF(equidistant cumulative distribution functions) 法，对多模式模拟的降水进行统计偏差校正，并在多种情况下得到运用并取得较好的校正效果。该方法主要通过建立实测、模拟和预估序列的累积概率分布函数，计算未来对应的累积概率，并假定在此累积概率下对应的实测和模拟值的差值在未来时段保持不变，最终通过这一差值对未来预测值进行校正。其中，在无雨的情况下，采用混合的 Gamma 函数拟合月降水的累积频率分布。计算公式如下：

$$X_{m-p,\mathrm{adj}} = X_{m-p} + F_{o-c}^{-1}\left[F_{m-p}(X_{m-p})\right] - F_{m-c}^{-1}\left[F_{m-p}(X_{m-p})\right] \tag{3.8}$$

$$P(X) = (1-P)f(X) + PF(X) \tag{3.9}$$

式 (3.8) 中，X 为变量值；F 为累积概率分布函数；$o-c$ 代表基准期实测；$m-c$ 代表基准期模拟；$m-p$ 代表预估期模拟；$X_{m-p,\mathrm{adj}}$ 为预测值的校正结果。式 (3.9) 中，P 为降水月份占总月份的比例，若有降水，则 $f(X)$=1，若没有降水，则 $f(X)$=0。

2. 校正前后对比

由于多模式集合模拟值对塔里木河在年降水量数值和空间分布上的模拟能力有限，存在较大差异性，因此，在开展降水预估分析前，需对多模式模拟结果进行统计偏差校正处理。本书将校正前后的统计特征值进行对比。在时间尺度上，塔里木河流域年均降水量模拟相对偏差由校正前的 259.17% 降低到校正后的 −0.02%。图 3.3 展示了月尺度的年内分布情况，相较于多模式集合模拟值出现的月降水偏大及降水集中期偏移情况均得到改善，校正后的多模式模拟能够很好地表现出降水的年内变化。空间尺度上，对比发现图 3.4 中校正后的模拟值与图 3.2 中实测值的降水空间分布格局基本一致，且流域空间相关系数均达到了 1.00，降水空间分布情况得到了明显改善。采用实测和校正前、后模拟年均降水量绘制相关性散点图 3.5，图中每个点分别对应着塔里木河流域上的 0.5°×0.5° 网格点上的年均降水量，从中可以发现实测与校正后的模拟值相关性良好，校正前的多模式模拟值大幅度偏差得到了修正。

采用 EDCDF 法对流域降水要素进行统计偏差校正，无论从时间尺度还是空间尺度上，塔里木河降水要素都得到改善，改进了模式的模拟结果。为减少降水未来预估的不确定性和提高未来预估的合理性，本节将该方法运用到未来的预估数据中，保持基准期实测和模拟值的差值在未来时段不变，通过这一差值对未来时期的预测值进行校正。

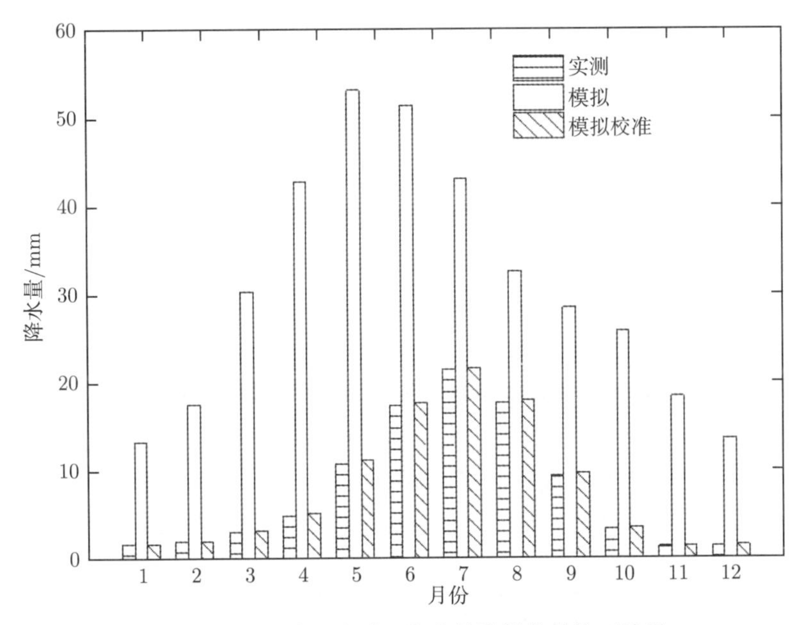

图 3.3 塔里木河流域月降水基准期偏差校正结果

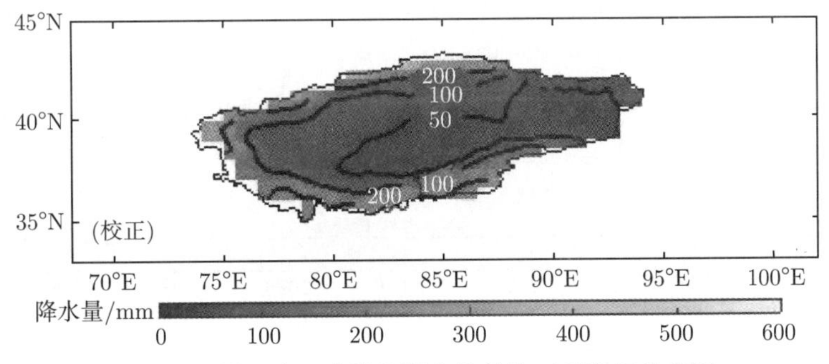

图 3.4 塔里木河流域年降水偏差校正后空间分布图

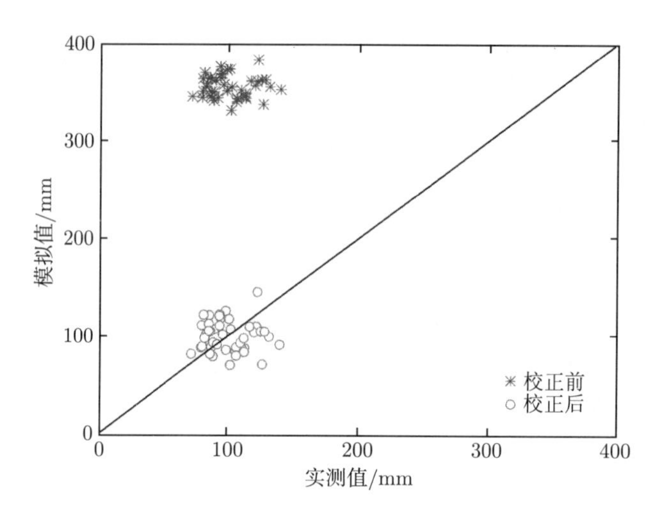

图 3.5　塔里木河流域年降水校正前后相关性散点图

3.2　未来气候情景降水预估

3.2.1　未来降水年变化

基于偏差校正后的预估数据，对未来时期 2021～2100 年年降水量进行预估分析，图 3.6 给出了未来三种情景下塔里木河流域相对基准期年降水过程。相对于基准期 1961～2005 年，RCP2.6、RCP4.5 和 RCP8.5 情景下，未来时期 2021～2100 年流域年均降水变化率增大了 26.83%(−8.67%～72.4%)、29.14%(−5.49%～76.70%) 和 41.72%(6.28%～86.38%)，RCP2.6 和 RCP4.5 情景均出现过降水减少的情况，

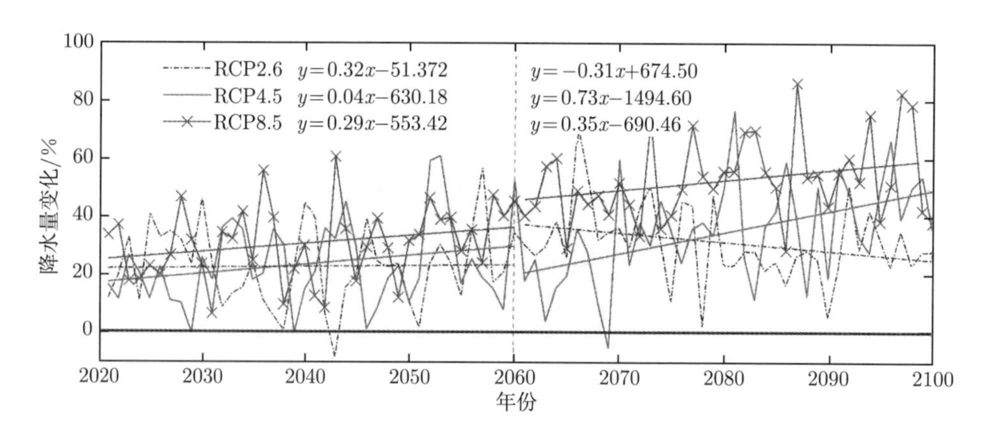

图 3.6　未来三种情景下塔里木河流域 2021～2100 年相对基准期年降水过程

也就是降水变化率小于 0。其中，降水变化率和降水变化幅度都随着排放情景的升高而增大。分析不同时期 (2021~2060 年和 2061~2100 年) 的降水趋势，三种情景下 2021~2060 年年降水量呈大幅度增加趋势，降水增长率依次为 3.2mm/10a、0.4mm/10a 和 2.9mm/10a，其中 RCP4.5 情景下的增长率最小；2061~2100 年 RCP4.5 和 RCP8.5 情景下降水变化持续增大，而 RCP2.6 情景下降水却呈现减小趋势，三种情景下降水每十年增长率依次为 −3.1mm/10a、7.3mm/10a 和 3.5mm/10a，其中 RCP4.5 情景下的增长率最大。

以上分析表明未来不同气候情景下，随着情景排放量的升高，降水要素的波动幅度随之变大，RCP8.5 情景下未来降水变化幅度跨度范围最广且其变化值最大，RCP4.5 情景对降水变化趋势的影响最为显著。

从时间尺度上看，塔里木河流域年降水整体呈增加的趋势，为了进一步分析流域内年降水的空间变化情况，分别绘制了未来三种情景下不同时期塔里木河流域未来相对基准期的年均降水空间分布图 (图 3.7)。未来塔里木河流域靠近天山南部的部分地区、塔里木河干流区及喀喇昆仑山脉区降水小幅度增加，其中 2021~2060 年百分比变化增加 20%左右，2061~2100 年百分比变化增加 20%~40%。靠近阿尔金山北部和塔里木盆地南部分别出现两个降水陡增的区域，且其增加的幅度随着排放量升高而加大，其中 2021~2060 年百分比变化增加高达 80%左右，2061~2100 年降水百分比变化增加 80%以上，RCP8.5 情景下甚至达到 120%以上。流域 2061~2100

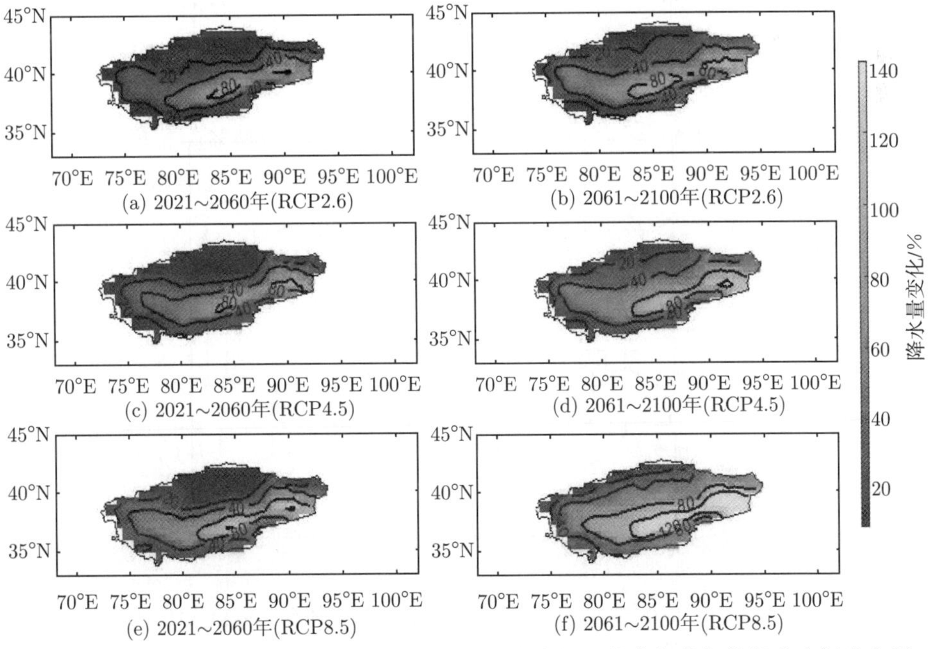

(a) 2021~2060年(RCP2.6) (b) 2061~2100年(RCP2.6)
(c) 2021~2060年(RCP4.5) (d) 2061~2100年(RCP4.5)
(e) 2021~2060年(RCP8.5) (f) 2061~2100年(RCP8.5)

图 3.7 未来三种情景下不同时期塔里木河流域未来相对基准期的年均降水空间分布图

年 (20%~140%) 年降水分布变化幅度明显高于 2021~2060 年 (10%~100%)，受情景排放量影响最显著的地区主要集中在阿尔金山北部和塔里木盆地南部。塔里木河流域未来年均降水相对变化率跨度明显增大，这表明伴随着未来气候变化，塔里木河流域对未来情景响应强烈，预示着塔里木河流域未来情景下有关降水要素的极端事件变化将更为剧烈。气候变化下塔里木河流域大幅度的降水增加将一定程度上减小水资源的压力，特别是阿尔金山北部和塔里木盆地南部。

3.2.2 未来降水季变化

年尺度降水分析可得到降水的年际变化趋势，季尺度降水则与现实中的生产生活更加息息相关。通过统计三种情景下四季降水不同时期对比基准期的相对变化率，分析未来降水年内季节性变化。图 3.8 展示了塔里木河流域未来相对基准期

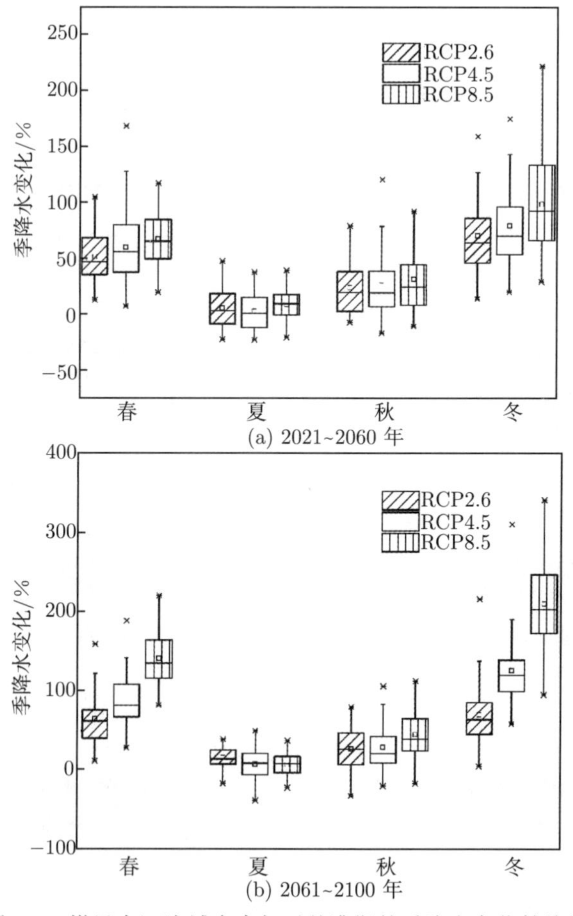

图 3.8 塔里木河流域未来相对基准期的季降水变化箱线图

的季降水变化箱线图，表 3.2 列出了年均季降水变化百分比。相对于基准期，塔里木河流域四季降水变化不一，但统一的趋势是其春季和冬季的相对变化幅度远大于夏季和秋季，表明春季和冬季降水更容易受到气候变化的影响。其中塔里木河流域未来两个时期降水整体增大，除夏季降水外，其他均满足降水相对变化率幅度随排放量的升高而变大这一规律。其中 2021~2060 年春季和冬季降水百分比变化范围为 50%~100%，夏季和秋季降水百分比变化范围为 3%~30%；2061~2100 年降水变化百分比有所增大，春季和冬季降水百分比变化范围为 60%~210%，夏季和秋季降水百分比变化范围为 5%~45%。

表 3.2 三种情景下塔里木河流域未来相对基准期年均四季降水变化

时期	情景	春季降水变化/%	夏季降水变化/%	秋季降水变化/%	冬季降水变化/%
2021~2060 年	RCP2.6	52.14	6.41	24.86	70.94
	RCP4.5	60.37	3.48	27.03	79.82
	RCP8.5	68.01	9.82	32.30	98.89
2061~2100 年	RCP2.6	64.75	16.08	27.06	70.23
	RCP4.5	88.90	7.56	28.98	126.34
	RCP8.5	141.28	6.94	44.84	210.09

由于季尺度降水变化率这一指标表示四季降水受气候变化的影响程度，为了在四季降水量值及时间分布上有一个更为清楚的认知，绘制了三个时期 (1961~2005 年、2021~2060 年和 2061~2100 年) 流域季降水的概率密度分布如图 3.9 所示。通过流域内的季节降水分布整体出现 “右移” 现象，验证了上述得到的季节性降水未来时期整体增大的趋势，且其春季和冬季降水 “右移” 幅度明显大于夏季和秋季降水，这与上述分析的春季和冬季降水更容易受到气候变化的影响结论相符。塔里木河流域 2061~2100 年冬季和春季降水分布相对基准期或 2021~2060 年出现 “坦化” 现象，而夏季和秋季降水分布与基准期相似，预示 21 世纪后期塔里木河流域冬季和春季降水量值更加多变。春季和冬季降水的增加一定程度上有利于流域内的高海拔区域的冰川累积和水资源增加，对绿洲农业生产发展有积极作用。

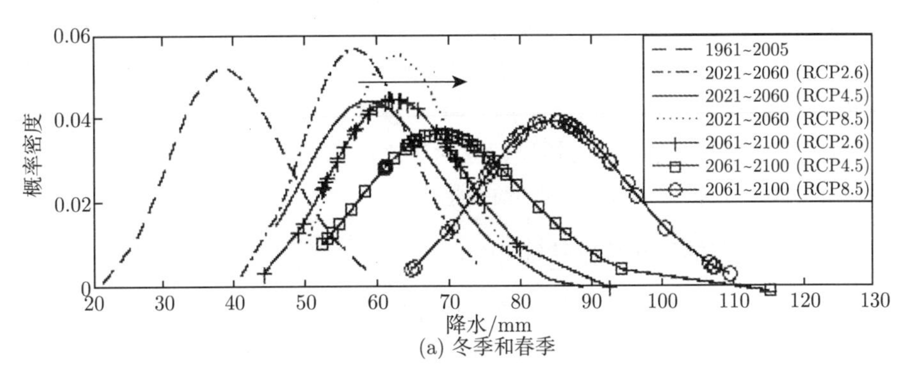

(a) 冬季和春季

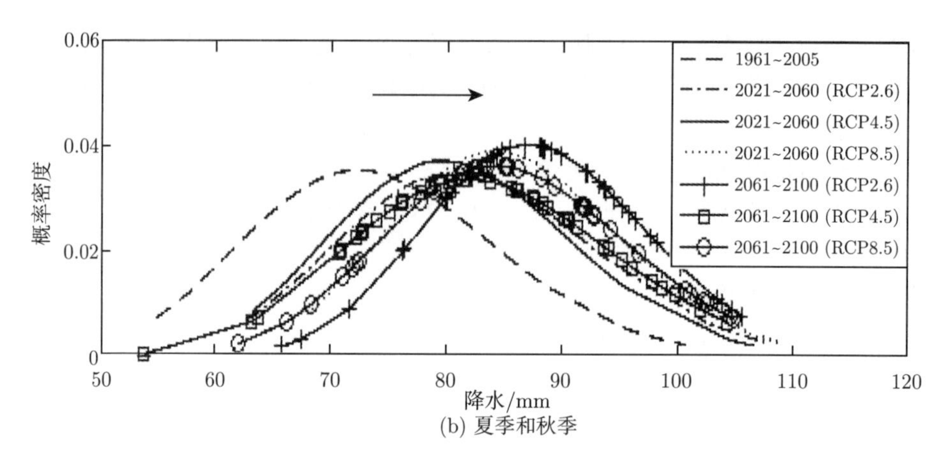

(b) 夏季和秋季

图 3.9 塔里木河流域基准期和未来时期年均降水概率密度分布图

3.3 不同下垫面条件下流域降水变化特性

3.3.1 不确定性影响

考虑到由于现在的全球气候模式对气候系统中各种强迫和物理过程的科学认识还存在较大局限，气候模式结构本身的不完善也会导致气候模式模拟的气候状况与观测值有较大差异 (初祁等，2015)。由气候模式本身所带来的不确定性主要包括以下三类：① 以时间序列的随机波动引起的内部变化，采用 BIAS、R E 和 COR 三项指标进行评价；②同一地区同种排放情景下不同模型差异带来的不确定，采用 MME 法降低该类不确定性；③未来不同排放情景的变化反映的不确定性，通过模拟和对比三种情景下的降水进行分析评价。

在上述不确定性分析的基础上，评估 CMIP5 数据对塔里木河和长江流域年降水模拟过程，两个流域上不同程度地出现局部高估和低估的区域，可总结得到影响 CMIP5 模拟效果的几类因素：地形因素、实测资料、气象条件复杂程度等。考虑到流域地形复杂性，因此在研究中除了要对气候模式本身的物理过程做出改进外，还应充分考虑地形因素的影响。地形因素的影响主要包括两个方面：与观测数据的疏密程度以及插值方法是否考虑高程有关；与模式的分辨率过大，在地形起伏变化大的区域模拟效果较差有关。可通过建立两者之间的统计关系，进一步探究研究区域高程和地形起伏与未来降水的响应特征。

3.3.2 高程变化下的降水分布特征

塔里木河流域地处塔里木盆地，盆地南部、西部和北部为阿尔金山、昆仑山和天山所环抱，地貌呈环状结构，地势西高东低、南高北低，平均海拔 1000m 左右。图

3.10 为 0.5°×0.5° 网格上的塔里木河流域高程图，图 3.11(a) 和图 3.11(b) 为三种情景下塔里木河流域未来时期降水变化与高程的相关关系。塔里木河流域上降水最大相对变化发生在 500~2000m 处的低海拔地区，也就是以塔里木盆地为中心的区域，未来年均降水 2021~2060 年 (2061~2100 年) 变化幅度为 0~120%(0~200%)，其中 RCP8.5 情景下的相对变化量远高于其他两种情景，并且相对降水量随着海拔的升高而减小。

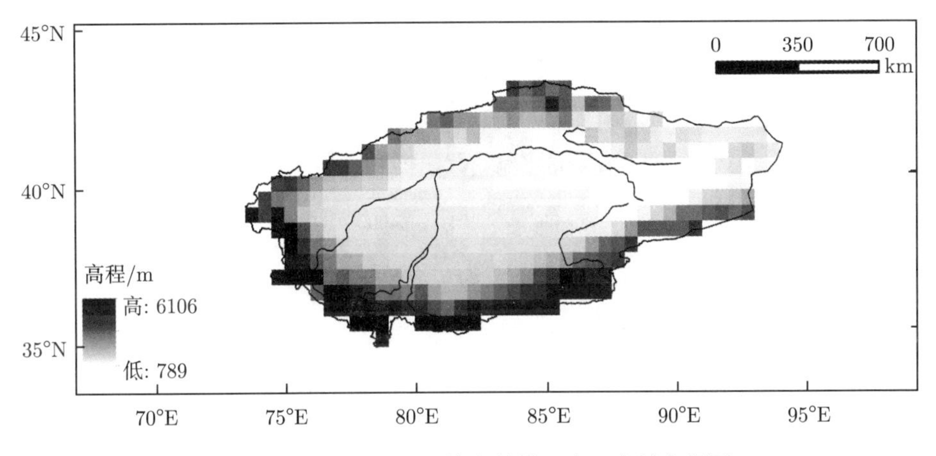

图 3.10 0.5°×0.5° 网格上的塔里木河流域高程图

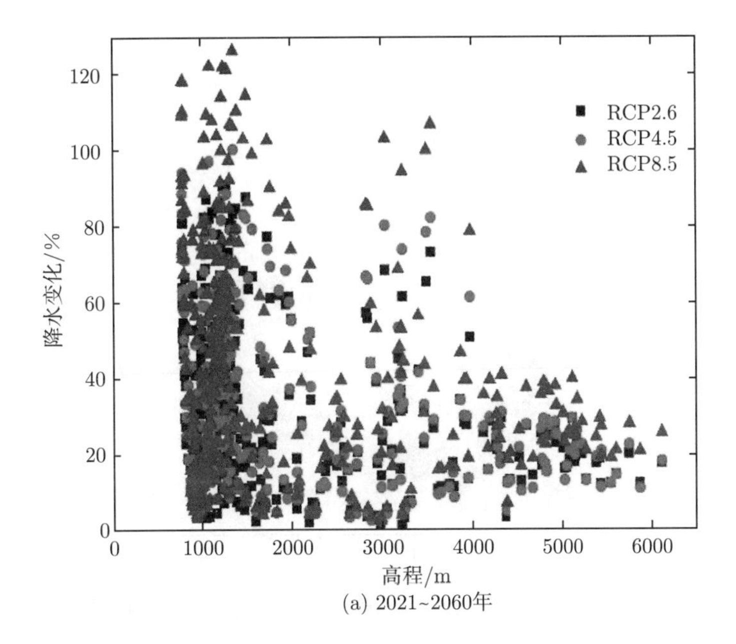

(a) 2021~2060年

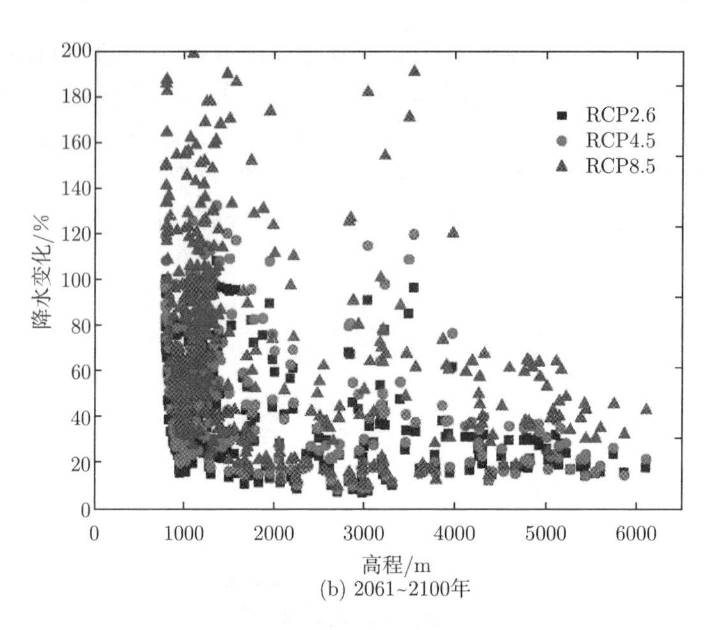

(b) 2061~2100年

图 3.11　塔里木河流域未来时期降水变化与高程的相关关系

3.3.3　地形起伏变化下的降水分布特征

图 3.12 展示了 0.5°×0.5° 网格上塔里木河流域的地形起伏变化图，地形起伏变化较为剧烈的地方主要集中在阿尔金山、昆仑山和天山山脉附近。地形起伏变化大的区域范围相较于高程更广。图 3.13 展示了三种情景下塔里木河流域未来时期降水变化与地形起伏度的相关关系。相比高程与未来降水变化之间的关系，地形起伏度与降水之间的关系更加具有不确定性，在地形起伏度大于 2000m 的地区，满足相对降水随地形起伏度增大而减小的规律。

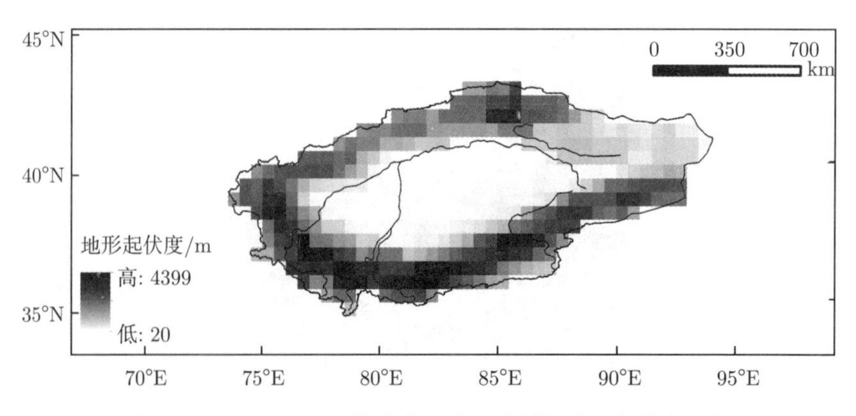

图 3.12　0.5°×0.5° 网格上塔里木河流域的地形起伏变化图

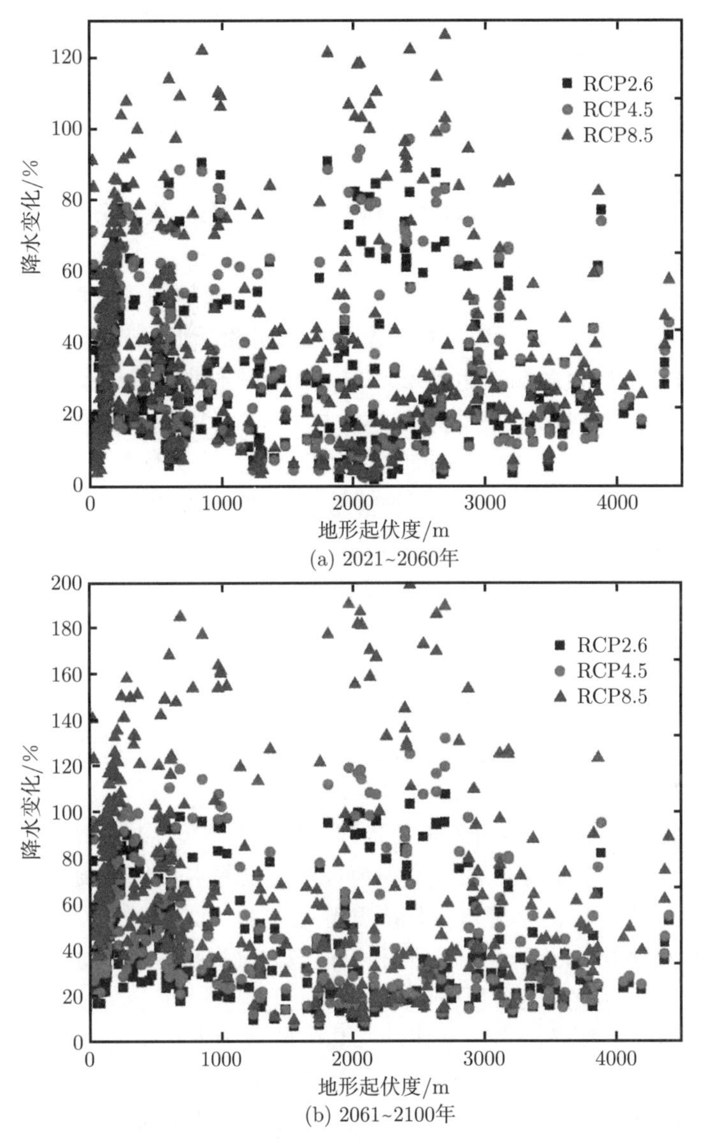

图 3.13 三种情景下塔里木河流域未来时期降水变化与地形起伏度的相关关系

3.4 本章小结

气候变化，特别是降水的气候变化对水循环更替期长短、水量、水质等产生重大影响，对水资源的变化起着决定性作用。本节在预估降水气候变化的基础上，对水资源的未来趋势进行分析，采用 CN05.1 实测格点降水数据，开展了 CMIP5 多模式集合对塔里木河流域气候变化模拟能力评估，并进一步利用 CMIP5 输出结果预估了 2021~2100 年降水的时空变化，完成了 CMIP5 降水数据在塔里木河流域的不确定性分析，从流域高程和地形起伏度两个方面来进行降水下垫面响应分析，主要得出以下结论。

(1) 通过塔里木河流域的时间序列趋势和空间分布的模拟分析发现，塔里木河流域实测 (模拟) 的增长率为 5.20mm/10a(3.74mm/10a)，均呈现显著增加的趋势，空间相关系数为 0.55，其可能原因是塔里木河流域地处欧亚大陆腹地，四周高山环绕，气候条件较为简单。数据模拟在降水数据量级和降水季节性分配上效果不佳。塔里木河年均降水量相对偏差达到 259.17%，塔里木河模式模拟值降水集中期发生偏移，实测 (模拟) 降水集中月份为 6~8 月 (5~7 月)，这一定程度上和塔里木河流域实测站点少且用于 CMIP5 模拟的原始实测资料缺少有关。

(2) 未来时期 (2021~2100 年) 三种情景 (RCP2.6、RCP4.5 和 RCP8.5) 下，相对于基准期 (1961~2005 年)，年尺度降水要素波动幅度整体随情景排放量的升高而变大，塔里木河流域年降水量相对容易受到情景排放量的影响。塔里木河流域未来三种情景下年均降水变化率依次为 26.83%(−8.67%~72.4%)、29.14%(−5.49%~76.70%) 和 41.72%(6.28%~86.38%)，呈现大幅度增加趋势，空间上大幅度增加区域集中在阿尔金山北部和塔里木盆地南部，表明未来塔里木河流域干旱情况将得到一定程度的缓解，然而降水空间分布差异性进一步加大，未来降水变化范围幅度大，增大了该流域未来极端事件评估的不确定性。

(3) 不同季节的降水要素对未来情景排放量的敏感度不同，其中排放情景对春季和冬季降水影响较为显著。塔里木河流域季尺度降水变化幅度 (5%~150%) 跨度大，且 2061~2100 年的季降水变化幅度普遍大于 2021~2060 年，其中春季和冬季降水的大幅度增加 (50%~150%) 有利于流域内高海拔区域的冰川累积和水资源增加，对绿洲农业生产发展有积极作用。

(4) 降水不确定性受诸多因素影响，其中流域的地形特征对降水模拟影响极大，可通过高程和地形起伏度进行分析。塔里木河流域降水最大相对变化发生在 500~2000m 处的低海拔地区，即以塔里木盆地为中心的区域，并且相对降水量随着海拔的升高而减小。地形起伏度与降水之间的关系具有不确定性，在地形起伏度大于 2000m 的地区，满足相对降水随地形起伏度增大而减小的规律。

第4章 极端气候与水文事件时空分布规律

受自然变异和人为强迫等外界变化条件的影响，水资源系统变得更加敏感和脆弱，极端水文气象事件的发生频率、强度及时空随机性有明显增加的趋势，对流域水资源安全以及未来社会与流域环境的持续发展造成了巨大影响 (杨素英等，2008；Kadari et al.，2011；Wang et al.，2013；Beharry et al.，2015；刘剑宇等，2016；魏军等，2016)。本章针对气候变化和人类活动等外界胁迫及环境变化引发的流域极端事件问题，采用不确定性分析和气象要素统计方法、空间分析等理论方法，进行气候特征、气象要素统计及其时空变异特性分析，研究确定极端事件阈值特征，确定流域水文、局部气象事件的年代变化特征及空间分布格局。详细描述了 50 年来塔里木河流域极端降水和温度的时空变化特征，基于 R/S 分析法和极端阈值法分析了极端指数的时空演变趋势，系统总结了流域极端事件阈值分布特征及时空格局变化，为流域水资源开发利用和流域防灾减灾及安全预警提供参考。

4.1 极端气温和降水的时空变化特征

4.1.1 极端事件指标选取

研究极端降水的指数包括参考值与绝对值之间的百分率指数、参考值与绝对值之间的绝对指数和阈值指数 (李庆祥和黄嘉佑，2010)。百分率指数源于气象要素在一段时期内分布的尾部；绝对指数主要用于表示年或季节的最高值和最低值等；阈值指数指超过固定阈值的天数。使用加拿大气象研究中心 Xuebin Zhang 与 Feng Yang 联合开发的 RClimDex 确定的指标对极端事件开展研究 (Zhang and Yang，2004)。

本研究对极端气候指数的定义和计算采用的标准是世界气象组织的“气候变化检测和指标”。将极端气温指数分为 3 种类型，第一类是基于原始观测数据和固定阈值的指数，简称绝对指数，包括热夜日数、夏季日数、结冰日数和霜冻日数；第二类为基于相对阈值的指数，简称相对指数，包括冷昼 (夜)、暖昼 (夜) 日数等；第三类为持续指数 (冷持续日数、暖持续日数和生物生长季) 和范围指数 (极端气温日较差)。将极端降水指数分为 2 种类型，第一类为降水量指数，包括最大 1 日降水量、最大 5 日降水量、R95 极端降水量和 R99 极端降水量；第二类为日降水强度和降水日数指数 (降水日数、持续降水日数、持续干旱日数、R10mm 降水日数和 R20mm 降水日数)。这些指数能够反映极端气候不同方面的变化，具有较弱的极端性、噪声低、显著性强的特点 (张剑明等，2011；覃鸿等，2015；张晓艳和刘梅先，2016)。

结合塔里木河流域的实际气温、降水情况，选取涵盖气温相对指数、绝对指数、持续指数和范围指数 4 个分类且与极端气温密切相关的 12 个极端气温指数及涵盖降水量、降水日数、降水强度 3 个分类且与极端降水密切相关的 6 个极端降水指数 (表 4.1 和表 4.2)。

表 4.1　极端气温指标的定义

分类	指标	极端气温指数	定义
相对指数	TX10/d	冷昼日数	年日最高气温小于 1961～2015 年的第 10 个百分位数值的日数
	TN10/d	冷夜日数	年日最低气温小于 1961～2015 年的第 10 个百分位数值的日数
	TX90/d	暖昼日数	年日最高气温大于 1961～2015 年的第 90 个百分位数值的日数
	TN90/d	暖夜日数	年日最低气温大于 1961～2015 年的第 90 个百分位数值的日数
绝对指数	ID/d	冰冻日数	年内日最高温度低于 0℃的日数
	FD/d	霜冻日数	年内日最低温度低于 0℃的日数
	SU/d	夏季日数	年内日最高温度大于 25℃的日数
	TR/d	热夜日数	年内日最低温度大于 20℃的日数
持续指数	WSDI/d	暖持续日数	年日最高气温大于第 90 个百分位数值的连续 6 天的日数
	CSDI/d	冷持续日数	年日最低气温小于第 10 个百分位数值的连续 6 天的日数
范围指数	GSL/d	生物生长季	年内首先出现日平均气温至少连续 6 日高于 5℃的总日数及 7 月 1 日后平均气温至少连续 6 日低于 5℃的总日数
	DTR/℃	气温日较差	年内日最高和最低气温的差值

表 4.2　极端降水指标的定义

分类	指标	极端降水指数	定义
降水量指数	RX5d/mm	连续 5 日降水总量	年内连续 5 日最大降水量
	R95P/mm	R95 极端降水量	日降水量大于第 95 个百分位55 年平均数值的降水量
降水日数指数	R25/d	R25mm 降水日数	日降水量大于等于 25mm 的日数
	CDD/d	持续干旱日数	日降水量小于 1mm 的最长持续日数
	CWD/d	持续湿润日数	日降水量大于等于 1mm 的最长持续日数
降水强度指数	SD II/(mm/d)	日降水强度	年总降水量/降水日数

4.1.2 极端气温的分布规律及变化趋势

1. 相对指数

近 55 年塔里木河流域冷昼和冷夜表现出明显的下降趋势 (图 4.1)，其年际倾向率分别为 1.64d/10a 和 0.76d/10a；而暖昼和暖夜呈明显的上升趋势，其年际倾向率分别为 1.63d/10a 和 2.71d/10a；其中，暖夜的变化趋势更为明显，且所有站点的冷昼日数呈下降趋势，所有站点的暖昼日数呈上升趋势。研究发现二元回归函数 (图 4.2) 比一元回归函数能更好地反映气候的变化情况，暖昼、冷昼和暖夜在 20 世纪 80 年代就发生了明显的变化，而冷夜在研究时段内表现出非常明显的下降趋势。

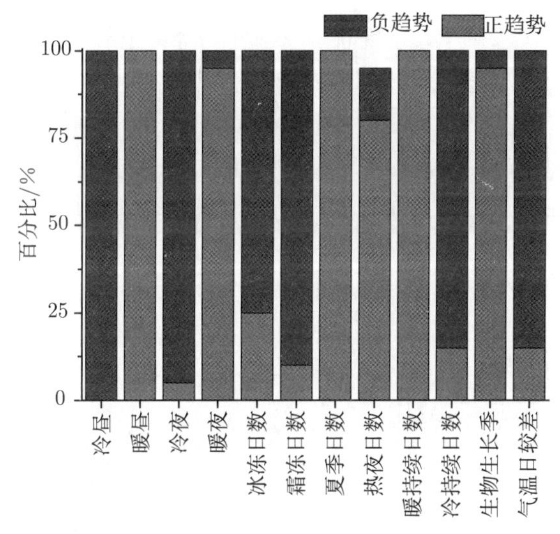

图 4.1 1960~2014 年塔里木河流域极端气温指数在所有站点正负趋势百分比

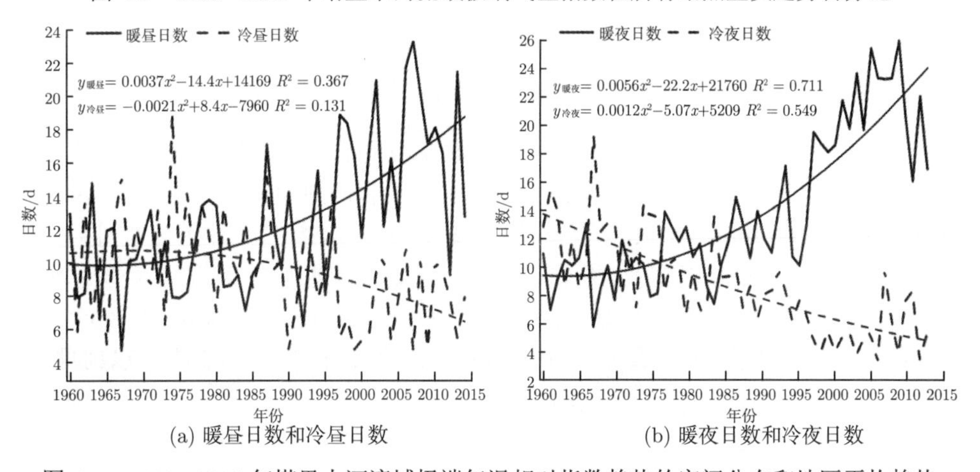

(a) 暖昼日数和冷昼日数　　(b) 暖夜日数和冷夜日数

图 4.2 1960~2014 年塔里木河流域极端气温相对指数趋势的空间分布和地区平均趋势

2. 绝对指数

近 55 年塔里木河流域极端气温绝对指数的变化趋势与相对指数的变化趋势一致。冷指数呈减少趋势，而暖指数表现出增加趋势 (图 4.3)。夏季日数和热夜日数的年际倾向率分别为 2.54d/10a 和 2.85d/10a，而霜冻日数和冰冻日数的年际倾向率分别为 −2.66d/10a 和 −0.31d/10a。夏季日数、热夜日数和霜冻日数的变化趋势较为明显，其中，夏季日数 100% 的站点都呈正增长趋势，霜冻日数呈正增长趋势的站点最少，仅为 10%。

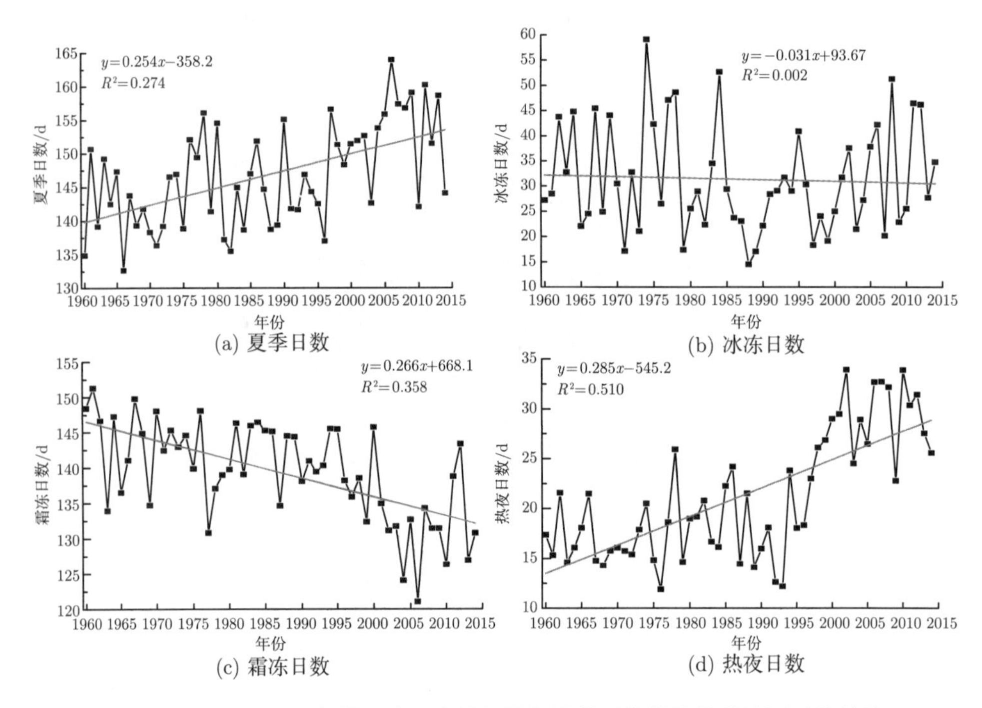

图 4.3 1960~2014 年塔里木河流域极端气温绝对指数趋势的地区平均趋势

从趋势的空间分布看 (图 4.4)，夏季日数在塔里木河流域东部和南部增加趋势显著，均超过了 2.5d/10a，两个高值中心分别位于和田站和阿克苏站，其对应的增长率分别为 3.3d/10a 和 3.6d/10a，乌恰站、塔什库尔干站、库车站的夏季日数也均呈增长趋势，但增幅相对较低。热夜日数的变化趋势严重两极分化，在塔里木河东部和南部的大部分地区呈显著增加趋势，其中和田站、轮台站增幅高达 8.98d/10a 和 7.6d/10a，而塔里木河流域西北角的气象站点热夜日数呈下降趋势，以柯坪站、阿拉尔站和库车站为代表站点，变化趋势介于 −0.63~−4.84d/10a。霜冻日数以塔里木河北部的阿合奇站、阿克苏站、轮台站，西部的乌恰站、塔什库尔干站，南部的和田站、民丰站下降趋势较为明显，都在 2d/10a 以上。冰冻日数在塔里木河流域的西部个别站点下降趋势最为明显，塔什库尔干站下降趋势为 –0.329d/10a，为全流域最高。从图 4.4 中也可以看出，80%的站点热夜日数呈正增长趋势，而且趋势显著，与塔里木河流域近 55 年来气温日较差发生缩小的规律相一致。

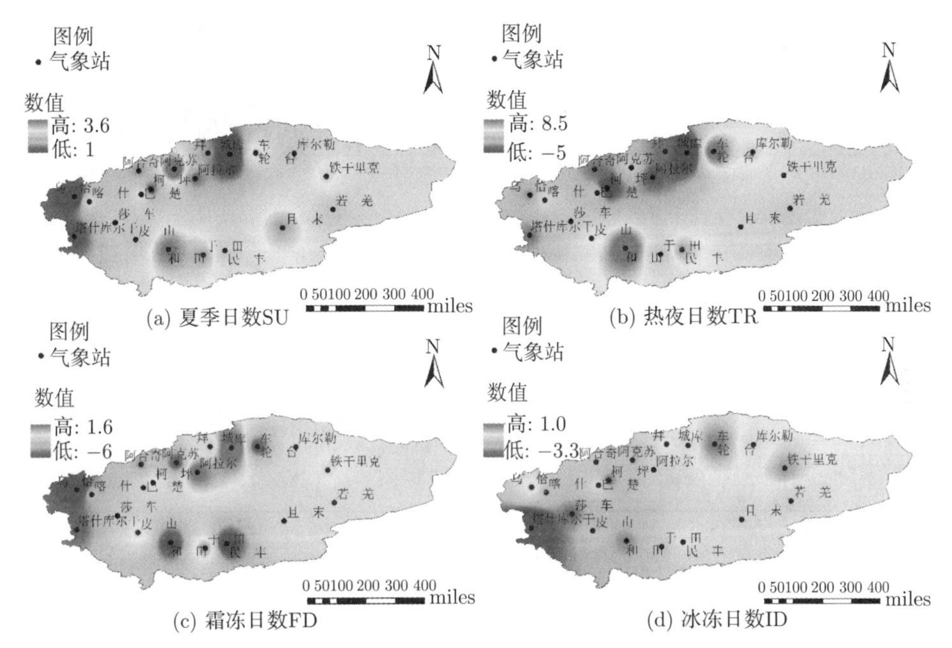

(a) 夏季日数SU (b) 热夜日数TR (c) 霜冻日数FD (d) 冰冻日数ID

图 4.4 1960~2014 年塔里木河流域极端气温绝对指数趋势的空间分布 (单位：d/10a)

3. 持续指数和范围指数

近 55 年塔里木河流域极端气温持续时间指数和范围指数也表现出一定的年际变化趋势 (图 4.5)。气温日较差和冷持续日数的变化趋势微弱，气温日较差近 55 年以 0.16d/10a 呈减少趋势，冷持续日数也呈下降趋势，其年际倾向率为 –0.56d/10a。暖持续日数和生物生长季表现出增加趋势，其年际倾向率分别为 3.18d/10a 和 2.03d/10a。其中，暖持续日数呈正增长趋势的站点最多，高达 100%，95%站点的生物生长季日数呈现正增长。

从趋势的空间分布看 (图 4.6)，气温日较差大部分站点倾向率为 –0.45~0d/10a，在阿拉尔站、柯坪站和库车站呈增长趋势。冷持续日数大部分站点倾向率为 –2.45~0d/10a。塔里木河流域所有站点的暖持续日数均为正值，说明日最高气温大于 1960~2014 年的第 90 个百分位数值的连续 6 天的日数呈增多趋势，其中，柯坪站、莎车站和塔什库尔干站暖持续日数增加最为显著，线性倾向率为 0.401~0.472d/10a。除库车站外，其余气象站的生物生长季日数呈增长趋势，说明塔里木河流域近 55 年来，满足植物生长温度的日数有所增加，阿合奇站、和田站、乌恰站三个站点增长趋势明显。

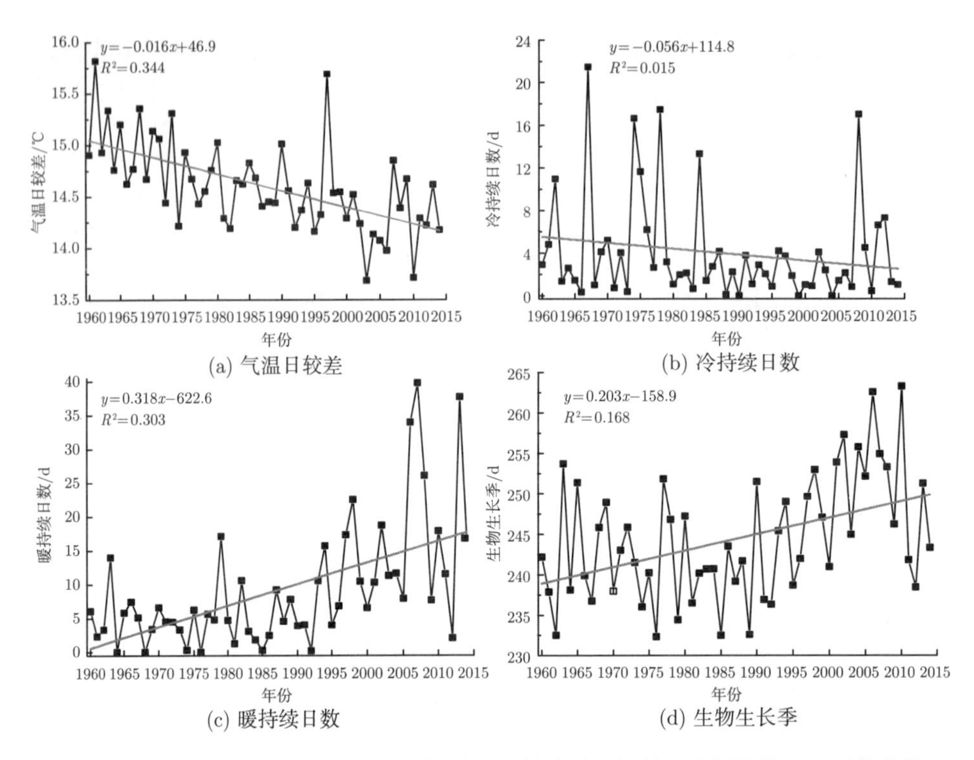

图 4.5　1960~2014 年塔里木河流域极端气温持续时间指数和范围指数地区平均趋势

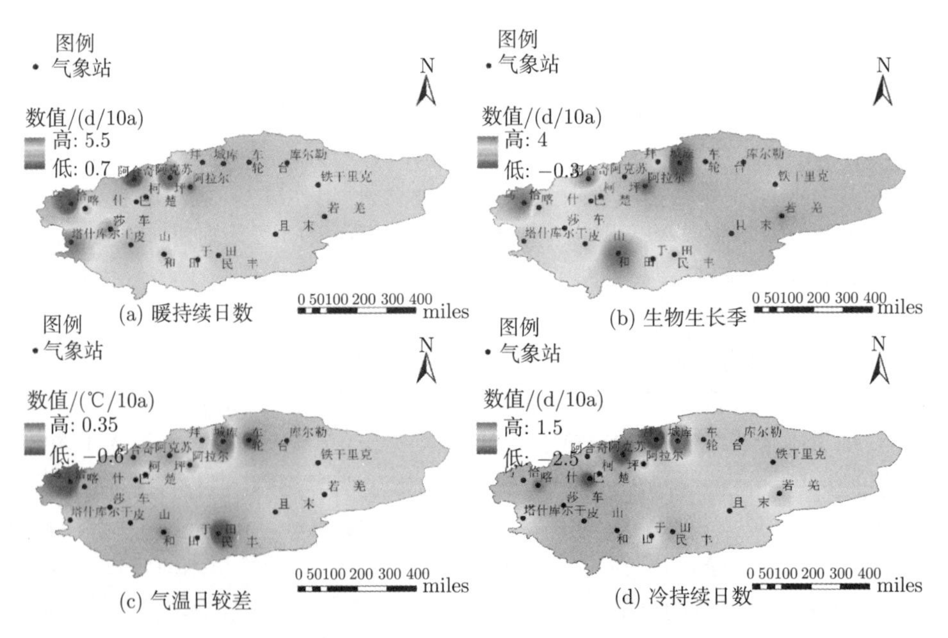

图 4.6　1960~2014 年塔里木河流域极端气温持续时间指数和范围指数空间分布

4.1.3 极端降水指数的分布规律及变化趋势

1. 降水量指数

近 50 年塔里木河流域极端降水最大 1 日和 5 日降水量表现出增加趋势 (图 4.7 和图 4.8)，其年际倾向率分别为 0.44mm/10a 和 0.83mm/10a；R95 极端降水量以 1.04mm/10a 的倾向率在增加 (图 4.7 和图 4.8)。同样，我们选取降水量指数为代表，对其分布函数进行研究 (图 4.8)，发现新疆过去 55 年降水量指数的分布函数也能反映降水量的年代际变化情况，但函数曲线随时间的推移没有气温那么明显；从最大 5 日降水量分布函数也能反映出 20 世纪 90 年代以来降水量呈波动性和不均匀性变

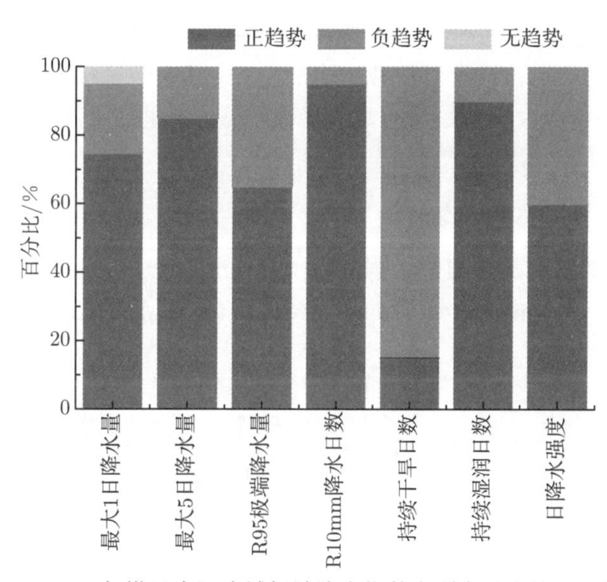

图 4.7 1960~2014 年塔里木河流域极端降水指数在所有站点的正负趋势百分比

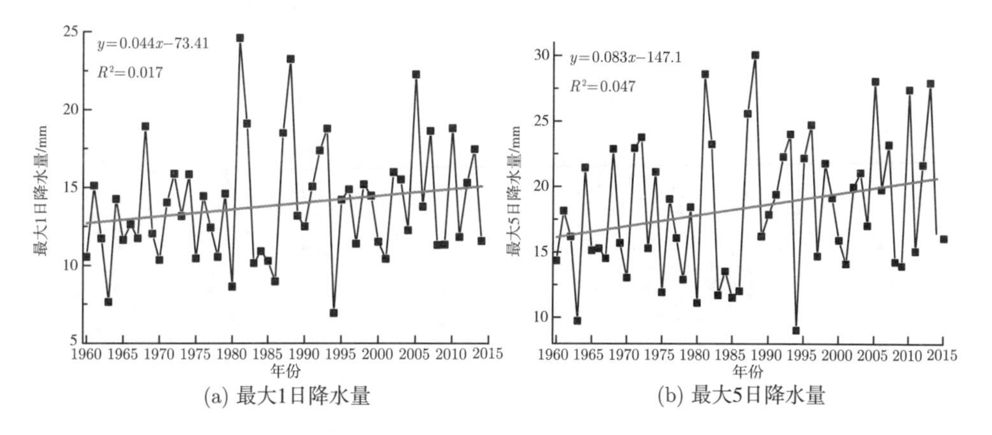

(a) 最大1日降水量 (b) 最大5日降水量

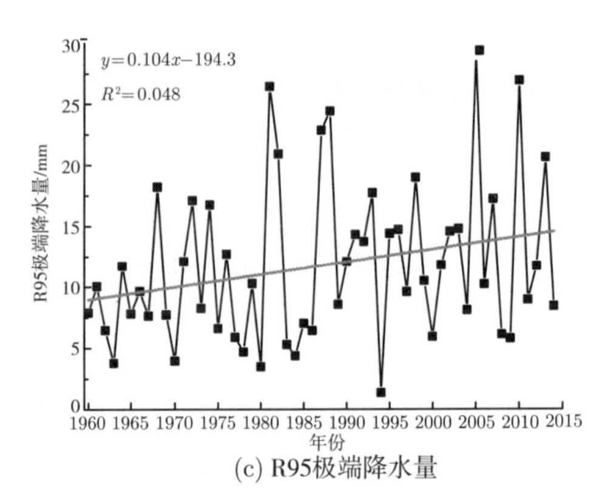

(c) R95极端降水量

图 4.8　1960~2014 年塔里木河流域降水量指数地区平均趋势

化。在选取的塔里木河流域的 20 个气象站点中，95%的站点 R10 降水量呈增加趋势，同时，90%的站点持续湿润日数呈增加趋势，其余表征极端降水事件的指标也均表现为正趋势个数大于负趋势个数的规律，说明塔里木河流域近 55 年降水量呈增大趋势，且空间分布广泛。

2. 日降水强度和降水日数指数

近 55 年塔里木河流域日降水强度以 0.01mm/(d/10a) 的速度在增加 (图 4.9)。持续湿润日数、R10mm 降水日数以 0.08mm/(d/10a) 和 0.12mm/(d/10a) 的速

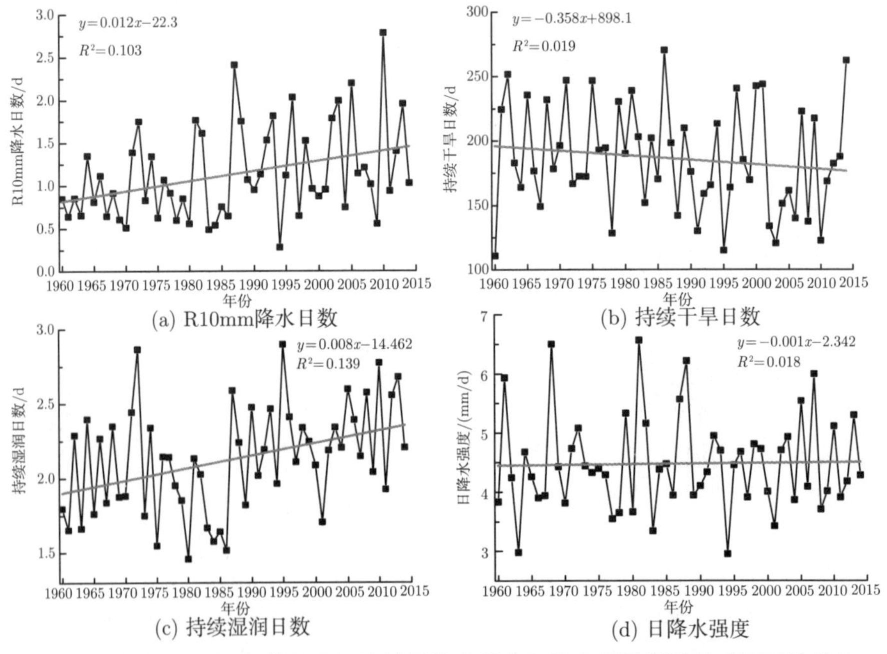

(c) 持续湿润日数　　(d) 日降水强度

图 4.9　1960~2014 年塔里木河流域日降水强度和降水日数指数的地区平均趋势

度增加，且增加趋势的站点比例分别为 90%和 95%，减少趋势的站点比例分别为 10%和 5%。持续干旱日数表现出减少趋势 (图 4.9)，15%的站点处于增加趋势，而 85%的站点处于减少趋势。

4.2 极端气温和降水指数变化的对比

4.2.1 极端气温和降水指数变化的一致性

IPCC(2013) 报告指出，全球变暖使得多数大陆地区冷昼和冷夜偏暖并偏少，热昼和热夜偏暖并偏多，说明气候变暖同时引起极端气候事件增多。为了解塔里木河流域气温升高对极端气温事件的影响，验证书中选取的极端气温事件指数是否对平均气温有指示作用以及各指数之间的相关性，我们计算了气温指数之间的相关系数 (表 4.3~表 4.5)。

表 4.3 极端气温和降水指数的主成分分析结果

指数	气温指数			降水指数		
	$Z1$	$Z2$	$Z3$	$Z1$	$Z2$	$Z3$
特征根	6.422	2.244	1.370	4.885	1.330	0.837
贡献率/%	49.404	17.259	10.537	61.068	16.621	10.465
累积贡献率/%	49.404	66.662	77.199	61.068	77.689	88.153

对极端气温指数的因子分析结果表明 (表 4.3 和表 4.4)，第一因子基本包括除冰冻日数、冷持续日数和极端气温日较差外的所有极端气温指数，解释了方差贡献率的 49.404%，表明极端气温指数变暖趋势的一致性和普遍性。冰冻日数和冷持续日数在第二因子中高载荷，占方差贡献率的 17.259%，因为该指数反映了最低气温，说明最低气温的增加是冰冻日数和冷持续日数减少的原因。气温日较差在第三因子中高载荷，占方差贡献率的 10.537%，该指数受日最低气温和最高气温共同影响，此处最低气温的上升是极端气温日较差减小的主要原因。

从表 4.5 中可以看出，平均温度和暖指数有较好的相关性，其相关性大于 0.5。平均温度与暖指数呈正相关性，相关系数范围为 0.45~0.55，说明随着年平均气温的上升，极端高温事件有所增加，这与极端最高气温在全国范围内的大幅度升温相对应。其中，平均温度与暖昼、暖夜以及暖持续日数的相关性最好，在 0.5 以上。平均温度与冷指数存在负相关性，但不是很明显，负相关系数范围为 −0.5~0.05，说明随着年平均气温的上升，极端低温事件在降低。其中，平均温度与霜冻日数的相关性最好，为 −0.423，说明极端温度的变化能反映出新疆气温的变暖。此外，从表 4.5 也可以看出，各极端气温指数之间，尤其是极端暖气温指数之间存在很好的相关性。

表 4.4　极端气温和降水指数的因子分析

气温指数	气温			降水指数	降水		
	因子 1	因子 2	因子 3		因子 1	因子 2	因子 3
平均气温	0.616	0.094	0.355	年降水量	0.169	−0.622	0.764
冷昼	−0.582	0.577	−0.306	最大 1 日降水量	0.949	0.160	0.095
暖昼	0.897	0.001	0.149	最大 5 日降水量	0.982	0.062	−0.011
冷夜	−0.833	0.316	0.320	R95 极端降水量	0.960	0.081	0.041
暖夜	0.934	0.172	−0.170	R10mm 降水日数	0.904	−0.117	−0.120
冰冻日数	−0.202	0.851	0.081	持续干旱日数	−0.257	0.777	0.400
霜冻日数	−0.834	−0.153	0.150	持续湿润日数	0.736	−0.314	−0.214
夏季日数	0.667	0.213	0.440	日降水强度	0.803	0.437	0.150
热夜日数	0.793	0.321	−0.087				
暖持续日数	0.797	0.124	0.128				
冷持续日数	−0.346	0.802	0.367				
生物生长季	0.819	0.075	0.097				
气温日较差	−0.314	−0.462	0.778				

表 4.5 (a)　1960～2014年塔里木河流域极端气温指数之间的相关系数(冷指数)

冷指数	平均气温	冷昼	冷夜	冰冻日数	霜冻日数	冷持续日数
平均气温	1					
冷昼	−0.372	1				
冷夜	−0.354	0.639	1			
冰冻日数	−0.155	0.441	0.404	1		
霜冻日数	−0.423	0.321	0.665	0.031	1	
冷持续日数	0.037	0.546	0.643	0.690	0.217	1

表 4.5 (b)　1960～2014年塔里木河流域极端气温指数之间的相关系数(暖指数)

暖指数	平均气温	暖昼	暖夜	夏季日数	热夜日数	暖持续日数	生物生长季
平均气温	1						
暖昼	0.506	1					
暖夜	0.534	0.822	1				
夏季日数	0.470	0.598	0.602	1			
热夜日数	0.456	0.673	0.839	0.554	1		
暖持续日数	0.519	0.841	0.717	0.473	0.598	1	
生物生长季	0.471	0.750	0.710	0.518	0.584	0.625	1

研究发现，持续干旱日数的增加与年降水总量的变化没有良好的对应关系，其他极端降水指数与该地区年降水总量有很好的相关性。为了解塔里木河流域极端降水事件与总降水量的关系，验证文中选取的极端降水事件指数是否对降水有指示作用，以及各指数之间的相关性，我们对降水指数之间的相关性进行了统计

(表 4.6)。对极端降水指数的分析结果表明，除年降水量、持续干旱日数外的所有指数在第一因子中高载荷，占方差贡献率的 61.1%，这一方面反映了年总降水量和极端降水指数的变化趋势并不完全一致，并表明了极端降水事件发生概率增大时，年总降水量不一定也增大，年降水量与大多数极端降水指数的相关度不高也证实了这一点 (表 4.6)。年总降水量和持续干旱天数在第二因子中高载荷，占方差贡献率的 16.6%，持续干旱日数的减少是总降水量增加的主要影响因素。从表 4.6 可以发现，各极端降水事件指数与总降水量之间相关性并不好，说明极端降水事件指数的增加与否和总降水量之间的联系不大。此外，从表 4.6 也可以看出，各极端降水指数之间也有很好的相关性。

表 4.6 1960~2014 年塔里木河流域降水指数之间的相关系数

指数	年降水量	最大 1 日降水量	最大 5 日降水量	R95 极端降水量	R10mm 降水日数	持续干旱日数	持续湿润日数	日降水强度
年降水量	1							
最大 1 日降水量	0.128	1						
最大 5 日降水量	0.120	0.939	1					
R95 极端降水量	0.138	0.929	0.929	1				
R10mm 降水日数	0.136	0.781	0.868	0.872	1			
持续干旱日数	−0.215	−0.150	−0.196	−0.179	−0.304	1		
持续湿润日数	0.167	0.556	0.724	0.613	0.702	−0.330	1	
日降水强度	−0.020	0.870	0.801	0.778	0.580	0.077	0.356	1

4.2.2 冷暖指数的对比

为了解日最高气温和日最低气温更多的变化情况，对极端暖指数和冷指数的变化趋势进行了对比 (表 4.7)。对于暖昼和冷昼来说，约 95%的台站暖昼大于冷昼，且暖昼的变化幅度是冷昼的 1.36 倍。约 90%的台站暖夜变化幅度大于冷夜，但变化幅度的绝对值后者高于前者。暖持续日数大于冷持续日数的台站为 95%。暖昼变化幅度是暖夜的 1.73 倍，而且 20%的台站变化幅度前者大于后者。从表 4.7 中可以看出，一些冷指数的变化幅度明显大于部分暖指数，IPCC(2013) 报告认为这主要是由冬季比夏季较大的变暖幅度造成的，其物理机制是冬季空气水汽含量小于夏季，因此冬季温室气体的辐射强迫效应增强引起更大幅度升温。夜指数的变暖幅度也明显大于昼指数，夜指数表现出变暖趋势的台站在空间分布上相对均匀。大量研究也证实极端最低温的变暖幅度大于极端最高气温，且夜指数的变化幅度大于昼指数。

表 4.7　塔里木河流域极端气温指数变化幅度的对比(对比依据：abs)

指数对比	符合条件的站台百分比/%
暖昼 > 冷昼	95
暖夜 > 冷夜	90
暖持续日数 > 冷持续日数	95
暖昼 > 暖夜	20
暖昼 > 冷夜	40
冷昼 > 冷夜	5
暖夜 > 冷昼	100
结冰日数 > 霜冻日数	5

4.2.3　极端指数变化趋势的 R/S 分析

1. *趋势特征分析方法*

1) R/S 趋势持续性检验

Hurst(1984) 提出了一种自仿射分形衍生出来的时间序列分析方法，并用这种方法处理时间序列的分形结构分析。研究表明，通过对包括降水、温度、植物生长周期、太阳黑子等多种自然因素进行 R/S 分析，可以发现这些自然现象中都存在 Hurst 效应，因此使用 R/S 分析方法对以上现象进行分析具有独特的意义。目前，Hurst 指数在股票分析以及水文时序的变异点、持续性分析中已经得到了广泛应用，另外，R/S 分析方法还与小波分析方法相融合，两种方法融合后在检测 DDoS 攻击等方面也已取得了独特的研究成果。

$$\frac{R(\tau)}{S(\tau)} = (\alpha\tau)^H \quad (0 < H < 1) \tag{4.1}$$

式中，τ 为时间序列的时段长度；α 为常数；H 为 Hurst 指数。将符合上式要求的时间序列称为赫斯特律。

设离差序列均值为 $\xi(\tau)$，如下式所示：

$$\xi(\tau) = \frac{1}{2}\sum_{t=1}^{r}\xi(t) \quad (\tau = 1, 2, 3, \cdots, n) \tag{4.2}$$

$X(t,\tau)$ 为累积离差，可用下式表示：

$$X(t,\tau) = \sum_{u=1}^{t}[\xi(u) - \xi(\tau)] \quad (t = 1, 2, 3, \cdots, \tau) \tag{4.3}$$

$R(\tau)$ 是该时段研究变量的极差，如下式所示：

$$R(\tau) = \max_{1 \leqslant t \leqslant \tau} X(t,\tau) - \min_{1 \leqslant t \leqslant \tau} X(t,\tau) \quad (\tau = 1, 2, 3, \cdots, n) \tag{4.4}$$

$\xi(t)$ 为原始序列 $x(t)$ 的值序列，如下式所示：

$$\xi(t) = x(t) - x(t-1) \quad (t = 1, 2, 3, \cdots, \tau) \tag{4.5}$$

$S(\tau)$ 为离差序列的标准值，如下式所示：

$$S(\tau) = \sqrt{\frac{1}{\tau} \sum_{t=1}^{r} [\xi(t) - \xi(\tau)]^2} \quad (\tau = 1, 2, 3, \cdots, n) \tag{4.6}$$

对式 (4.1) 两边取常用对数得

$$\lg \left[\frac{R(\tau)}{S(\tau)} \right] = H \lg \tau + H \lg \alpha \tag{4.7}$$

通常以 $\{\lg \tau, \lg[R(\tau)/S(\tau)]\}$ 在双对数坐标下作散点图，通过使用最小二乘法得到散点图的拟合直线，测得该拟合直线的斜率，即为 H 指数。

Mandelbrot 和 Wheeler(1982) 通过研究验证了 Hurst 研究的正确性，并且在其研究的基础上推导得出了更广泛适用的指数律，即 $R/S = (\tau/2)H$。式中，H 为 Hurst 指数。

Hurst 指数 H 取不同的数值时 ($0< H <1$) 分别对应下面的三种情况：

(1) 当 $H = 0.5$ 时，即各项指标直接没有任何联系，是完全独立的，丰水年和枯水年随机性出现，无规律性。

(2) 当 $0.5< H <1$ 时，说明各项指标正相关，即未来的变化趋势与过去的变化趋势保持一致，H 的数值越趋近于 1，说明其相关性、持续性越强；同样在描述降水量的相关指标时，H 的数值越趋近于 1，则说明未来降水的变化趋势与过去的变化趋势越相似。

(3) 当 $0 < H < 0.5$ 时，说明各项指数呈现负相关，即未来的变化趋势与过去的变化趋势相反，且 H 值越趋近于 0，说明其负相关性、反持续性越强；在描述降水过程相关指标时，如果 H 值越趋近于 0，则说明未来降水的整体变化趋势与过去的变化趋势越是相反的。

2) 相关系数法

运用 Kendall 相关法计算各个气象站各指标极端事件的相关系数。运用零相关检验的一种等价检验方法检验相关显著性：

$$|t| = \left| \frac{r\sqrt{n-2}}{\sqrt{1-r^2}} \right| > t_{\frac{\alpha}{2}} \tag{4.8}$$

化简得式 (4-9)：

$$r^2(n-2) > t^2_{\frac{\alpha}{2}}(1-r^2)$$

$$r^2 > \frac{t^2_{\frac{\alpha}{2}}}{n-2+t^2_{\frac{\alpha}{2}}},\quad |r| > \frac{t_{\frac{\alpha}{2}}}{\sqrt{n-2+t^2_{\frac{\alpha}{2}}}} \tag{4.9}$$

$$r_\alpha = \frac{t_{\frac{\alpha}{2}}}{\sqrt{n-2+t^2_{\frac{\alpha}{2}}}} \tag{4.10}$$

则否定域为 $|r| > r_\alpha$。根据已制定的零相关检验临界值 r_α 表，检验时，根据自由度 $n-2$，由给定的 α 查表得临界值 r_α，如果算得的相关系数 $|r| > r_\alpha$，则拒绝原假设 $H_0 : \rho = 0$；否则，接受原假设。

2. 极端气温指数变化趋势的 R/S 分析

采用 R/S 分析方法计算塔里木河流域极端气温的 Hurst 指数 (表 4.8)。从表中可以看出，在塔里木河所有极端气温的 Hurst 指数中，暖夜、夏季日数、热夜日数和暖持续日数的 H 值都大于 0.5，当 $0.5 < H < 1$ 时，可以得知未来的趋势与过去的趋势相同，为正持续性；表中暖夜、夏季日数、热夜日数和暖持续日数过去 50 多年的变化趋势为显著上升趋势，说明未来塔里木河的极端气温仍然会保持持续上升的态势。塔里木河流域的冷持续日数的 H 值为 0.41，当 $0 < H < 0.5$ 时，可以得知未来的趋势与过去的趋势相反，为负持续性；冷持续日数过去的变化趋势为每 10a 减少 0.56d，未来冷持续日数会有所上升。而塔里木河流域除冷持续日数外，其他冷指数在过去均呈现增长趋势，而 H 值也均大于 0.5，说明其他冷指数未来继续呈增长趋势。塔里木河流域极端气温未来有可能向更极端化方向发展。

表 4.8　塔里木河流域极端气温的 Hurst 指数

指数	冷昼	暖昼	冷夜	暖夜	冰冻日数	霜冻日数	夏季日数	热夜日数	暖持续日数	冷持续日数	生物生长季	气温日较差
H	0.50	0.53	0.60	0.64	0.50	0.57	0.60	0.61	0.60	0.41	0.55	0.53
K/10a	0.76	1.63	1.64	2.71	0.31	2.66	2.54	2.85	3.18	−0.56	2.03	−0.16

3. 极端降水指数变化趋势的 R/S 分析

采用 R/S 分析方法计算塔里木河流域极端降水的 Hurst 指数 (表 4.9)。从表中可以看出，在塔里木河所有极端降水的 Hurst 指数中，最大 1 日降水量、最大 5 日降水量、R95 极端降水量、R10mm 降水日数、日降水强度和持续干旱日数这 6 个极端降水指标的 H 值均介于 0~0.5，表现为负持续性。这 6 个指标在过去 55 年均呈现微弱上升趋势，说明未来时段极端降水量将会发生小幅的下降，塔里木河流域的干旱情况将会加剧。而持续干旱日数过去的变化趋势为以 3.58d/10a 减少，H 指数为 0.43，即为负持续性，说明塔里木河流域持续干旱日数有上升的趋势，印证了塔里木河未来降水减少、干旱发生概率增大的可能性。

表 4.9　塔里木河流域极端降水的 Hurst 指数

指数	最大 1 日降水量	最大 5 日降水量	R95 极端降水量	R10mm 降水日数	持续干旱日数	持续湿润日数	日降水强度
H	0.48	0.46	0.44	0.48	0.43	0.54	0.41
K/10a	0.44	0.83	1.04	0.12	−3.58	0.08	0.01

4.3　极端事件阈值的分布

4.3.1　极端气温事件阈值的确定及分布

1. 极端气温事件的定义

极端温度事件的研究主要包括高温和低温两个方面，很多研究常用日最高 (低) 气温来定义极端温度事件，其能从人体感官的角度考虑极端事件的影响，但日最高 (低) 气温只表示温度在瞬间的极端状况，而日平均气温能很好地表征该日气温的异常与否，因此用日平均气温和日最高 (低) 气温来共同进行这两个方面的研究 (李庆祥和黄嘉佑，2011)。

日平均气温极端高 (低) 温阈值的定义：将研究时段内每个测站的逐日平均气温资料按照升序排列第 90(10) 百分位值被定义为该测站日平均气温的极端高 (低) 温阈值。

日最高 (低) 气温极端高低温阈值的定义：将研究时段内每个测站的逐日最高 (低) 气温资料按照升序排列第 90(10) 百分位值被定义为该测站逐日最高 (低) 气温的极端高 (低) 温阈值。

当某站某日的日平均气温或日最高、最低气温超过或者小于规定阈值的时候，则记为发生了一次极端高温或者极端低温事件。

日平均气温极端高 (低) 温总阈值的定义：将研究时段内所有测站逐日平均气温极端高 (低) 温阈值总和的平均值定义为日平均气温极端高 (低) 温总阈值。

日最高 (低) 气温极端高 (低) 温总阈值的定义：将研究时段内所有测站逐日最高 (低) 气温极端高 (低) 温阈值总和的平均值定义为日最高 (低) 气温极端高 (低) 温总阈值。

2. 极端气温事件阈值的分布

从图 4.10 中可以看出，塔里木河流域日最低气温极端低温阈值的变换范围为

$-19 \sim -8$℃，极端低温阈值显著低于洞庭湖流域。冷中心分布较为分散，可能与塔里木河流域面积较大相关。冷中心多位于塔里木河的西部和北部，包括塔什库尔干、乌恰、阿合奇、拜城、铁干里克等，极端低温阈值均小于 -13.5℃。暖中心出现在塔里木河南部的和田、皮山、于田一带，以和田极端低温阈值最高，为 -7.7℃。

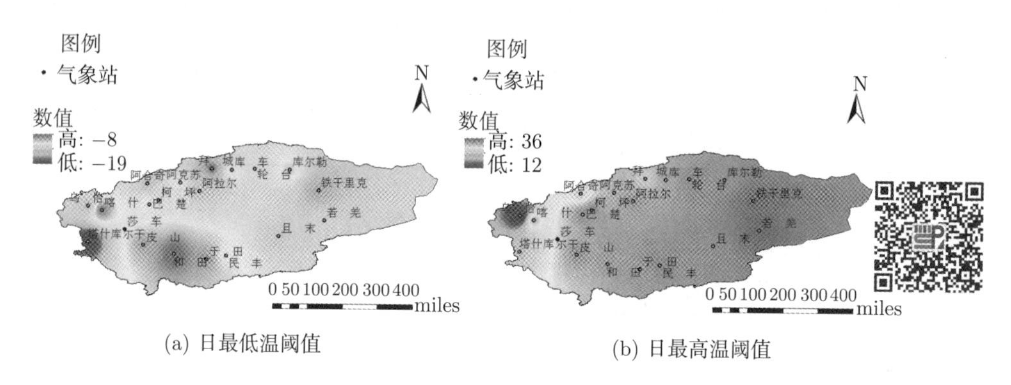

(a) 日最低温阈值　　(b) 日最高温阈值

图 4.10　塔里木河流域日最高 (低) 气温极端温度阈值的空间分布 (单位：℃/10a)

从图 4.10 可以看出，塔里木河流域日最高气温极端高温阈值的变化范围为 12~36℃，阈值范围很广，地区差异高达 24℃。极端高温阈值的东西差异很大，基本呈现由东向西递减的趋势，其原因可能是东部地区沙漠分布广泛、水资源短缺、对气温的调控能力较弱。

4.3.2　极端降水事件阈值的确定及分布

1. 极端降水事件的定义

对极端值的阈值确定，目的是确定地区降水极端气候事件。极端气候事件的研究应该有利于实际应用 (罗梦森等，2013)。阈值的确定应该有如下要求：计算简单性；不同地区、不同季节的可比较性；不同气候阶段的稳定性。其中稳定性问题是最重要的。

按照极端气候事件的阈值确定要求，需要判别某气候阶段的阈值平均值是否有代表性，逐年计算阈值估计的平均值是否稳定。本书使用离散系数 $C_{\rm v}$ 对其进行度量，即

$$C_{\rm v} = \frac{S}{\overline{X}} \tag{4.11}$$

式中，$\overline{X}$ 和 S 分别为阈值在气候阶段中的平均值和标准差。本书把 $C_{\rm v}$ 值作为度量极端气候事件阈值的代表性指标，简称为离散度。$C_{\rm v}$ 的值是没有单位的，便于在不同季节或月份中进行比较。$C_{\rm v}$ 值越大，表明逐年计算的阈值在气候阶段内每年

估计的阈值变化幅度很大，表示极端气候事件的阈值代表性很差，不稳定；反之，则表示逐年阈值估计的平均值在气候阶段内代表性好。一般，C_v 的值应该小于 1 比较好，因为如果大于 1，表示阈值估计值变化的平均幅度比平均值还大，代表性较差。

在流域日降水的百分位阈值确定中，要克服传统计算方法带来的弊端，应该按日降水量的实际概率分布来确定降水量百分位阈值。一般使用 Gamma 分布来描述降水量的概率分布，可以利用 Gamma 分布函数进行计算，但是计算烦琐。把日降水量的实际概率分布转化为正态分布，利用标准正态分布可容易确定降水量百分位阈值。

把降水量的实际概率分布转化为正态分布的方法有很多，选取较简单的 3 种转换方法：Z 指数转换、平方根变换法和立方根变换法，作为确定阈值的方法 (迟潇潇等，2015)。

1) Z 指数转换

简称为正态变换法 (陈学君等，2012)。为了与上述传统阈值的计算比较，把此方法按求阈值方法序号排列。Z 指数变换如下：

$$Z_i = \frac{6}{C_s}\left(\frac{C_s}{2}J_i + 1\right)^{1/3} - \frac{6}{C_s} + \frac{C_s}{6} \tag{4.12}$$

式中，$C_s = \dfrac{\sum\limits_{i=1}^{n}(X_i - \overline{X})^3}{nS^3}$；$J_i = \dfrac{X_i - \overline{X}}{S}(i = 1, 2, 3, \cdots)$；$S = \sqrt{\dfrac{1}{n}\sum\limits_{i=1}^{n}(X_i - \overline{X})}$；$X_i$ 为降水量值；C_s 为偏度系数；n 为样本容量；$\overline{X}$ 和 S 分别为样本的平均值和标准差。

确定降水量阈值时，需要把对应的 Z 指数按式 (4.13) 进行反变换为降水量，即

$$X_i = \left\{S\frac{2}{C_s}\left[\frac{C_s}{6}\left(Z_i + \frac{6}{C_s} - \frac{C_s}{6}\right)\right]^3 - 1\right\} + \overline{X} \tag{4.13}$$

由于 Z 指数遵从标准正态分布, 根据标准正态分布百分位的 Z 指数值，容易用式 (4.13) 计算得到对应的日降水量。

2) 平方根变换法

$$y_i = \sqrt{X_i} \tag{4.14}$$

式中，X_i 为降水量值。由于变换后的变量遵从一般正态分布，因此需要再作标准正态变换，然后类似 Z 指数变换法，根据标准正态分布百分位的标准化值，计算得到变换后的值，进一步变换为一般正态分布的值，再对变换值求平方，即可得到对应的降水量阈值 (孙颖等，2017)。

3) 立方根变换法

$$y_i = \sqrt[3]{X_i} \tag{4.15}$$

式中，X_i 为降水量值。立方根变换过程与平方根变换法相似，只是对变换值求立方 (李雁等，2013)。

2. 极端降水事件阈值的分布

图 4.11 为塔里木河流域极端降水量阈值的空间分布。从图中可以看出，塔里木河流域极端降水量阈值的变换范围为 2~13mm，显著小于洞庭湖流域的极端降水，因为塔里木河流域地处内陆干旱区，年降水量稀少。塔里木河流域极端降水量阈值的空间分布规律为由西北向东南递减，这与塔里木河流域的地形密切相关。塔里木河西北地区位于山区，降水量相对较大，而东南地区的沙漠一带降水稀少。

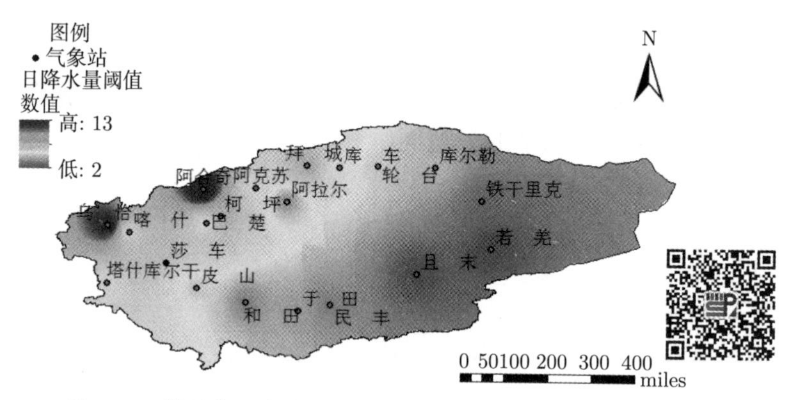

图 4.11　塔里木河流域极端降水量阈值分布图 (单位：mm/10a)

4.4　本 章 小 结

本章详细分析了 1960~2015 年塔里木河流域 20 个气象站的 12 个极端气温指标和 7 个极端降水指标的时空变化，结果发现：

(1) 由时间尺度变化分析表明，随着全球变暖，塔里木河流域极端冷指标、极端气温年较差呈下降趋势，即严寒天和极端低温事件明显减少，极端暖指标均呈明显的上升趋势，表现为气温变暖趋势，与全球变暖一致。塔里木河流域除持续湿润日数略有减小外，其他极端降水指标也均呈小幅上升趋势，变化幅度没有极端气温那么明显。但是塔里木河流域持续干旱日数均值仍高达 180d，而持续湿润日数仅 2d 左右，塔里木河干旱情况仍需要格外关注。

(2) 最大 1 日和 5 日降水总量、R95(R99) 极端降水量、R10(20)mm 降水天数、降水天数、逐年平均降水强度和持续降水日数呈增加趋势，持续干旱日数呈减少趋势，但变化趋势没极端气温那样明显。

(3) 从空间趋势分布来看，极端暖指标明显趋于增多，一些地区增加趋势最为明显；与此同时，极端冷指标明显趋于减少，这种减少趋势出现在塔里木河流域的大部分地区。此外，极端降水事件的增加或减少也表现出明显的空间差异。其中，夏季日数和暖持续日数在塔里木河全流域都呈上升趋势，说明塔里木河流域增温趋势显著。

第 5 章　未来极端气候与水文事件的演变趋势模拟预测

本章旨在模拟预测分析干旱内陆区未来极端气候与水文事件的演变趋势，主要利用 LARS-WG 天气生成器检验极端温度和降水事件的模拟能力，重点分析模拟预测未来 100 年不同气候情景模式下的塔里木河流域极端温度指数的空间变化特征，按 2011~2030 年、2046~2065 年和 2080~2099 年三个阶段分析塔里木河流域 19 个气象站的极端气候指数的时空变化特征。LARS-WG 天气生成器对极端温度的模拟精度误差较小，用于后期分析研究；而降水量的日系列值的模拟值和实测值相差较大，其预测的未来降水量序列的变化特征有待进一步论证。本章分析确定了极端水文和气象事件的未来发展趋势，可为流域水资源开发利用提供参考。

5.1　LARS-WG 天气发生器的模拟精度分析

5.1.1　LARS-WG天气发生器

1. *原理介绍*

英国洛桑实验站自主开发的 LARS-WG 天气发生器，已被证明可用于未来气候变化方面的研究 (Semenov and Barrow, 2002)。Semenov 等对天气发生器 WGEN 和 LARS-WG 的模拟性能进行对比分析，并且对 LARS-WG 在极端气候事件中的模拟能力进行了检验，表明 LARS-WG 有较好的模拟能力且适用于极端气候事件的模拟分析 (Semenov et al., 1998)。

日降水量和有雨/无雨序列分布服从半经验分布模型 (Emp)，该模型将观测资料分为若干个间隔，表达式为

$$\mathrm{Emp} = \{a_0, a_i; h_i\},\ i = 1, \cdots, 10 \tag{5.1}$$

式中，$a_i - 1 < a_i$；h_i 表示位于区间 $[a_i - 1, a_i]$ 内的实测数据个数。其中，间隔 $[a_i - 1, a_i]$ 范围的选择是根据各个不同气象因子确定的，对于降水量和有雨/无雨序列的 $[a_i - 1, a_i]$ 是随 i 的增加而增大的。对于 LARS-WG，其标准输入数据中应包括年份、天数 (1~365 或 366)、日最高温、日最低温、日降水量和日辐射量，其中，日降水量为基础输入的气候变量数据，温度和辐射量若无法获得，也可以不输

入，但是此时会影响 LARS-WG 的模拟精度效果。同时，LARS-WG 在缺少日辐射量数据时会根据输入的站点位置信息自动将日照时数计算为日辐射量。天气生成器的输出量为未来年份 2020 年、2050 年和 2080 年的温度、降水数据，可作为水文模型的输入量 (富强等，2016)。

对于未来变化情景，根据不同的经济发展方式，采用三种气候情景模式预估未来极端事件的发生频率，如表 5.1 所示。

表 5.1 气候变化情景的描述

气候变化情景	描述
SRA1B	描述未来世界主要特征，经济快速增长，全球人口峰值出现在 21 世纪中叶，随后开始减少，未来会迅速出现新的和更高效的技术，强调能源资源均衡发展
SRA2	发展极不均衡，自给自足和地方保护主义，地区人口出生率很不协调，导致人口持续增长，经济发展以区域经济为主，人均经济增长与技术变化日益隔离，发展慢于其他框架
SRB1	均衡发展，人口发展与 SRA1B 相同，不同的是经济结构向服务和信息经济方向发展，材料密度降低，引入清洁、能源效率高的技术

根据政府间气候变化委员会 (IPCC，2013) 提出的情景模式，选择与 LARS-WG 天气发生器相适应的 6 种全球气候模式来分析未来情景 (祝薄丽等，2016)，如表 5.2 所示。

表 5.2 LARS-WG 天气发生器相适应的 6 种全球气候模式

大气环流模式	研究中心	网格
GFCM21	法国地球物理及工业流体动力学实验室	2.0°×2.5°
HADCM3	英国气象局	2.5°×3.75°
INCM3	俄罗斯科学院圣彼得堡 Steklov 数学研究所	4°×5°
IPCM4	法国皮埃尔–西蒙 · 拉普拉斯研究所	2.5°×3.75°
MPEH5	德国马普大气研究所	1.9°×1.9°
CCCS	美国国家气象中心 (NWC)	1.4°×1.4°

2. 精度评价标准

1) 均方根误差

均方根误差 (RMSE) 是观测值与真值偏差的平方和观测次数 n 比值的平方根。在实际测量中，观测次数 n 总是有限的，真值只能用最可信赖 (最佳) 值来代替，均方根误差对一组测量中的特大或特小误差非常敏感，所以，均方根误差能够很好地反映出测量的精密度 (廖要明等，2011)。当对某一水文变量进行多次测量时，取这一测量列真误差的均方根误差 (真误差平方的算术平均值再开方)，称为标准偏差，以 σ 表示。σ 反映了测量数据偏离真实值的程度，σ 越小，表示测量精度越高，因此，可用 σ 作为评定这一测量过程精度的标准。

$$\mathrm{RMSE}=\sqrt{\frac{\sum_{i=1}^{n}(X_{\mathrm{obs},i}-X_{\mathrm{model},i})^2}{n}} \tag{5.2}$$

式中，$X_{\mathrm{obs},i}$ 和 $X_{\mathrm{model},i}$ 分别为水文序列第 i 个变量的实测值和模拟值；n 为样本长度。

2) 确定性系数

确定性系数 (DC) 表示水文预报过程与实测过程之间的吻合程度 (齐宪阳，2016)。

$$\mathrm{DC}=1-\frac{\sum_{i=1}^{n}[Q_c(i)-Q_t(i)]^2}{\sum_{i=1}^{n}[Q_c(i)-Q_{ta}]^2} \tag{5.3}$$

式中，$Q_c(i)$ 为预报过程；$Q_t(i)$ 为实测过程；Q_{ta} 为实测值的均值。

水利部水文局和长江水利委员会水文局 (2010) 颁布的预报精度等级划分标准如表 5.3 所示。

表 5.3 预报项目精度等级表

预报项目	甲等级	乙等级	丙等级
确定性系数	DC⩾ 0.90	0.90>DC⩾0.70	0.70>DC⩾0.50

5.1.2 LARS-WG 天气生成器对极端温度和降水的模拟精度

利用 LARS-WG 对塔里木河 1960~2014 年的日气象资料进行模拟，结果表明，最高温度和最低温度的日系列的模拟值与观测值之间的误差较小，而降水量的日系列值的模拟值和实测值误差较大。从图 5.1 可以看出，降水模拟均方根误差较

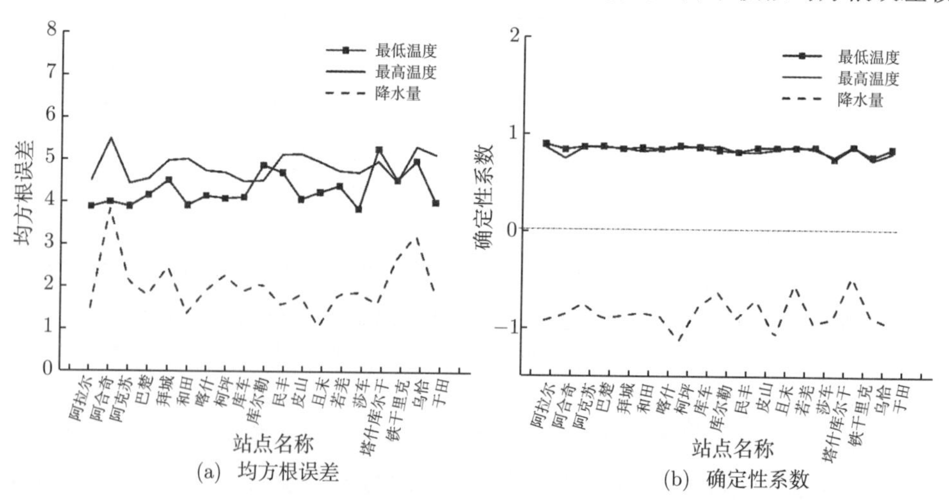

(a) 均方根误差 (b) 确定性系数

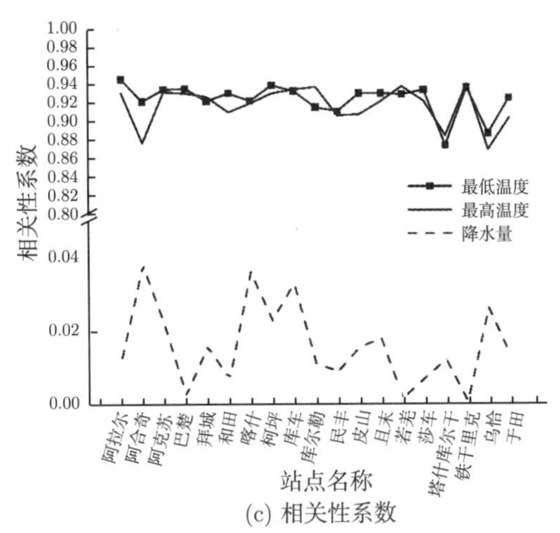

(c) 相关性系数

图 5.1 1960~2014 年塔里木河流域 LARS-WG 天气生成器模拟值与预测值误差分析

小，确定性系数和相关系数均较低，模拟较差；最高温度和最低气温的均方根误差小于 6，各站点对应的确定性系数和相关性系数均大于 0.7，因此误差在模拟范围之内，可以用于后续研究；降水量模拟结果较差，其预测的未来降水量序列无法用于后期研究。

5.2 未来时期极端温度指数的空间变化特征

5.2.1 相对指数

从相对指数的空间分布看，未来时期冷夜、冷昼、暖夜和暖昼日数的空间分布变化显著 (张勇等，2008)。冷夜日数在塔里木河流域东部和南部相对较大，均超过了 36d，高值中心位于塔里木河干流下游处。从变化趋势来看，塔里木河流域西部冷夜日数呈增加趋势，东部冷夜日数呈减少趋势，整体上冷夜日数趋于一致，两极分化呈减弱趋势。冷昼日数在塔里木河东部和北部的大部分地区呈显著增加趋势，其中阿拉尔站、阿克苏站增幅最为明显，而塔里木河流域西北方向的冷昼日数低值范围呈缩小的趋势 (图 5.2)。总之，未来时期冷夜日数呈减小趋势，冷昼日数呈增加趋势。

暖夜日数以塔里木河东部的铁干里克站、且末站，北部的拜城站等气象站下降趋势显著，在 2d/10a 以上。冷昼日数在塔里木河流域的西部个别站点下降趋势最为明显，塔什库尔干站下降趋势为 -0.329d/10a，为全流域最高。从图 5.3 中也可以看出，80%的站点暖夜日数呈正减小趋势，但减小趋势显著。暖昼日数在塔里木河流域中部下降趋势明显，未来三个时期对比发现，中部地区在 2046~2065 年对应的暖昼日数最小，在 2080~2099 年有所增加，高值中心位于塔里木河源流区 (王冀等，2008)。

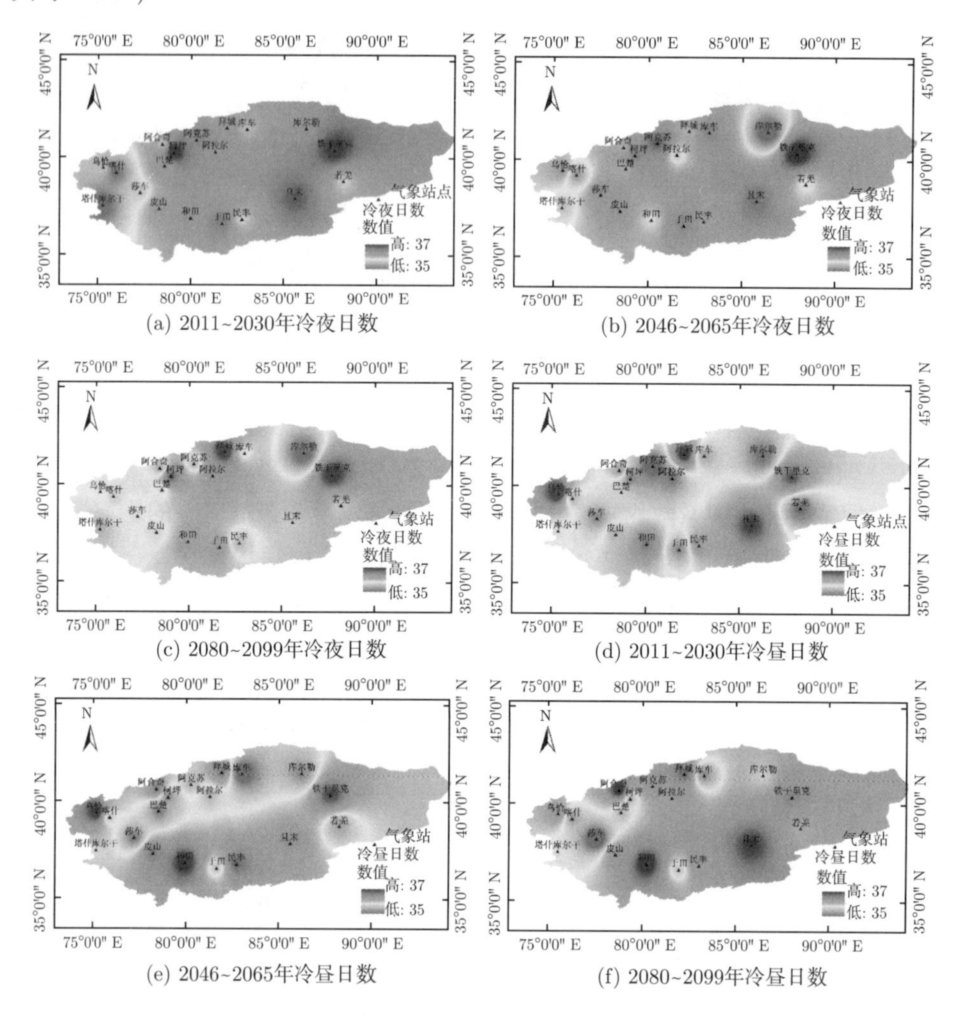

(a) 2011~2030年冷夜日数　　(b) 2046~2065年冷夜日数

(c) 2080~2099年冷夜日数　　(d) 2011~2030年冷昼日数

(e) 2046~2065年冷昼日数　　(f) 2080~2099年冷昼日数

图 5.2　未来时期塔里木河流域冷夜和冷昼日数的空间分布 (单位: d/a)

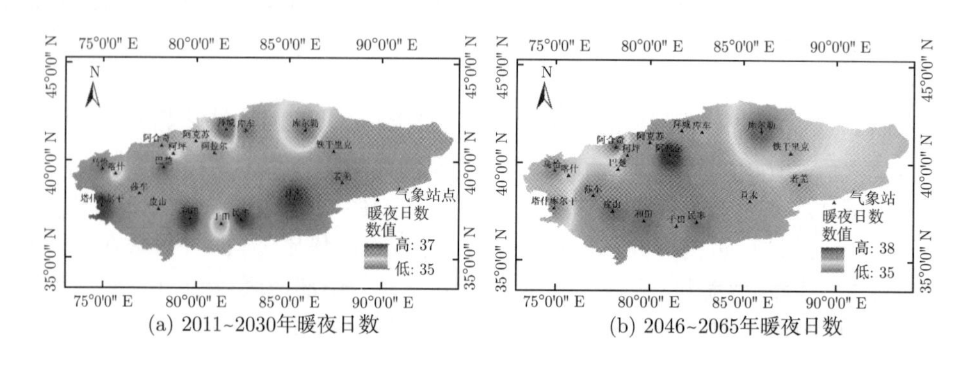

(a) 2011~2030年暖夜日数　　(b) 2046~2065年暖夜日数

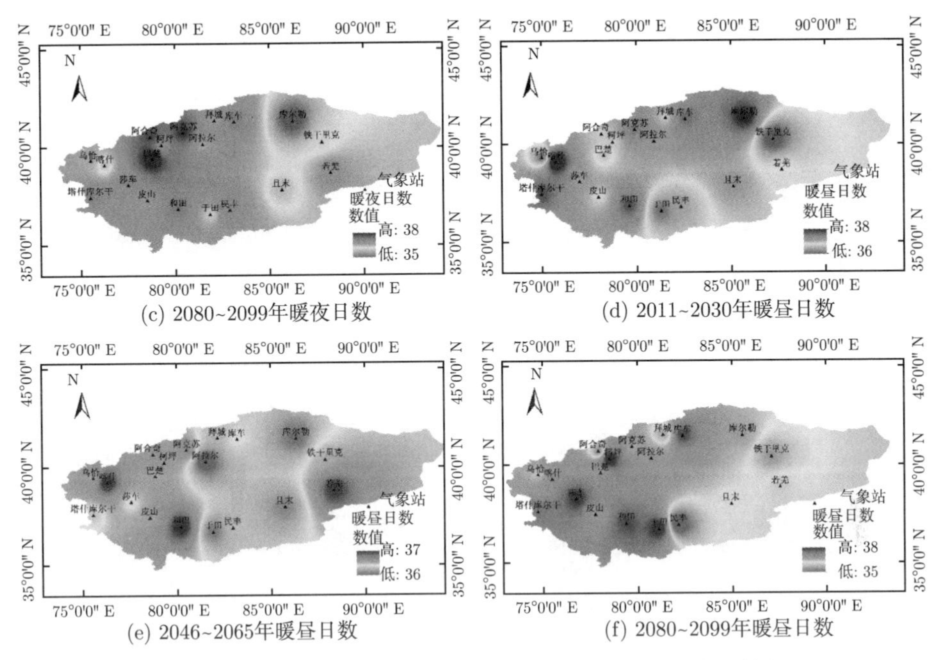

(c) 2080~2099年暖夜日数

(d) 2011~2030年暖昼日数

(e) 2046~2065年暖昼日数

(f) 2080~2099年暖昼日数

图 5.3 未来时期塔里木河流域暖夜和暖昼日数的空间分布 (单位: d/a)

5.2.2 绝对指数

从趋势的空间分布看，冰冻日数、夏季日数和热夜日数变化显著。从图 5.4 可以看出，霜冻日数以塔里木河中部的阿拉尔站增加趋势较为明显，在 2.08d/10a 以上，其他站点变化不显著。冰冻日数在塔里木河流域的东部和南部的个别站点下降趋势最为明显，库尔勒站下降趋势为 −0.46d/10a，为全流域最高。

从图 5.5 可以看出，未来时期夏季日数在塔里木河流域东部和南部变化趋势显著，在 2011~2030 年显著增加，2046~2065 年发生逆转，部分站点呈减小趋势。两个高值中心分别位于若羌站和民丰站，乌恰站、塔什库尔干站、库车站虽夏季日

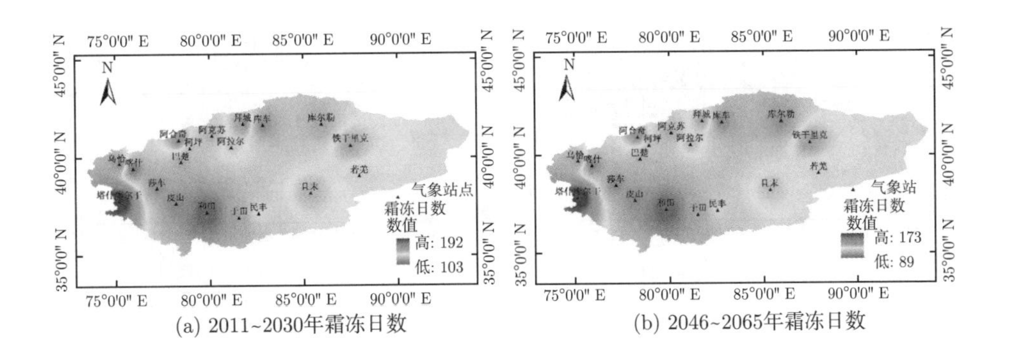

(a) 2011~2030年霜冻日数

(b) 2046~2065年霜冻日数

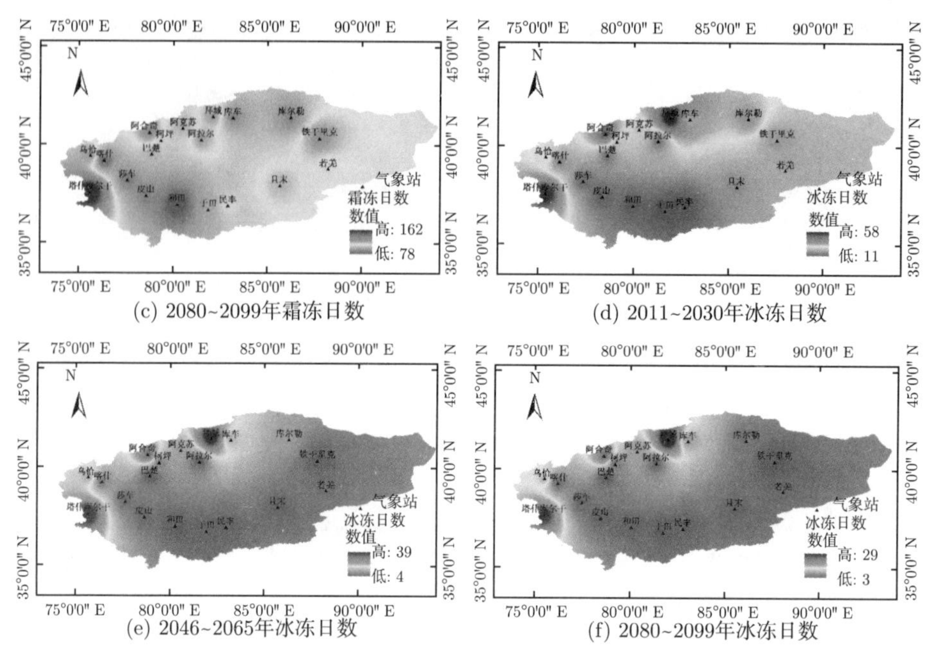

(c) 2080~2099年霜冻日数　　(d) 2011~2030年冰冻日数

(e) 2046~2065年冰冻日数　　(f) 2080~2099年冰冻日数

图 5.4　未来时期塔里木河流域霜冻和冰冻日数的空间分布 (单位: d/a)

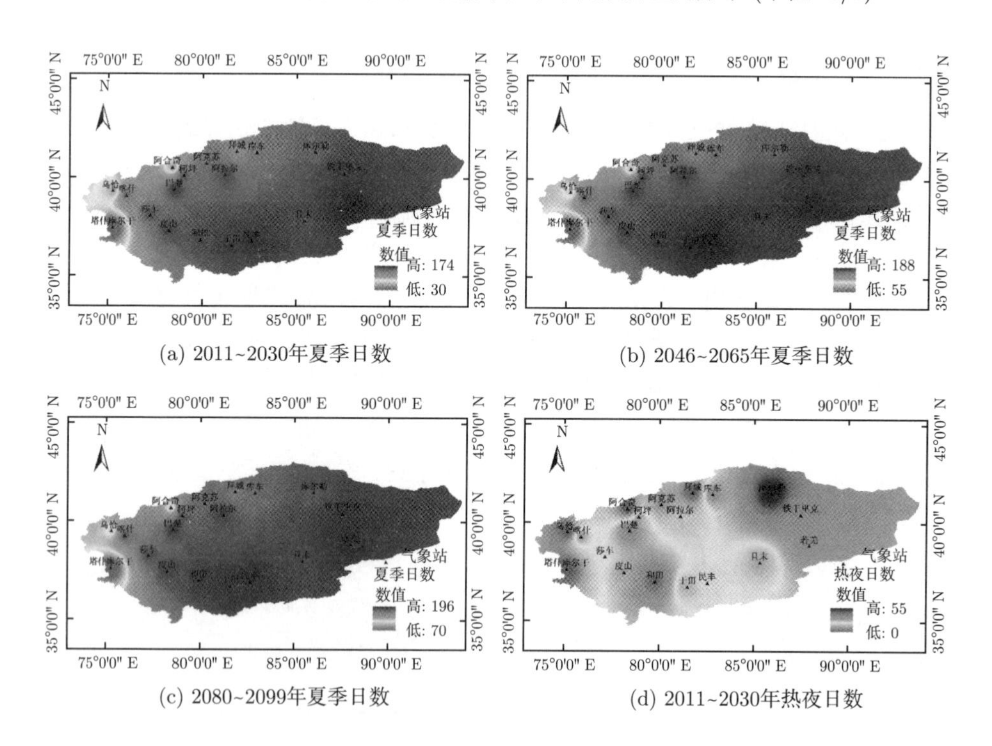

(a) 2011~2030年夏季日数　　(b) 2046~2065年夏季日数

(c) 2080~2099年夏季日数　　(d) 2011~2030年热夜日数

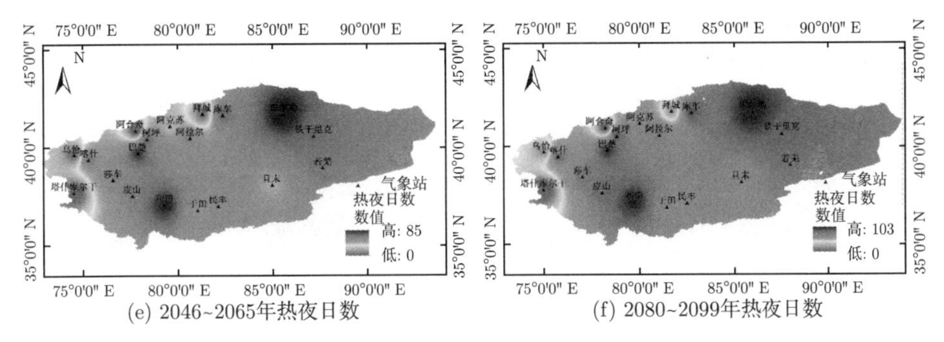

(e) 2046~2065年热夜日数 (f) 2080~2099年热夜日数

图 5.5 未来时期塔里木河流域夏季和热夜日数的空间分布 (单位: d/a)

数均呈增长趋势，但增幅相对较小。热夜日数的变化趋势显著，2011~2030 年、2046~2065 年、2080~2099 年塔里木河流域的热夜日数范围分布为 0~55、0~85 和 0~103，在塔里木河中部的大部分地区呈显著增加趋势，其中阿克苏站、阿拉尔站、且末站、民丰站和于田站增幅高达 3.98d/10a、1.98d/10a、2.34d/10a、1.21d/10a 和 2.6 d/10a，而塔里木河流域西部的气象站点热夜日数呈现下降趋势，以塔什库尔干为站代表，变化趋势介于 $-2.13 \sim -0.22$d/10a。

从图 5.6 可以看出，未来时期塔里木河流域年最高温度和最低温度均呈现东高西低的分布态势。从变化趋势来看，最高温度整体上呈增加趋势，2011~2030 年、2046~2065 年、2080~2099 年塔里木河流域的年最高温度范围分布为 30~ 42°C、32~45°C、33~46°C，增加幅度较为稳定，呈现 0.25°C/10a 的增加趋势。年最高温度的高值中心位于若羌站和铁干里克站，库尔勒站、且末站和民丰站也呈增加趋势，变化趋势介于 0.19~0.27°C/10a。年最低温度的高值中心位于和田站、于田站、皮山站和莎车站，低值中心位于塔什库尔干站、乌恰站和拜城站，最低温度整体上呈增加趋势。2011~2030 年、2046~2065 年、2080~2099 年塔里木河流域的年最低温度范围分布为 $-31 \sim -15$°C、$-29 \sim -12$°C、$-27 \sim -12$°C，增加幅度较为稳定，呈现 0.11°C/10a 的增加趋势。

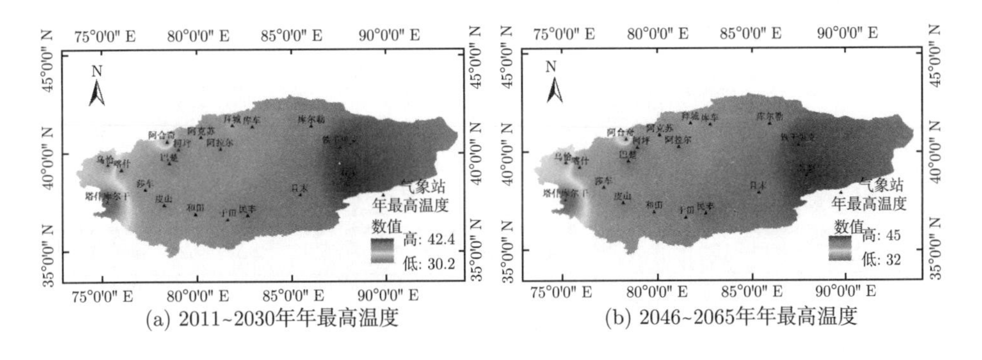

(a) 2011~2030年年最高温度 (b) 2046~2065年年最高温度

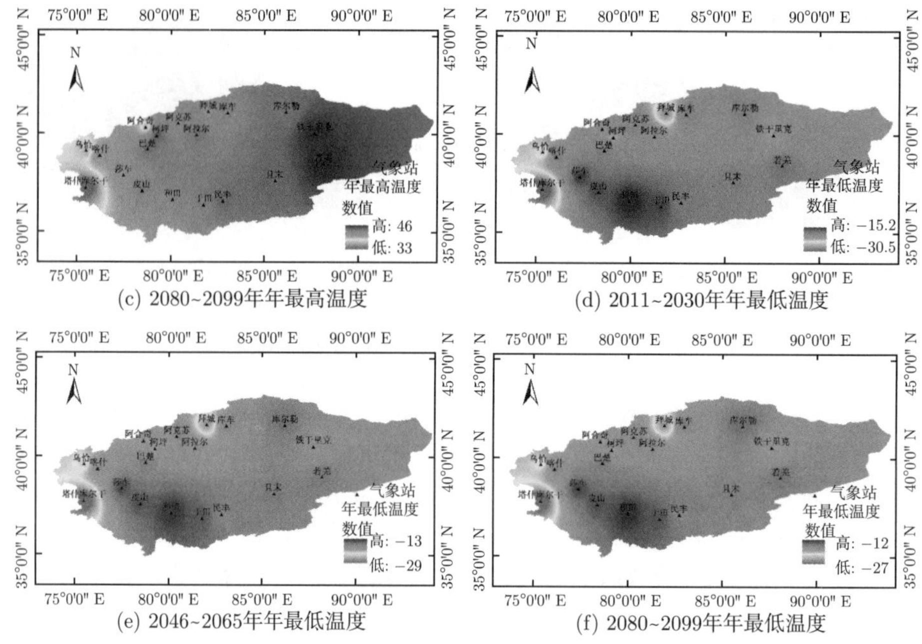

(c) 2080~2099年年最高温度　　(d) 2011~2030年年最低温度

(e) 2046~2065年年最低温度　　(f) 2080~2099年年最低温度

图 5.6　未来时期塔里木河流域年最高/低温度的空间分布 (单位: ℃)

5.2.3　持续指数

从未来时期冷持续日数和暖持续日数的空间分布图 (图 5.7) 可知，冷持续日数呈现缓慢的下降趋势，趋势系数变化范围为 $-5.41 \sim -0.76$d/10a，其低值中心位于塔什库尔干站和乌恰站；而暖持续日数呈缓慢的增加趋势，趋势系数变化范围为 1.18~3.28d/10a，其高值中心位于喀什站、莎车站和塔什库尔干站。从分布格局来看，冷持续日数在塔里木河流域呈现东高西低、北高南低的分布格局，而暖持续日数呈现西高东低、中部更低的分布形势。从图 5.8 中可以看出，80%的站点冷持续日数呈负增长趋势，暖持续日数呈正增长趋势，但趋势不显著，这与未来时期塔里木河流域气温呈现上升趋势的规律相一致。

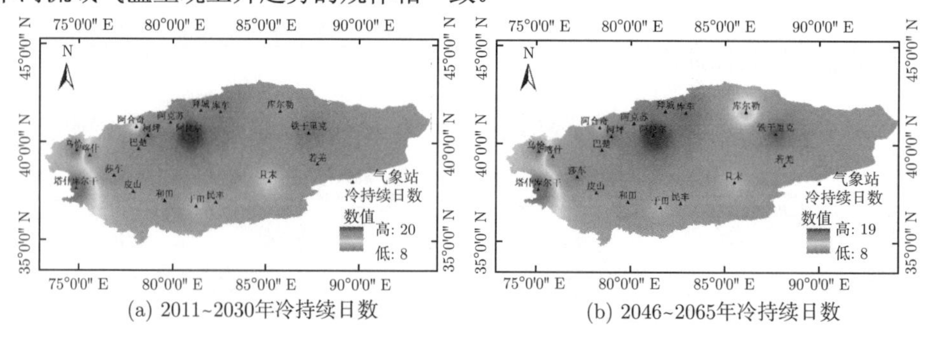

(a) 2011~2030年冷持续日数　　(b) 2046~2065年冷持续日数

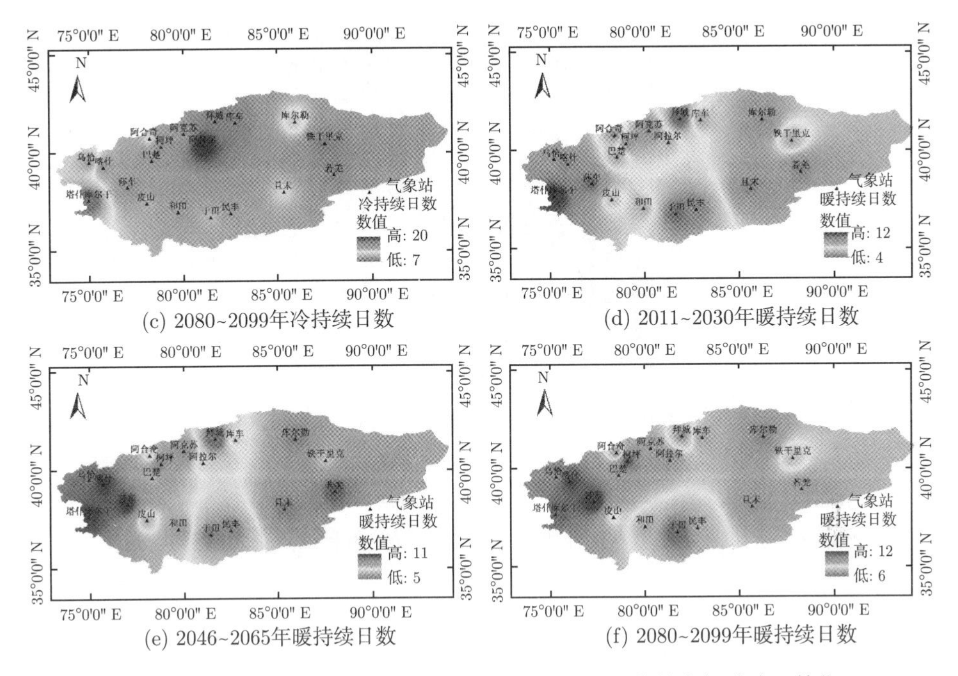

(c) 2080~2099年冷持续日数　(d) 2011~2030年暖持续日数

(e) 2046~2065年暖持续日数　(f) 2080~2099年暖持续日数

图 5.7　未来时期塔里木河流域冷持续日数和暖持续日数的空间分布 (单位: d/a)

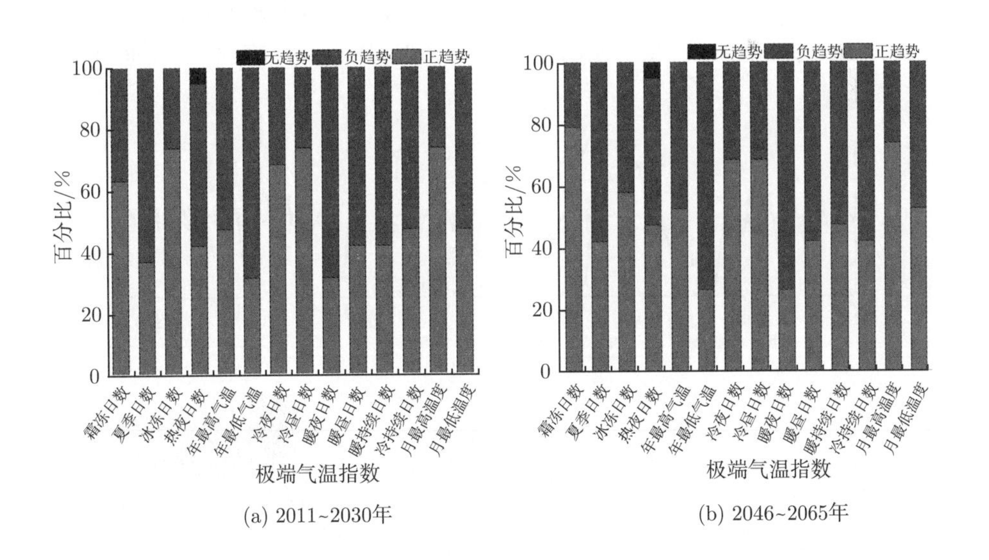

(a) 2011~2030年　(b) 2046~2065年

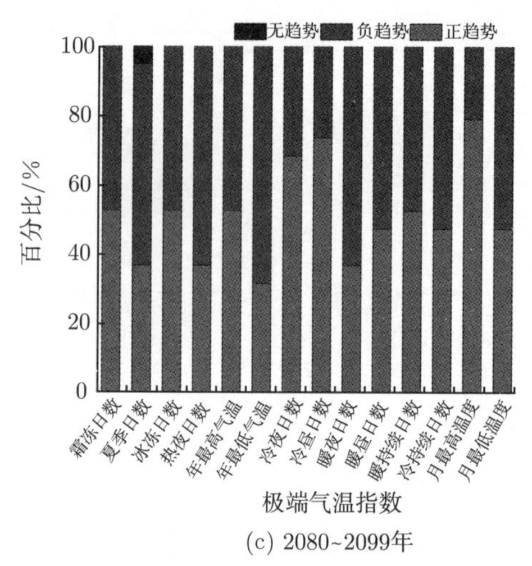

(c) 2080~2099年

图 5.8 未来时期塔里木河流域极端气温指数在所有站点正负趋势百分比

5.3 未来时期极端温度指数的时间变化特征

5.3.1 相对指数

未来时期塔里木河流域冷昼日数和冷夜日数表现出不显著的上升趋势 (图 5.9)，2011~2030 年、2046~2065 年、2080~2099 年冷夜日数对应的年际倾向率分别为

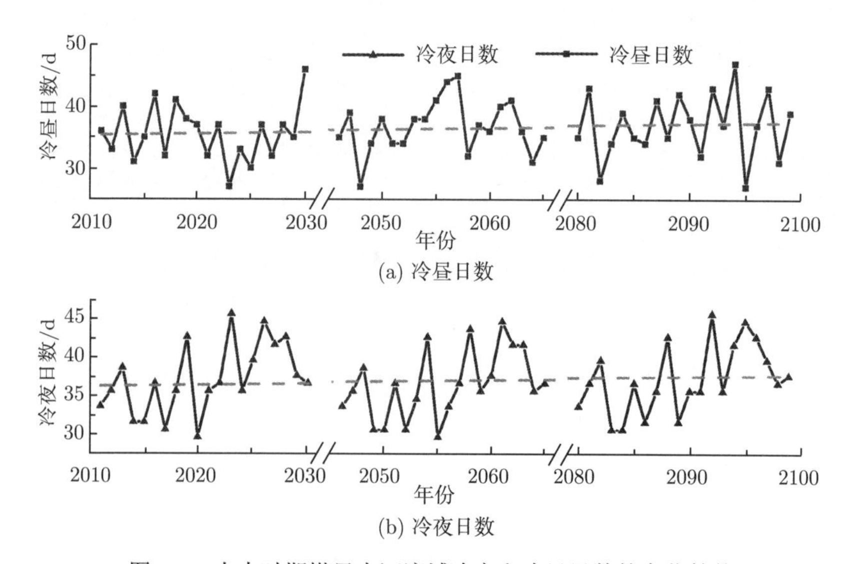

(a) 冷昼日数

(b) 冷夜日数

图 5.9 未来时期塔里木河流域冷夜和冷昼日数的变化趋势

3.94d/10a、3.56d/10a 和 3.70d/10a，冷昼日数对应的年际倾向率分别为 0.26d/10a、1.09d/10a 和 0.98d/10a，说明冷夜日数上升趋势相对明显；而暖昼日数和暖夜日数呈现不显著的下降趋势，2011~2030 年、2046~2065 年、2080~2099 年暖夜日数对应的倾向率分别为 −0.14d/10a、−0.21d/10a 和 −0.75d/10a，暖昼日数对应的倾向率分别为 −1.36d/10a、−2.17d/10a 和 −2.26d/10a(图 5.10)。其中，暖昼日数的变化趋势更为明显，但由于流域范围大，站点分散等，未出现所有站点变化一致的情况。由于数据系列较短，研究发现，一元回归函数能较好地反映气候的变化情况，冷昼和冷夜日数在未来时期会发生不显著的上升趋势，而暖昼和暖夜在研究时段内表现出不显著的下降趋势。

此外，从未来时期塔里木河流域暖夜和暖昼的日数变化趋势图 (图 5.10) 可以看出，对于低温气候条件，夜间极端气温变化要比白天显著，对于温暖气候条件，白天极端气温变化比夜间显著，说明了白天和夜间气温变化的不对称性，与全球最高、最低温度表现出明显的日夜温度变化不对称性研究一致。

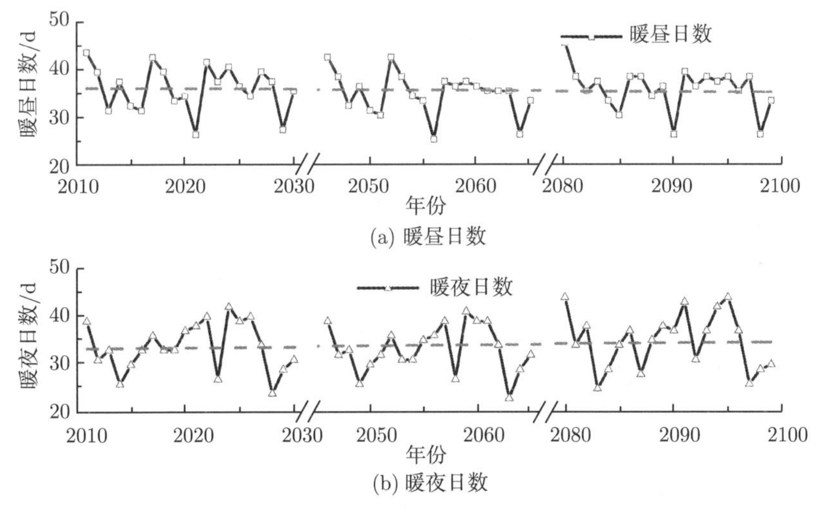

图 5.10　未来时期塔里木河流域暖夜和暖昼日数的变化趋势

5.3.2　绝对指数

未来时期塔里木河流域极端气温绝对指数的变化趋势与相对指数的变化趋势一致，冷指数呈增加趋势，而暖指数表现出减小趋势。2011~2030 年、2046~2065 年、2080~2099 年的夏季日数对应的年际倾向率分别为 4.05d/10a、−1.94d/10a 和 −1.81d/10a，热夜日数对应的年际倾向率分别为 −0.35d/10a、0.25d/10a 和 −0.34d/10a，说明夏季日数变化较为明显；而 2011~2030 年、2046~2065 年、2080~2099 年的霜冻日数对应的年际倾向率分别为 1.31d/10a、2.08d/10a 和 2.57d/10a，冰冻日数对应的年际倾向率分别为 1.63d/10a、0.03d/10a 和 1.10d/10a。热夜日数、冰冻日数和霜冻日数的变化趋势较为明显，而夏季日数在未来时期呈现先增加后减少的特殊趋势，具体如图 5.11 和图 5.12 所示。

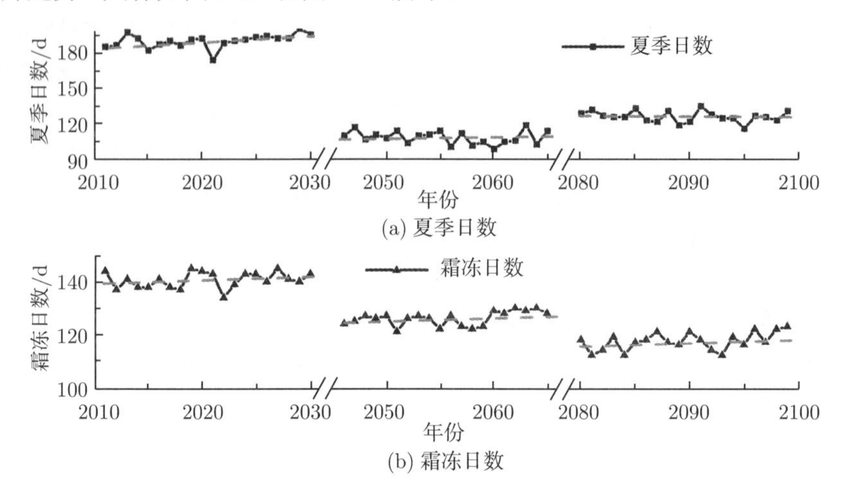

(a) 夏季日数

(b) 霜冻日数

图 5.11 未来时期塔里木河流域霜冻和夏季日数的变化趋势

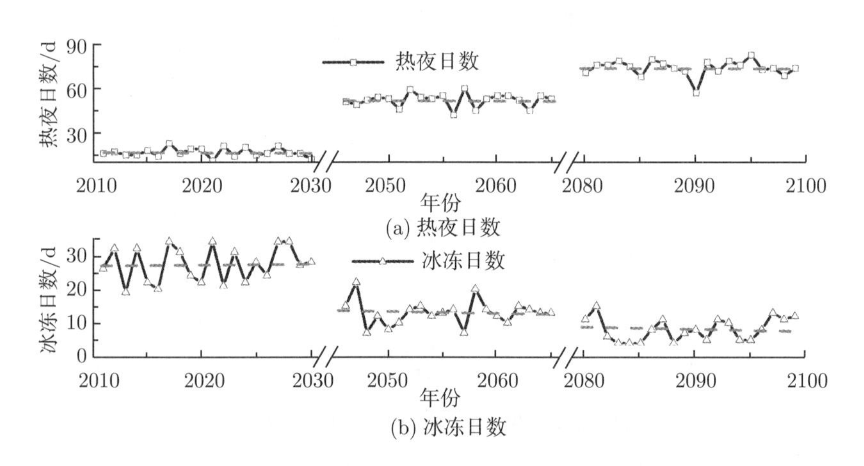

(a) 热夜日数

(b) 冰冻日数

图 5.12 未来时期塔里木河流域冰冻和热夜日数的变化趋势

未来时期塔里木河流域年最高温度和年最低温度均呈明显的增加趋势(图 5.13)。2011~2030 年、2046~2065 年、2080~2099 年的年最高温度对应的年际倾向率分别为 0.3°C/10a、0.27°C/10a 和 0.21°C/10a，年最低温度对应的年际倾向率分别为 −0.13°C/10a、−0.10°C/10a 和 −0.11°/10a，说明未来 100 年里，全球气候变暖的趋势还将继续保持下去，但增加幅度趋于平缓。

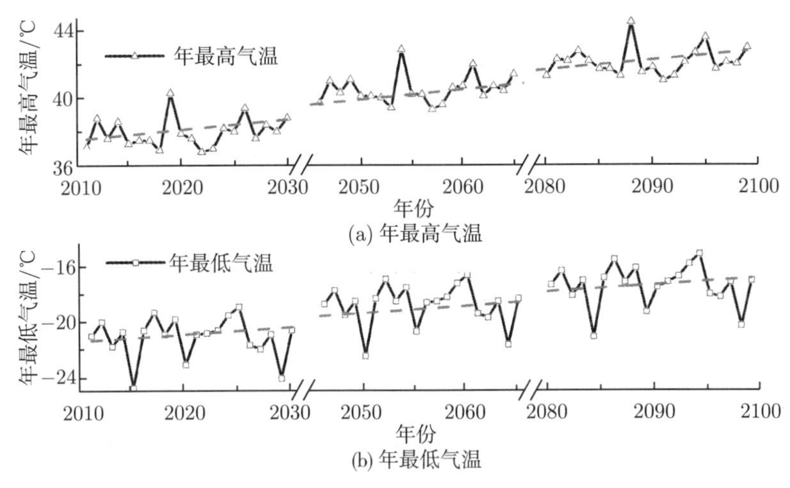

(a) 年最高气温

(b) 年最低气温

图 5.13 未来时期塔里木河流域年最高和低气温的变化趋势

5.3.3 持续指数

未来时期塔里木河流域冷持续指数和暖持续指数均呈现明显的变化趋势。冷持续指数呈下降趋势，暖持续指数呈现上升趋势 (图 5.14)。2011~2030 年、2046~2065 年、2080~2099 年的暖持续指数对应的年际倾向率分别为 1.18°C/10a、2.23°C/10a 和 3.28°C/10a，冷持续指数对应的年际倾向率分别为 −2.59°C/10a、−2.76°C/10a 和 −5.41°/10a。由此可见，冷持续指数的变化趋势比暖持续指数明显。

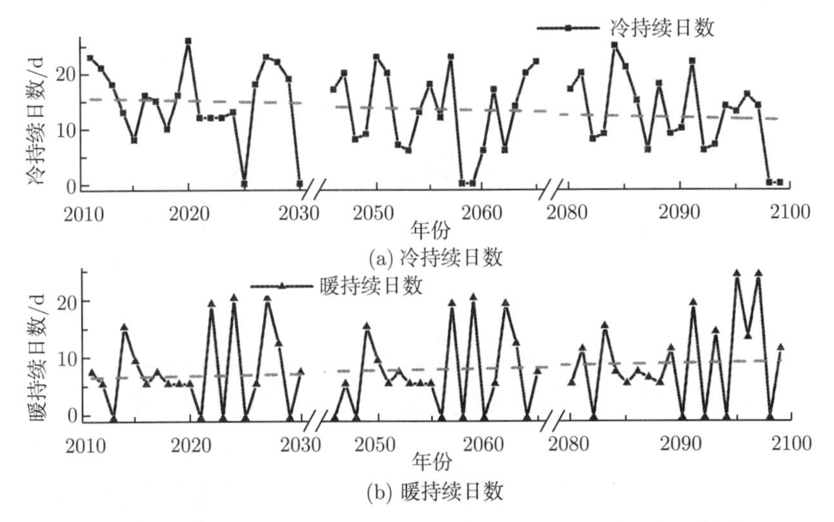

(a) 冷持续日数

(b) 暖持续日数

图 5.14 未来时期塔里木河流域极端气温持续指数的变化趋势

从趋势的空间分布看，气温日较差大部分站点倾向率在 −0.45 ~0d/10a，在阿拉尔站、柯坪站和库车站呈增长趋势。冷持续日数大部分站点倾向率在 −2.45 ~0d/10a。塔里木河流域所有站点的暖持续日数均为正值，说明日最高气温大于 1960~2014 年的第 90 个百分位数值的连续 6 天的日数呈增多趋势，其中，柯坪站、莎车站和塔什库尔干站暖持续日数增加最为显著，线性倾向率在 0.401~0.472 d/10a。除库车站外，其余气象站的生物生长季日数呈增长趋势，说明塔里木河流域近 50 年来，满足植物生长温度的日数有所增加，阿合奇站、和田站、乌恰站 3 个站点增长趋势明显。

5.3.4　总体变化趋势

利用天气生成器模拟了塔里木河地区 1960~2010 年、2011~2030 年、2046~2065 年和 2080~2099 年的最高温度和最低温度的日系列，并达到了较好的模拟精度。为了分析不同时期的极端气候事件，本书采用上述极端气温指标分析不同时期极端温度的变化特征。

图 5.15 为塔里木河流域 19 个站点的实测期、2011~2030 年、2046~2065 年、2080~2099 年的极端温度指数分布图。由图 5.15 可知，表示低温事件的霜冻日数

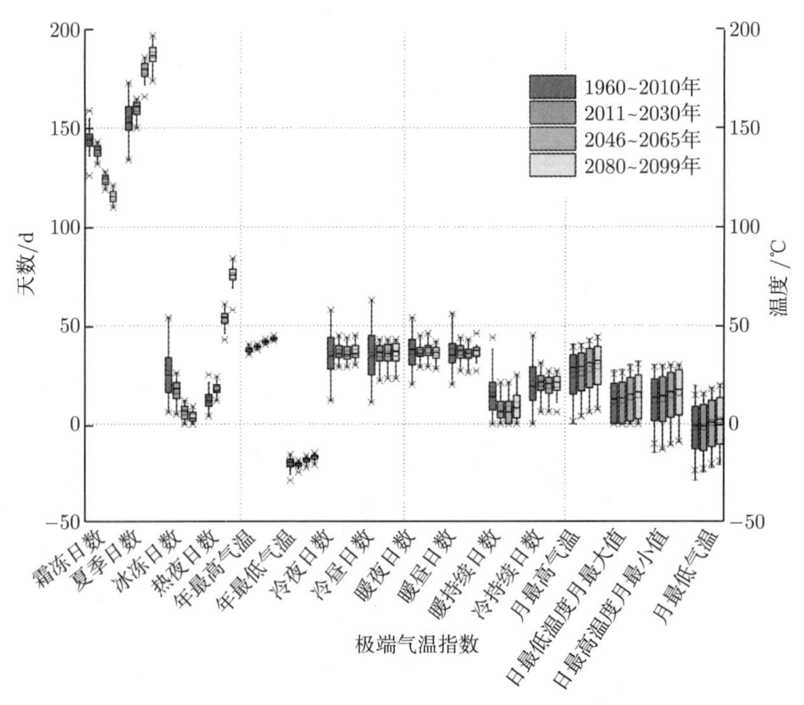

图 5.15　塔里木河流域阿拉尔站极端温度指数年际变化分布

箱型内部 “□” 为序列均值，顶端 “×” 为序列 1%对应值，底端 “×” 为序列 99%对应值，顶端为序列下四分位值，底端为序列上四分位值；箱须顶端为序列最大值，箱须底端为序列最小值

(FD0)、冷持续日数 (CSDI)，呈现显著的下降趋势，月最低温度 (TXn，TNn) 和年最低温度 (TNN) 呈显著增加趋势，冷昼日数 (TX10p) 和冷夜日数 (TN10p) 变化不显著；表示高温事件的夏日指数 (SU25，TR20)、月最高温度 (TXx，TNx) 和年最高温度 (TXX) 呈显著增加趋势，热持续指数 (WSDI) 呈现先减少后增加的趋势，但增加幅度较小，暖昼日数 (TX90p) 和暖夜日数 (TN90p) 变化不显著。

为了确定塔里木河流域极端温度指数在未来不同情景下的变化趋势，下面将分别分析不同时期的极端温度指数的变化特征。不同时期的极端温度指数变化特征如图 5.16 所示。由图 5.16 可以看出，在全球变暖的大趋势下，总体上不同站点的极端温度指数变化趋势一致，预测表示低温事件的霜冻日数 (FD0)、冷持续日数 (CSDI) 在未来 20 年呈现下降趋势，在未来 80 年趋于稳定；预测表示高温事件的夏日指数 (SU25，TR20)、高温年最大值 (TXX) 呈现不同程度的增加。另外，未来时期的温度年最大值和温度年最小值呈现稳步的上升趋势，冷持续日数呈现明显的下降趋势，表明未来 20 年温度会有所提升，未来 80 年随着经济发展和节能意识的提高，温度会趋于稳定。

从不同模式分析，SRA1B 描述未来世界主要特征，经济快速增长，全球人口峰值出现在 21 世纪中叶，随后开始减少，未来会迅速出现新的和更高效的技术，强调能源资源均衡发展。SRA2 描述发展极不均衡，自给自足和地方保护主义，地区人口出生率很不协调，导致人口持续增长，经济发展以区域经济为主，人均经济增长与技术变化日益隔离，发展慢于其他框架。SRB1 描述均衡发展，人口发展

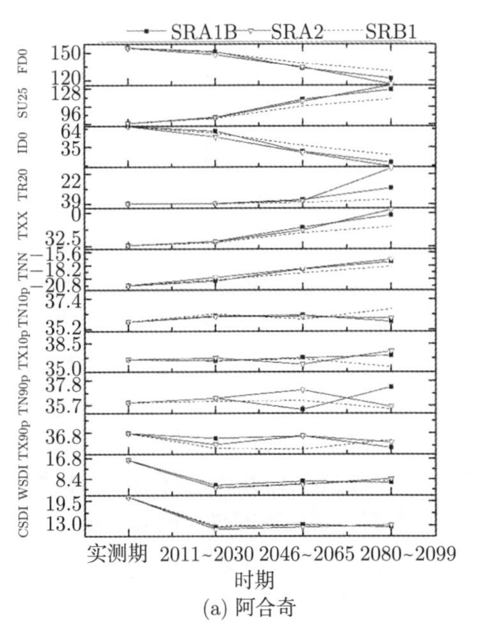

(a) 阿合奇

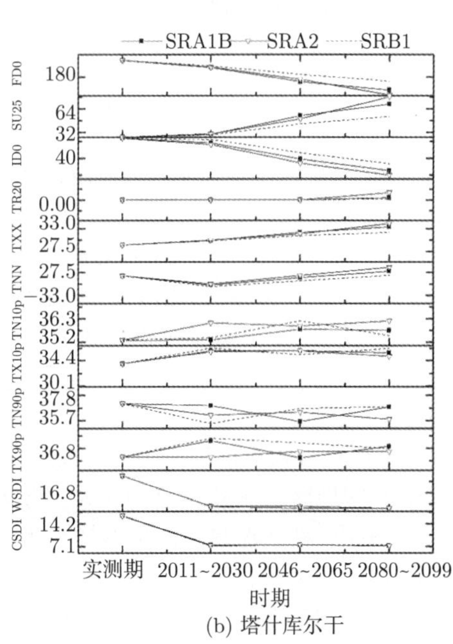

(b) 塔什库尔干

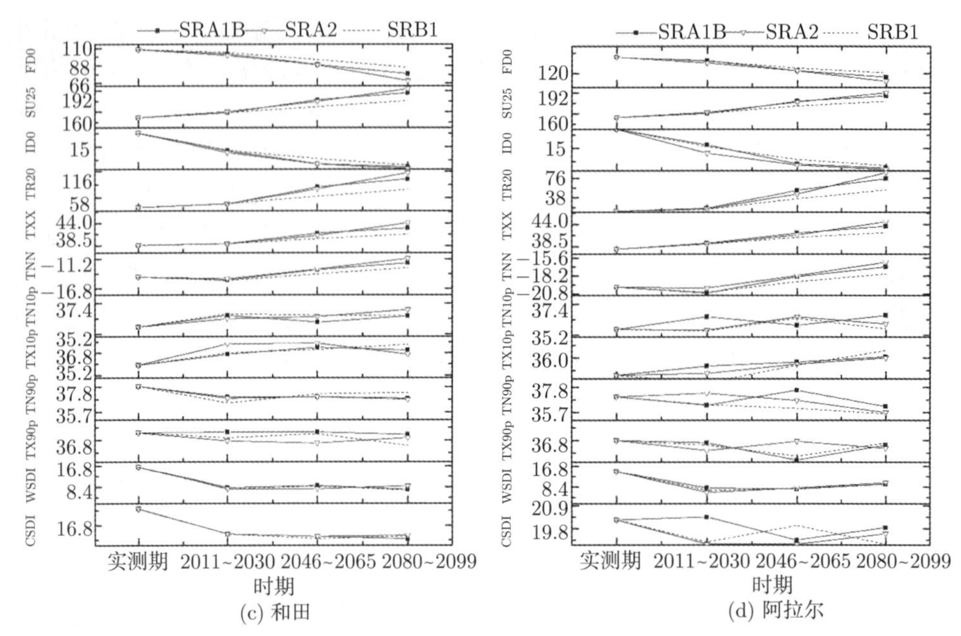

图 5.16　不同时期塔里木河极端气温指数的变化趋势

与 SRA1B 相同，不同的是经济结构向服务和信息经济方向发展，材料密度降低，引入清洁、能源效率高的技术。SRA1B、SRA2 和 SRB1 模式下的极端温度指数呈现中度改变、强度改变和弱度改变的特征，有力地证明了在发展不均衡和能源消耗不合理的未来模式中，温度恶性变化幅度较大。

5.4　本章小结

本章采用 LARS-WG 天气生成器对极端温度和降水事件进行了模拟，并分析了 2011~2030 年、2046~2065 年和 2080~2099 年塔里木河流域 19 个气象站的极端气候指数的时空变化特征，结果发现：

(1) LARS-WG 天气生成器对极端温度和降水模拟精度的分析表明，最高温度和最低温度的日系列的模拟值与观测值相差较小，可用于后期分析研究；而降水量的日系列值的模拟值和实测值相差较大，其预测的未来降水量序列的变化特征有待进一步论证。

(2) 从极端指数的时空分布特征来看，与历史时期不同，极端暖指标明显趋于下降，一些地区下降趋势最为明显；与此同时，除冷持续日数外，极端冷指标明显趋于上升，这种增加趋势出现在塔里木河流域大部分地区。此外，极端温度事件的增加或减少也表现出明显空间差异。其中，年最高温度和暖持续日数在塔里木河流域主要呈上升趋势，说明塔里木河流域温度增加趋势明显。

第 6 章　流域生态水流情势演变影响评估及适应性利用

随着塔里木河流域绿洲规模的扩大，水资源利用方式已严重改变了流域水循环及水文生态格局，塔里木河下游河道断流、地下水水位下降，胡杨林及灌木大量死亡、绿色走廊不断衰退等生态退化问题使塔里木河流域成为社会各界关注的热点区域，确立绿洲适宜性发展规模及水资源适应性调控策略对保障塔里木河流域生态安全具有重大意义。本章基于生态–水文和谐统一的可持续发展，研究了变化环境下的人类活动对干旱内陆河流域水资源演变规律的影响，从机理上探究塔里木河流域大规模水资源开发利用引起的相应水文生态情势变化，通过综合分析界定气候变化和人类活动剧烈影响的合理起始点，采用水文变异指标及变化范围法(IHA/RVA) 定量评估水利工程兴建对流域径流变化的影响；系统分析气候变化和人类活动作用下塔里木河流域径流变化敏感性的时空分布特征；从水利工程兴建、灌溉用水、绿洲规模扩张等人类活动和气候变化影响的角度分析生态水流情势的变化成因，基于逐步回归和自回归滑动平均的组合回归模型，构建适应于生态变化的不同利用方式的水流变化方程；依据生态水流的趋势、周期和随机变化特征，在时间上和空间上实行定期和不定期水量配置，研究适应生态水文变化的水资源开发利用模式，这对水资源优化管理及下游生态环境保护和河流生态调度具有积极作用。

6.1　水利工程对河流生态水文情势影响评估

水是人类与自然生态系统联系的纽带，许多由人类活动引发的相关河流生态问题，在某种程度上都与其水文联系的改变或缺失有直接关系。作为国际河流生态系统研究领域的重要分支，河流生态水文联系的研究一直被学术界积极关注。随着区域经济发展和社会的进步，人类对水资源的开发利用程度不断提高，改变了河流天然的水文情势，其中水利工程对受控河流水文情势的改变最为显著，且改变程度随着河流开发利用程度的增加而逐渐累积，并由此产生一系列生态水文效应。

多浪水库是塔里木河流域塔北灌区唯一的灌溉调节水库，由阿克苏河塔里木拦河闸北岸分水闸引水入库，距阿拉尔市约 40km。1965 年建库时库容为 0.11 亿 m^3，1971 年扩库后库容达 0.43 亿 m^3，1995 年在老库边建一新库，库容为 0.77 亿 m^3，新老两库相通后库容达 1.2 亿 m^3。胜利水库位于阿克苏河、和田河、叶尔羌河三河交汇口东侧，距阿拉尔市约 30km。1969 年 8 月建库，1970 年 8 月蓄水，设计库容 1.08 亿 m^3，为大型灌注式平原水库。

因上游水库的修建时间是 1960 年，现有的水文资料也是从 1960 年开始的，所以此处忽略了 1960~2014 年该研究时段上游水库修建对干流水文情势的影响。

河流水文情势包括河流的生态水文特征变化及整体水文改变度分析，以受人类活动影响较大的塔里木河流域为研究对象，采用基于水文改变指标 (IHA) 法的水文变化范围 (RVA) 法，在时间上考虑平原水库建库运行和扩库运行两个阶段，在空间上考虑阿拉尔站和新渠满站两个断面的水文情势较自然状态的改变程度，定量分析水库兴建对下游河流水文情势的影响，为流域构建适宜的生态水文条件及水资源综合利用提供参考依据。

6.1.1 河流生态水文情势特征变化分析方法

1. 水文改变指标法

目前在水文情势变化分析中最常用的指标是 Richter 等 (1998) 提出的水文改变指标 (IHA)，包含 33 个参数，以水文情势的 5 种基本特征为依托来划分水文指标，从流量、时间、频率、延时和改变率等方面评价河流水文状态改变。考虑到阿拉尔站和新渠满站在研究期内未出现日流量为零的情况，本书不考虑零流量天数，调整后的 IHA 参数见表 6.1。

表 6.1 IHA 流量参数

组别	内容	IHA 指标 (32 个)
组 1	各月流量 (12 个参数)	各月份流量的平均值
组 2	年极端流量 (11 个参数)	年最小 (1d,3d,7d,30d,90d) 径流量 年最大 (1d,3d,7d,30d,90d) 径流量 基流系数
组 3	年极端流量发生时间 (2 个参数)	年最小 1 日流量发生时间 年最大 1 日流量发生时间
组 4	高低流量的频率及延时 (4 个参数)	年发生低流量的次数 低流量平均延时 年发生高流量的次数 高流量平均延时
组 5	流量变化改变率及频率 (3 个参数)	流量平均减少率 流量平均增加率 每年流量逆转次数

Richter 等 (1997) 提出水文变化范围 (RVA) 法，其核心是通过分析人类活动影响前后河道的日径流数据来评估水文指标变化的程度。通常以各指标的平均值

加减标准差或以频率为 75%和 25%作为 IHA 的上下限，称为 RVA 目标边界。

2. 水文变量偏离度

Richter 等 (1997) 通过水文变量偏离度的概念定量分析了水文变异程度。偏离度 P 主要用于衡量水利工程等人类活动引起水文指标变化相对于自然状态的偏离程度，计算公式如下：

$$P = (V_{\mathrm{post}} - V_{\mathrm{pre}})/V_{\mathrm{pre}} \times 100\% \tag{6.1}$$

式中，V_{pre} 和 V_{post} 分别为人类活动影响前后的 IHA 值。

为量化 IHA 受影响后的改变程度，第 i 个 IHA 改变度计算方法如下：

$$D = (N_{\mathrm{o}} - N_{\mathrm{e}})/N_{\mathrm{e}} \times 100\%; \quad N_{\mathrm{e}} = rN_{\mathrm{T}} \tag{6.2}$$

式中，N_{o} 和 N_{e} 分别为人类活动影响后 IHA 值落入 RVA 目标范围内的实际年数和预测年数；r 为人类活动影响前 IHA 落于 RVA 范围内年数的比例，本书 r=50%；N_{T} 为影响后水文系列的总年数。为了客观地评价 IHA 的水文改变程度的严重性，Richter 等建议：$0\% \leqslant D < 33\%$为未改变或低度改变；$33\% \leqslant D < 67\%$为中度改变；$67\% \leqslant D \leqslant 100\%$为高度改变。

3. 整体水文改变度

整体改变度可以从宏观上考虑各项指标对河流水文情势的综合改变程度，能有效融合 32 个水文指标在评价河流改变度时的内涵，用一个值直观地评价河流受人类活动影响前后的水文改变度。目前采用的整体水文改变度 D 的计算方法是 Shiau 和 Wu(2004) 提出的三等级法：

$$D = \sqrt{\frac{1}{32}\sum_{i=1}^{32} D_i^2} \tag{6.3}$$

式中，$0\% \leqslant D < 33\%$为低度改变；$33\% \leqslant D < 67\%$为中度改变；$67\% \leqslant D \leqslant 100\%$为高度改变。

整体水文改变度 D 直接取均值容易忽略高度改变值对水文情势的影响，若单一指标改变度中有一项指标改变度 D_i 极高，而其他指标改变度 D_i 较低，会使整体水文改变度 D 偏低，高度改变指标带来的生态影响被缩小。单个指标改变度的累加忽略了高度改变指标带来的重大生态影响。针对整体水文改变度计算方法的缺陷，结合内梅罗指数法考虑最大值影响且物理概念清晰的优点，做出相应修正，以有效避免评价河川径流整体水文情势时易缩小其影响的不足 (谷朝君等，2002)。改进的整体水文改变度 D' 计算公式如下：

$$D' = \sqrt{(D'^2_{j\max} + D_w^2)/2} \tag{6.4}$$

$$D'_{j\max} = (D_{j\max} + D_w)/2 \tag{6.5}$$

$$D_w = \sum_{i=1}^{n} D_i/n \tag{6.6}$$

式中，$D_{j\max}$ 为单个指标改变度 D_i 的最大值；D_w 为单个指标改变度 D_i 的平均值。

根据 D 值划分河流水文情势改变程度的等级，考虑到原有的三等级划分标准不够细致，在计算得出改进的整体水文改变度 D' 的基础上，对其分级标准进行了细化，划分为 5 个等级，具体分级标准如表 6.2 所示。

表 6.2　整体水文改变度分级标准

项目	轻微改变	低度改变	中度改变	高度改变	严重改变
D	$<20\%$	20%～40%	40%～60%	60%～80%	>80%

4. 环境流指标计算方法

环境流是维持河流生态环境所需的流量及其过程 (王浩，2011；Dyson et al., 2003)。环境流组成 (environment flow components, EFC) 基于如下假设：河流的水文过程线可分为一系列的与生态有关的水位图模式 (王学雷和姜刘志，2015)。EFC 涵盖枯水流量、特枯流量、高流量脉冲、小洪水和大洪水 5 种流量事件形式，代表了河流状态的全序列，环境流的稳定浮动对于维持河流生态完整性具有重要意义，其变化在一定程度上反映河流生态系统的受影响程度 (付晓花等，2015)。组成环境流的 34 项指标及其主要生态意义见表 6.3。

表 6.3　环境流指标及其生态意义

组别	内容	EFC 指标	主要生态意义
组 1	枯水流量 (12 个参数)	各月枯水流量	维持一定的水温、溶解氧和水化学成分，为水生生物提供基本的生存条件
组 2	特枯流量 (4 个参数)	峰值、持续时间、发生时间、频率	维持洪泛区植物种类，减少外来物种入侵等
组 3	高流量脉冲 (6 个参数)	峰值、持续时间、发生时间、发生频率、上升率、下降率	维持洪泛区一定的地下水位及土壤水分，有利于周边植物生长为水生生物提供合适的环境
组 4	小洪水 (6 个参数)	峰值、持续时间、发生时间、发生频率、上升率、下降率	有利于鱼类的洄游产卵，防止两岸植物侵占河道维持河口盐分平衡等
组 5	大洪水 (6 个参数)	峰值、持续时间、发生时间、发生频率、上升率、下降率	塑造河道内的地形和滩区的自然环境为鱼类提供产卵场控制滩区植被分布促进河流和河漫滩的物质交换等

采用水文变化指标 (IHA) 分析软件，对阿拉尔站和新渠满站实测逐日流量资料分别计算人类活动干扰前后 2 个阶段统计的 34 个环境流指标，包括人类活动干扰前后的各项指标的中值、离散系数和偏差系数。

离散系数 (coefficients of dispersion, CD) 反映各个指标与均值的偏离程度，公式如下：

$$\mathrm{CD} = (H - L)/M \tag{6.7}$$

式中，H、L 和 M 分别为人类活动干扰前后各水文序列 (由小到大排序) 的第 75 百分位数、第 25 百分位数和第 50 百分位数 (马晓超，2013)。

偏差系数 (deviation factor, DF) 表示人类活动干扰前后各项指标数值相对于天然时期的偏差，包括中值和离散系数的偏差 (马晓超，2013)，公式如下：

$$\mathrm{DF} = (D_{\mathrm{pre}} - D_{\mathrm{post}})/D_{\mathrm{pre}} \tag{6.8}$$

式中，D_{pre} 和 D_{post} 分别代表人类活动干扰前后的各项环境流指标的数值。

6.1.2 生态水文情势变化分析

1. 水文改变指标计算结果

选取阿拉尔站和新渠满站 1960~2015 年 56 年的实测逐日径流资料，该段时间内人类活动主要包括水库运行和灌溉取水。由于上游水库和多浪水库均属于灌溉型平原水库，本书将灌溉取水对径流的影响包含在了水库调节对径流的影响之中，主要探讨水库运行对径流的影响。采用 IHA/RVA 法评价塔里木河上游多浪、胜利两大平原水库蓄水运行和多浪水库扩库 2 种人类活动影响情形下，流量的 32 个水文指标的改变情况 (表 6.4)。

2. 水文指标改变度分析

计算阿拉尔站、新渠满站在建库和扩库前后 32 个水文指标的改变度值 (表 6.4)，并绘制三个等级的水文指标改变度在两个水文站两种水库运行条件下所占比例图。如图 6.1 所示，受水库运行影响，两个代表水文站监测的流量在改变度等级统计中发生低度改变的水文指标所占比例最高，在 4 种情况中的比例范围为 34%~47%；发生中度改变指标所占比例次之，相应比例范围为 31%~38%；发生高度改变指标所占比例最低，相应比例范围为 16%~34%。在塔里木河干流两个水文站两种水库运行条件下，流量高度改变占有比例具有特定的变化规律，即距离平原水库越远，其发生高度改变的水文指标占有比例越小，阿拉尔站、新渠满站依次为 31%、16%。多浪水库扩库运行后发生高度改变的水文指标增多，阿拉尔站高度改变指标比例由 31%增至 34%；新渠满站发生高度改变的指标比例增加尤为显著，由 16%增至 31%。

表 6.4　水库工程影响下塔里木河干流水文站的水文指标计算表

编号	阿拉尔站							新渠满站						
	自然状态	建库运行			扩库运行			自然状态	建库运行			扩库运行		
		均值	偏离度/%	改变度/%	均值	偏离度/%	改变度/%		均值	偏离度/%	改变度/%	均值	偏离度/%	改变度/%
1	70.1	73.6	5	−53	25.5	−64	−86	62.3	51.5	−17	−23	11.5	−82	−100
2	65.0	68.5	5	30	30.8	−53	−86	72.3	54.6	−24	−23	15.9	−78	−86
3	60.2	30.6	−49	−76	32.2	−47	65	58.1	35.7	−39	−67	16.9	−71	−73
4	12.3	14.4	17	−5	22.4	82	−59	16.9	10.8	−36	−67	12.0	−29	−31
5	11.4	11.2	−2	77	31.7	178	−86	5.6	6.6	18	21	17.6	214	−86
6	112.5	11.3	−90	−76	80.1	−29	−73	42.4	5.8	−86	21	57.1	35	−73
7	350.0	342.0	-2	−100	311.5	−11	79	300.0	217.5	−28	−89	208.4	−31	106
8	657.0	522.0	−21	−76	565.5	−14	−4	530.0	489.5	−8	−34	509.0	−4	−45
9	176.9	114.0	−36	−53	199.0	12	−45	166.5	123.2	−26	−45	211.5	27	−73
10	79.6	62.0	−22	−29	68.6	−14	65	53.0	57.5	9	−56	57.3	8	−4
11	64.0	28.6	−55	−76	22.7	−65	51	45.5	24.0	−47	−100	16.6	−64	38
12	96.6	82.7	−14	−5	28.1	−71	−100	59.3	48.6	−18	−56	12.1	−80	−86
13	5.3	7.3	38	−61	12.5	136	−86	2.0	2.9	46	21	3.6	84	−45
14	5.4	7.4	36	−53	12.8	136	−86	2.0	3.3	65	10	3.8	91	−45
15	5.5	7.6	39	−41	13.2	140	−59	2.1	3.6	68	10	4.1	95	−59
16	9.3	9.8	5	−41	17.4	87	−86	4.5	5.9	31	66	5.6	23	−4
17	30.5	17.1	−44	18	26.2	−14	−31	18.1	11.0	−39	32	9.0	−50	−31
18	1090	1315	21	−29	1170	7	−31	1020	875.5	−14	−23	969.5	−5	10
19	1013	1222	21	−29	1047	3	−59	1008	827.7	−18	−1	897.4	−11	−18
20	944.1	1076	14	−17	962.1	2	−4	832.1	754.3	−9	−1	841.1	1	−31
21	726.0	672	−7	−88	668.5	−8	−18	603.2	560.4	−7	21	592.9	−2	−18
22	446.8	388.2	−13	−76	425.3	−5	−31	403.2	337.0	−16	−56	368.8	−9	−59
23	0.035	0.058	65	−5	0.117	231	−73	0.015	0.027	77	44	0.03	86	−59
24	143	158	10	−41	169	18	−59	159	172	8	−78	142	−11	−86
25	226	220	−3	−29	217	−4	24	226	222	−2	10	218.0	−4	−45
26	4.0	4.5	13	−70	5.0	25	−38	3.0	4.5	50	−47	4.0	33	−23
27	13.0	13.0	0	54	10.5	−19	10	9.0	24.5	172	−34	17.0	89	−18
28	4.0	5.0	25	−24	6.0	50	−41	3.0	2.5	−17	−31	4.0	33	−29
29	5.0	6.5	30	−41	6.0	20	10	11.0	17.3	57	−89	9.5	−14	51
30	4.0	2.6	−35	−32	2.3	−43	−31	3.1	1.5	−52	−67	1.2	−63	−31
31	−3.5	−2.0	−42	−65	−2.2	−36	−59	−2.4	−1.3	−48	−89	−1.0	−58	−86
32	74.0	86.0	16	−80	77.0	4	−70	68.0	66.5	−2	−12	68.5	1	38

注：编号 1～编号 12 分别为 1～12 月流量变化：编号 13～编号 23 分别为年最小 1d、3d、7d、30d、90d 径流量、年最大 1d、3d、7d、30d、90d 径流量和基流系数；编号 24 和编号 25 分别为年最小 1 日流量发生时间、年最大 1 日流量发生时间；编号 26～编号 29 分别为年发生低流量的次数、低流量平均延时、年发生高流量的次数和高流量平均延时；编号 30～编号 32 分别为流量平均减少率、流量平均增加率和每年流量逆转次数。

3. 水文变量偏离度分析

水库修建运行后，下游水文站多数月份的月均流量呈负偏离状态，因为修建平原水库后河流引水率高达 75%以上，大量地表水引入灌区，使得干流月均流量减

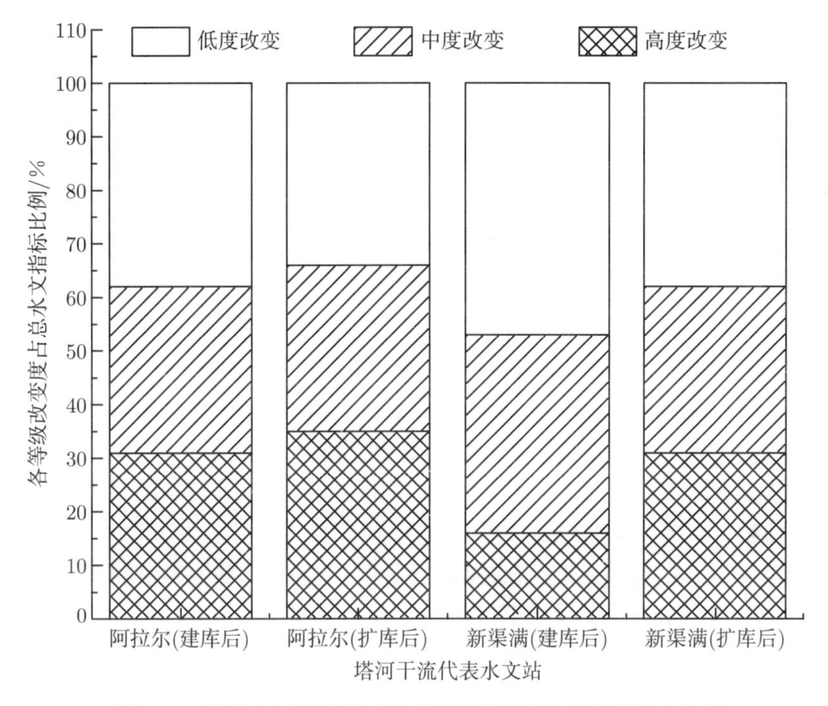

图 6.1 塔里木河干流代表站流量不同等级变化度所占比例

少；年最小 1d、3d、7d、30d 流量均值显著增大；年最小 1d 流量发生时间略微推后，年最大 1d 流量发生时间有所提前；年发生高、低流量次数均增加，说明极端流量出现频率变高。32 个水文变量偏离度分 5 组，具体分析如下：

1) 月平均流量变化

由图 6.2 可知，多浪、胜利水库的运行显著影响了下游河川的月径流特性：

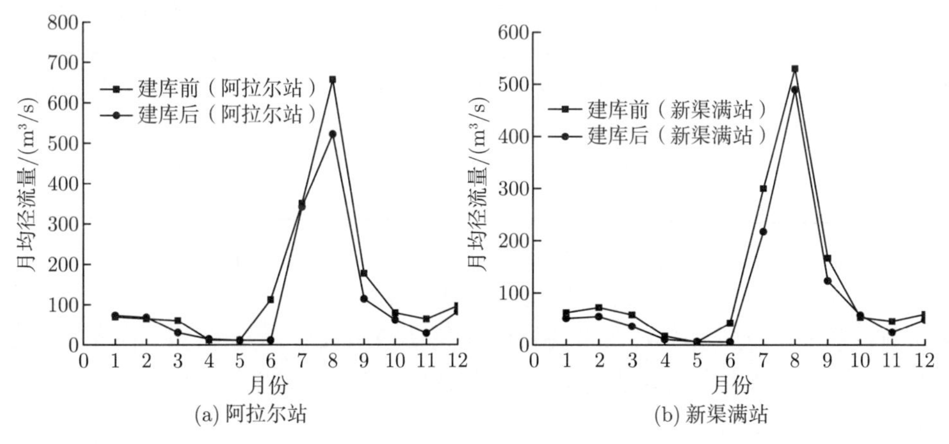

图 6.2 建库前后阿拉尔站和新渠满站月均径流量

①在非汛期，新渠满站的月均流量发生大幅下降，其中 3 月份减少量最大，减少 22.5 m^3/s，多浪水库承担农一师塔北灌区枯水期调节灌溉供水任务，可能 3 月水量多用于上游灌区灌溉，对下游的补给相对减少。②在汛期，建库后的月均流量发生不同程度的减少，其中 6~8 月河流径流量受影响最大，最高月均流量由 8 月份的 657m^3/s 减少到 522m^3/s，说明水库的削峰拦洪措施对汛期径流的消减作用影响很大。每年 6~8 月天山上冰雪融化，塔里木河形成洪水期，为家鱼自然产卵提供洄游通道，但建库后汛期流量的减少，对水生生物繁殖具有不利影响。

2) 年极端流量变化

由表 6.4 年极端流量的统计结果发现：①水库建库前后，阿拉尔站年最小流量变化显著，除年最小 90 d 流量略减小外，其余最小流量均增加，尤以最小 1 d 流量增加显著，由建库前的 5.3 m^3/s 增至建库后的 7.3m^3/s，又增至扩库后的 12.5m^3/s(图 6.3(a))；②建库后，新渠满站年最大流量均显著减小，以最大 3d 流量减少最为显著，由建库前的 1008m^3/s 减至建库后 828m^3/s；③多浪水库扩库后，阿拉尔站涉及年最小流量的指标均显著增加且产生了中高度改变，而年最大流量相关的 4 个指标有所减少且为低度改变，说明 1995 年多浪水库建立新库后，水库的丰蓄枯补作用加强，使阿拉尔站流量极小值增大，极大值减小。可见水库的建设运行严重改变了河流原有的极值变化过程，特别是枯水流量增大，而对于年最大 1d、3d、7d 流量的影响则相对较小。

3) 年极端流量发生时间

年极端流量发生时间用以衡量外界环境影响导致的天然径流季节性波动。表 6.4 中年极端流量发生时间部分显示：①阿拉尔站年最小 1d 流量出现日期从每年 4 月下旬推迟到 5 月上旬 (图 6.3(b))，年最大 1d 流量出现日期变化较小，仅提前 3~6 d；②虽然极端流量发生时间的范围变宽，最小 1d 流量允许发生范围增至 178d，但 2000 年以后，仍有不少年份极端流量发生时间波动强烈，超过 RVA 边界，呈跳跃式改变。塔里木河干流河段径流极小值出现时间的推后，会严重威胁河道内生物的栖息环境，影响河流生态系统的稳定性；而鱼类一般在汛期涨水时段产卵，并且需要相应的温度条件 (胡娜等，2014)。径流极大值发生时间的提前，在一定程度上会改变塔里木河干流鱼类的产卵时间和繁殖期内的行为过程。

4) 高低流量的频率及延时

高低流量频率及延时是构造河流生境必不可少的要素，是维持河流生态系统健康至关重要的参数。从表 6.4 可以看出：平原水库运行后，新渠满站年发生低流量次数较蓄水前增加了 50%，同时持续时间增加了 172% (蓄水前为 9d，蓄水后为 24.5d)；年发生高流量次数减少 17%，但持续时间增加 57%。阿拉尔站和新渠满站低流量脉冲次数的增加，会使塔里木河干流部分河滩呈现干湿反复交替的现象，影响河漫滩生态的自然发展。高流量平均延时的适度增加又给河岸生态系统的发展带来了福音，因为高流量延时的增加给生活在河岸边的动植物，尤其是胡杨林带来了足够的养分，也许会对沿岸的生物发展起到积极的推动作用。

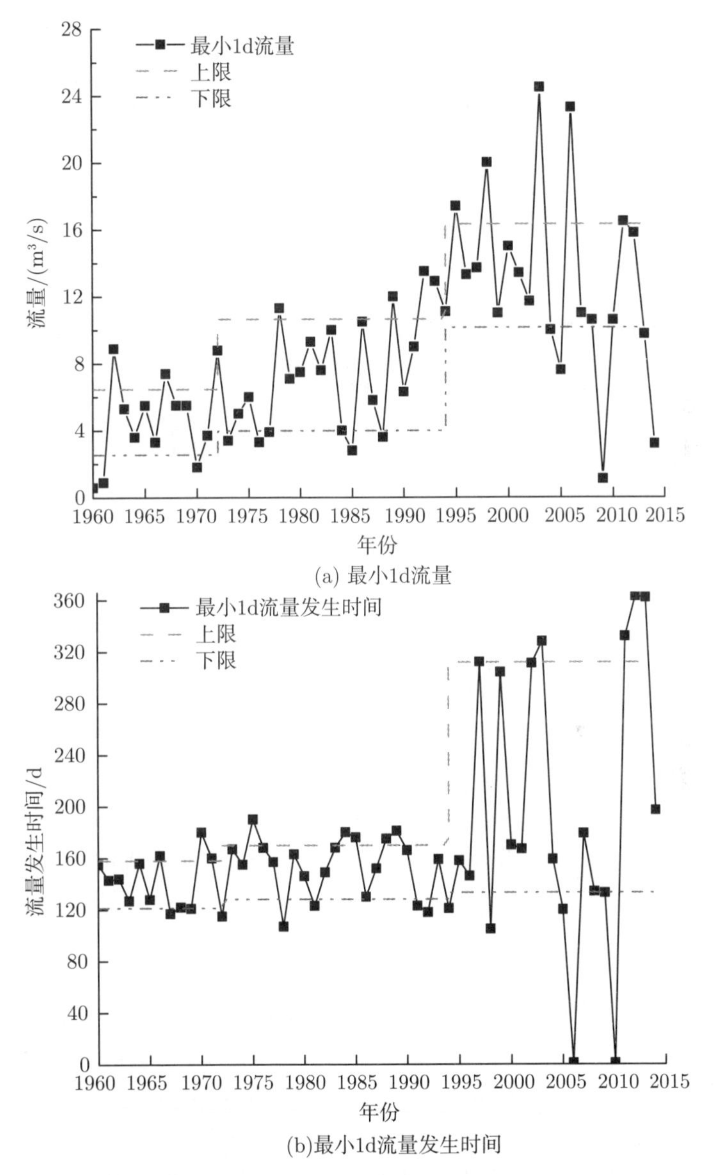

(a) 最小1d流量

(b)最小1d流量发生时间

图 6.3 阿拉尔站最小 1d 平均流量变化及发生时间

5) 流量变化改变率及频率

河道流量的增加率和减少率的大小对河道水生生物种群具有一定影响，就区域自然生态系统而言，二者数值大小保持一个合理范围比较有利。由表 6.4 中的流量改变率及频率可知：①平原水库蓄水运行后，阿拉尔站年内流量上涨幅度减少 35%，下降幅度减少 29%，流量逆转次数由年均 74 次增加到 86 次；②多浪水库扩库以后，从新渠满站 1973~2014 年流量的平均减少率来看 (图 6.4)，流量减少率在 2009~2012 年呈显著增加趋势，且超出 RVA 下边界。生物承受外界变化的能力有限，流量允许变动范围的减小会对原本脆弱的河岸带植物和有机物生长产生不利影响，而频繁的流量波动会破坏动植物生境的稳定性，阻碍水生生物生长 (杜河清等，2011)。尤其是 2005 年以后，流量平均减少率超出 RVA 目标范围的年份增多，需要引起水资源管理单位的重视，防止出现进一步恶化。

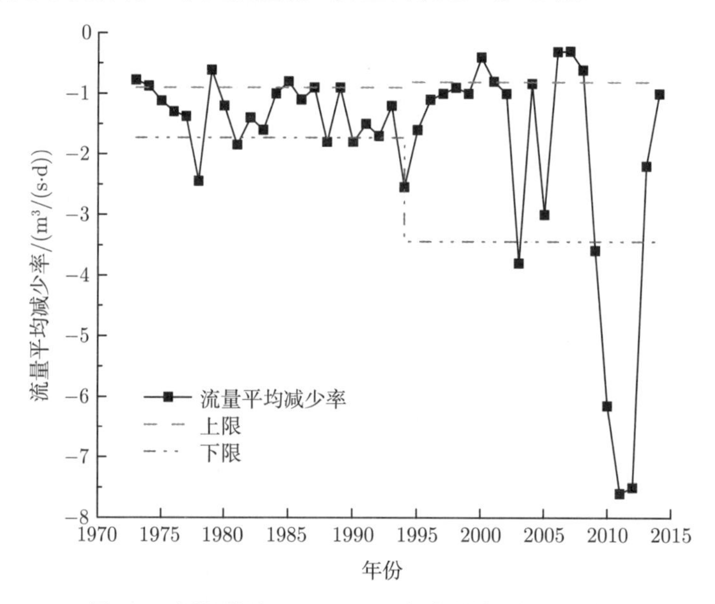

图 6.4 新渠满站 1973~2014 年流量的平均减少率图

4. 整体水文改变度分析

由表 6.5 的基于 IHA/RVA 法的水文站点整体改变度分析得到：建库前后，阿拉尔站第一组水文指标改变度最大，为 67.1%，第五组指标次之，为 64.6%，均属于高度改变；多浪水库扩库前后，阿拉尔站和新渠满站受影响最大的水文指标均为第一组，说明水库运行对月均流量的改变度最高，属于高度改变。

比较改进前后整体水文改变度的评价结果得出：不同水库运行方式下不同水文站点的水文改变度评价结果均为中度改变。而改进的整体水文改变度计算值增大，塔里木河干流评价结果由大到小分别为阿拉尔 (扩库后 66%)、新渠满 (扩库后 65.3%)、阿拉尔 (建库后 62.7%) 和新渠满 (建库后 58.3%)，除建库前后新渠满站发生中度改变外，其余均发生高度改变。多浪扩库后对塔里木河流域生态系统的影响加剧，新渠满站由于距离两大平原水库较远，受区间来水的影响，其水文变异较阿拉尔站偏小，说明应用改进的整体水文改变度评价方法，得到水库运行对河流水文情势的影响加剧，更不利于周边生态系统的可持续发展。

表 6.5 塔里木河干流代表站改进的整体水文改变度计算表

时期	水文站点	各组水文改变度/%					整体水文改变度/%	改进的整体水文改变度/%
		第一组	第二组	第三组	第四组	第五组		
建库前后	阿拉尔	67.1	54.6	36.5	53.4	64.6	54.1(M)	62.7(H)
	新渠满	63.8	37.2	53.3	60.6	64.7	49.6(M)	58.3(M)
扩库前后	阿拉尔	75.4	60.6	45.8	29.0	57.7	59.0(M)	66.0(H)
	新渠满	77.2	40.9	71.0	35.8	60.9	56.3(M)	65.3(H)

注：(M) 为中度改变，(H) 为高度改变。

有研究表明，为了保证农业生产地适时灌溉，沿塔里木河修建了大量平原水库，造成塔里木河中下游来水量逐年减少，从而导致河道内生物多样性锐减、河流断流、湖泊干涸、地下水位持续下降，大面积胡杨林和天然植被衰败和死亡 (刘志丽等，2003)。王智超等 (2008) 对塔里木河上游优势土著鱼类之一叶尔羌高原鳅的研究表明，近些年叶尔羌高原鳅的繁殖受到了一定程度的影响，种群数量有降低趋势，这与阿拉尔河段水域环境的恶化密切相关。水利工程修建引起的水文指标参数的趋弊变化，使得水生生物繁殖受阻，陆生动植物栖息地范围减小和破碎化，塔里木河干流水文情势发生高度改变，打破了其原本就脆弱的生态系统的平衡，验证了本书的结论。综上分析，基于改进的整体水文改变度公式得到的塔里木河干流水文情势改变度的评价结果符合客观事实，更有助于人们定性地了解平原水库的修建运行对河川径流的影响。

6.1.3 环境流指标变化分析

环境流是指维持淡水生态系统及其对人类提供的服务所必需的水流的水量、水质和时空分布。世界自然保护联盟认为环境流是为了维系生态系统和人类利益而对河流、湖泊和盆地水源进行的一种重分配。2008 年世界自然基金会在我国引入环境流的概念，指出环境流是维持河流的生态环境需求而保留在河道内的生态基本流量和过程。国内的环境流研究主要是水量的研究，着眼于保障人民生产生活用水和维持生态平衡的过程方面。随着“自然–人工”二元水循环的提出，社会–经济–河流生态系统的整体性特征不断加强。针对塔里木河干流开展环境流需求评估基础研究，有利于推进社会、经济、生态环境等部门交流与合作，提出面向生态的流域水资源优化配置方案，为塔里木河流域管理部门构建适宜的生态环境条件提供决策依据。

环境流组成研究以 IHA 软件为平台，用阿拉尔站和新渠满站两个水文站逐日流量资料，依据水利工程建设或闸门引水等人为活动的发生时间，将两个代表水文站的水文序列分别划分为 1960~1972 年和 1973~2015 年两个变动水文序列，分析人类引水灌溉活动影响前后阿拉尔站和新渠满站两个断面环境流的组成及其环境流指标的变化。

1. 环境流指标计算结果

选取阿拉尔站和新渠满站 1957~2014 年中平水年的实测逐日径流资料，以 1973 年作为塔里木河干流水文情势发生显著改变的起始年，分阶段统计 34 个环境流指标 (表 6.6 和表 6.7)，从而分析人类活动主要包括水库运行和沿岸引水口引水对塔里木河干流环境流的影响。

表 6.6 阿拉尔站和新渠满站各月枯水流量计算表 (单位：/(m^3/s))

月份	阿拉尔站						新渠满站					
	中值		离散系数		偏差系数		中值		离散系数		偏差系数	
	干扰前	干扰后	干扰前	干扰后	中值	离散系数	干扰前	干扰后	干扰前	干扰后	中值	离散系数
1	71.2	57.3	0.10	0.86	0.19	7.85	61.8	36.9	0.22	1.01	0.40	3.54
2	71.5	48.3	0.41	0.77	0.32	0.89	69.2	34.9	0.33	1.01	0.50	2.01
3	60.2	35.0	0.34	0.62	0.42	0.82	57.9	26.9	0.38	0.79	0.54	1.09
4	24.8	21.8	0.56	0.54	0.12	0.03	21	14	0.51	0.77	0.33	0.51
5	33.7	26.3	0.79	1.36	0.22	0.71	12.2	17.6	0.76	1.29	0.44	0.70
6	52.4	51.9	1.08	0.84	0.01	0.22	42.8	26.1	0.82	1.17	0.39	0.43
7	75.8	57.0	0.94	0.50	0.25	0.46	77.6	42.4	0.67	0.87	0.45	0.29
8	63.3	75.3	0.32	1.01	0.19	2.16	71.3	44.1	0.54	1.13	0.38	1.09
9	84.7	75.0	0.81	0.62	0.11	0.23	73.3	47.7	0.37	0.86	0.35	1.32
10	65.5	60.5	0.36	0.77	0.08	1.16	52.8	41	0.26	0.89	0.22	2.41
11	58.3	28.1	0.37	0.83	0.52	1.25	46.9	19	0.30	1.10	0.59	2.63
12	90.6	43.4	0.18	1.28	0.52	6.05	58.8	31.8	0.39	1.08	0.46	1.77

2. 环境流组成分析

1) 阿拉尔站

由于多浪水库和胜利水库位于阿拉尔站附近，水库 — 阿拉尔站间沿岸取水量较小，其影响程度远小于两大平原水库的调节作用，因此可认为人类活动对阿拉尔站径流的影响主要由水库调节造成。图 6.5 反映的是人类活动干扰前后 5 种流量事件的分布情况。可以看出，相较干扰前，干扰后特枯流量事件、大洪水事件的量值均呈现不同程度的增加，尤其以大洪水事件极大值增大显著，说明平原水库的运

表 6.7 阿拉尔站和新渠满站环境流指标计算表

环境流指标		阿拉尔站						新渠满站					
		中值		离散系数		偏差系数		中值		离散系数		偏差系数	
		干扰前	干扰后	干扰前	干扰后	中值	离散系数	干扰前	干扰后	干扰前	干扰后	中值	离散系数
特枯流量	极小值/(m^3/s)	6.8	11.2	0.68	0.38	0.65	0.43	3.4	5	1.11	0.50	0.48	0.55
	平均历时/d	15	13.5	1.27	1.10	0.10	0.13	20	16	0.70	1.16	0.20	0.65
	极小值出现时间/d	134	159.0	0.07	0.10	0.14	0.42	155	158.5	0.07	0.07	0.02	0.04
	极小值出现次数/次	2	2.0	1.00	1.50	0.00	0.50	2	2	1.00	1.50	0.00	0.50
高流量脉冲	极大值/(m^3/s)	196.3	226.0	1.25	0.75	0.15	0.39	178.0	199.4	0.89	0.94	0.12	0.05
	平均历时/d	7.3	5.0	1.05	1.03	0.31	0.03	9	6.5	0.67	1.08	0.28	0.62
	极大值出现时间/d	256.5	213.0	0.39	0.27	0.24	0.30	72.5	230.5	0.44	0.27	0.86	0.37
	极大值出现次数/次	3	2.0	1.17	1.50	0.33	0.29	2	1.5	1.50	2.00	0.25	0.33
	上升率/%	30.6	43.1	1.51	1.32	0.41	0.12	23.8	38.9	0.94	1.26	0.64	0.35
	下降率/%	−21.1	−39.6	−1.92	−0.85	0.88	0.56	−15.3	−27.8	−1.15	−1.00	0.82	0.13
小洪水	极大值/(m^3/s)	1315	1300	0.22	0.16	0.01	0.27	1110	1110	0.13	0.14	0.00	0.03
	平均历时/d	77.0	63.0	0.24	0.25	0.18	0.06	89.5	65.0	0.26	0.52	0.27	0.98
	极大值出现时间/d	221.5	220.0	0.07	0.06	0.01	0.15	236.5	221.0	0.07	0.05	0.08	0.25
	极大值出现次数/次	0	0.0	0	0			0	0	0	0		
	上升率/%	25.0	40.0	0.71	1.14	0.60	0.61	20.3	39.4	0.54	0.91	0.94	0.70
	下降率/%	−31.7	−33.4	−0.66	−0.50	0.06	0.25	−23.8	−29	−0.90	−0.60	0.22	0.34
大洪水	极大值/(m^3/s)	1500	1755		0.23	0.17		1550	1555		0.16	0.00	
	平均历时/d	89	66.5		0.32	0.25		73.0	79.0		0.30	0.08	
	极大值出现时间/d	229	216.5		0.06	0.07		225.0	218.5		0.01	0.04	
	极大值出现数/次	0	0	0	0			0	0	0	0		
	上升率/%	28.7	73.5		0.76	1.56		44.2	70.3		0.33	0.59	
	下降率/%	−33.3	−44.9		−0.73	0.35		−36.2	−26.3		−0.53	0.27	

行对于大洪水洪峰的消减作用并不明显，水库的汛期调度作用仍需加强。大多数流量过程都划入枯水流量事件的模式，表明流量的变化范围显著变窄。

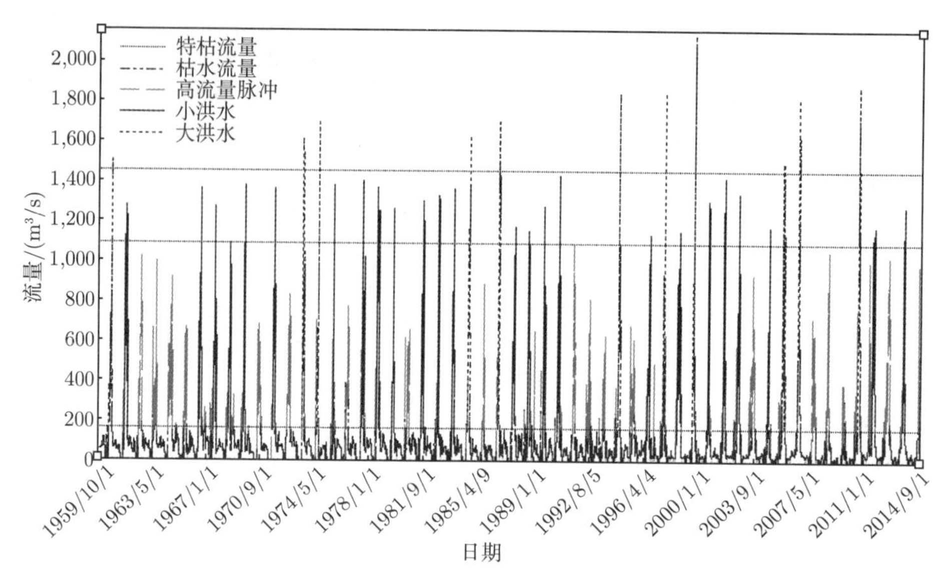

图 6.5　阿拉尔站不同流量事件分布图

2) 新渠满站

阿拉尔站—新渠满站引水口和生态闸全年引水量较大，因此新渠满站的径流变化受上游平原水库调蓄和沿程区间引水共同影响。由图 6.6 可以看出，相较人类活动干扰前，干扰后特枯流量事件增多。20 世纪 70 年代流量过程全部划入枯水流量和小洪水事件，说明水库运行初期其“蓄丰补枯”作用显著，在汛期削减洪

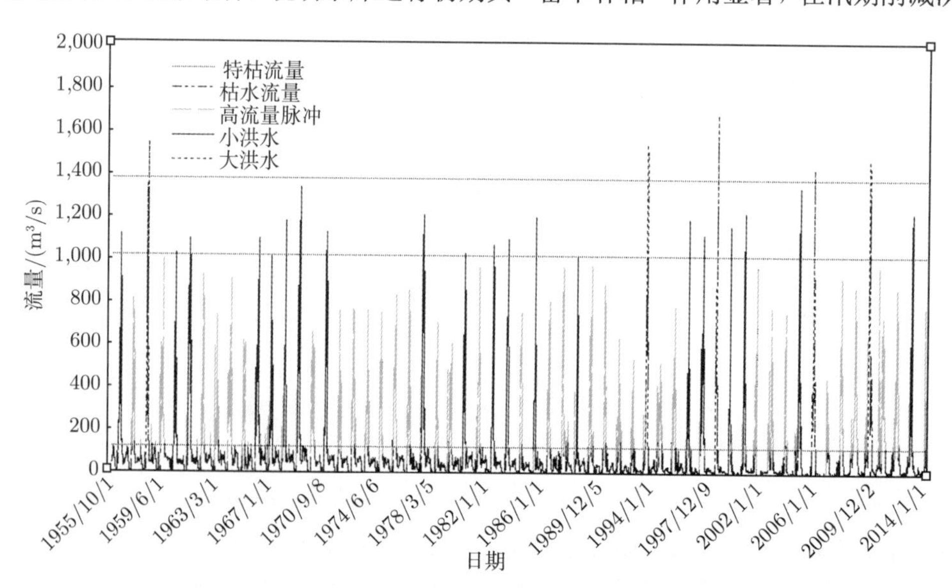

图 6.6　新渠满站不同流量事件分布图

峰流量，使得大洪水事件完全消失，在非汛期泄水增加河道枯水流量，使得特枯流量事件基本消失。2000 年以后，大洪水事件和特枯流量事件的发生次数增多，可见随着塔里木河上游流域灌溉需水的增多，平原水库在“蓄丰补枯”的调度作用减弱，且阿拉尔站—新渠满站段修建大量引水口无序引水灌溉，导致区间内取水量加大，特枯流量发生频率增大。大多数流量过程都划入枯水流量事件模式，表明流量的变化范围显著变窄，流量模式趋向于单一化。

3. 环境流指标分析

1) 阿拉尔站

人类活动干扰前后 34 个环境流指标的改变情况见表 6.6 和表 6.7。由各个指标中值计算结果可得：相对于建库运行前，多浪水库和胜利水库蓄水运行后，除 8 月份枯水流量中值由 $63.3\mathrm{m}^3/\mathrm{s}$ 增加到 $75.3\mathrm{m}^3/\mathrm{s}$ 外，各月枯水流量均发生不同程度的减少，尤以 11 月、12 月、2 月枯水流量中值变化最为显著，说明水库运行对非汛期的枯水流量影响更大，这与水库工程等人类活动在非汛期引水灌溉，满足塔里木河上游灌区农业基本需水密切相关。除小洪水事件外，特枯流量、高流量脉冲、大洪水事件的极值均增大。除特枯流量事件外，高流量脉冲、小洪水、大洪水事件的极值出现时间均有所提前，特枯流量极小值出现时间由建库前的 4 月中旬推迟到 5 月上旬，高流量脉冲极大值出现时间由 8 月中旬提前到 7 月上旬。变化较为明显的环境流指标按照受建库影响程度的大小排序依次为大洪水上升率、高流量脉冲下降率、11 月和 12 月枯水流量、特枯流量极小值、小洪水上升率等。受影响较大的流量事件是大洪水事件和高流量脉冲事件。

由离散系数计算结果可得：相较于建库运行前，水库运行后各流量事件的中值呈现出更为离散化的趋势，其中，特枯流量事件和各月枯水流量事件变化最大。离散程度变化较大的环境流指标包括 1 月、8 月、10 月、11 月和 12 月的枯水流量、特枯流量极小值出现次数、高流量脉冲下降率和小洪水上升率 8 个指标。

2) 新渠满站

从人类活动干扰前后环境流指标的中值变化来看 (表 6.6 和表 6.7)，枯水流量事件变化较大，除 5 月份的枯水流量略微上升外，其他月份流量均明显下降；特枯流量事件的极小值增大；高流量脉冲事件极大值增大，且出现时间大幅滞后；小洪水事件平均历时缩短；大洪水事件的极大值增大且历时变长，其上升率由影响前的 44.2%增加到影响后的 70.3%。受影响较大的环境流指标包括 2 月、3 月和 11 月的枯水流量、高流量脉冲事件极大值出现时间、上升率、下降率、小洪水事件上升率及大洪水事件上升率 8 个指标；受影响较大的流量事件是各月枯水流量事件和高流量脉冲事件。

由离散系数计算结果可得：相较于人类活动干扰前，干扰后各月枯水流量更为离散，尤以各月枯水流量事件和小洪水事件变化明显。变化较大的环境流指标包括 1 月、2 月、3 月、8 月、9 月、10 月、11 月和 12 月的枯水流量、特枯流量平均历时、高流量脉冲平均历时、小洪水平均历时和上升率 12 个指标。

4. 基于环境流研究的塔里木河干流水资源调度措施

平原水库至新渠满段塔里木河干流的水量损失与塔里木灌区用水密切相关，主要由水库调节和塔里木河干流分水闸引水两种方式供给灌区。塔里木灌区位于阿克苏河下游，以塔里木河为界分为塔南灌区和塔北灌区，灌区用水主要依靠河道引水和水库调节。多浪水库始建于 1965 年，竣工库容 0.45 亿 m^3，是塔北灌区唯一的灌溉调节水库，通过塔里木拦河闸 (建于 1971 年) 北岸分水闸引阿克苏河河水入库，距阿拉尔市约 40km。胜利水库距阿拉尔市约 30km，1970 年 8 月蓄水，设计库容 1.08 亿 m^3。为满足塔里木河两岸灌区用水，阿拉尔站—新渠满站间修建有若干引水口和生态闸，塔里木河干流上游段水库工程及引水口分布情况如图 6.7 所示。

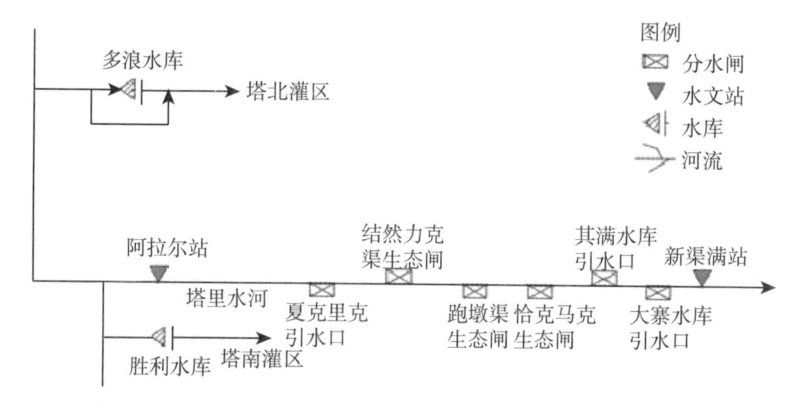

图 6.7　塔里木河干流上游段水库工程及引水口分布示意图

由表 6.8 中阿拉尔—新渠满区间引水量年内分配可知，丰水期 7~9 月份两水文站间通过引水闸引水灌溉量较大，与表 6.6 中新渠满站对应月份的枯水流量下降显著相一致。自 20 世纪 70 年代初起，塔里木河干流大量修建平原水库和分水闸，塔里木灌区开始从塔里木河干流引水用于作物灌溉。对塔里木河干流上游两大平原水库 (多浪水库和胜利水库) 多年月均入库和出库水量进行分析发现，多浪水库入库水量多直接供给灌区，所以各月入库水量均大于出库水量。建库前后，阿拉尔站 12 月~次年 2 月枯水流量大幅下降，结合两大平原水库各月总调蓄水量知，枯水期水库的出库流量很小，例如 12 月份，水库入库流量之和为 $37m^3/s$，出库流量之和仅为 2.07 m^3/s。这与两水库的功能密切相关，胜利水库和多浪水库是以灌溉为主的平原水库，枯水期入库水量多用于塔里木灌区的农作物生长需水，向河道下放水量急剧减少。

表 6.8　塔里木河干流上游段水库工程及引水口月均流量表　(单位:m^3/s)

月份	平原水库 — 阿拉尔段					阿拉尔 — 新渠满段						
	多浪水库		胜利水库		总调蓄	引水口			生态闸			总引水量
	入库	出库	入库	出库		夏克里克	其满水库	大寨水库	结然力克渠	跑墩渠	恰克马克	
1	19.0	0.22	17.3	1.3	34.7	0.3	0.4	0.9	2.0	2.1	0.9	6.5
2	27.3	17.1	40.2	31.8	18.6	0.2	0.4	0.9	2.1	1.1	1.1	5.3
3	11.1	3.7	5.6	15.7	−2.7	0	0.2	1.2	3.0	1.3	1.7	7.5
4	8.1	0.9	0	15.4	−8.2	0	0.1	0.4	1.9	0.3	1.1	3.6
5	5.2	4.70	21.5	9.4	12.6	0	0	0	3.2	0.7	1.2	5.3
6	3.4	0	41.0	46.0	−1.5	0	0.1	0.5	1.6	0.7	1.5	4.2
7	1.9	0	86.6	79.2	9.3	0.5	0.9	2.1	5.5	5.2	3.7	17.9
8	1.9	0	89.8	83.5	8.2	0.8	1.3	2.4	13.4	10.1	6.6	34.6
9	3.1	0	67.5	57.1	13.5	0.1	0.4	1.1	3.4	3.7	1.4	9.8
10	5.5	3.6	57.5	17.7	41.6	0.1	0	0	0.3	2.6	0.5	3.6
11	11.4	2.9	6.2	5.12	9.5	0.1	0.2	0	1.2	1.6	0.3	3.2
12	18.7	0.03	18.3	2.04	35.0	0.2	0.3	0	1.7	1.7	0.1	4.1

塔里木河干流水资源开发利用程度较高，河道枯水流量减少使得周边生态环境不断恶化，急需结合环境流研究制定相应的水资源调度措施，以保障塔里木河干流中下游生态系统健康发展。阿拉尔站和新渠满站为塔里木河上游代表水文站，为保证塔里木河下游不断流，本书中提出水资源调度目标为保证一定量的阿拉尔、新渠满断面下泄流量。阿拉尔、新渠满断面 4、5 月份枯水流量值很小，主要因为多浪水库引蓄塔里木河冬闲水，承担塔里木灌区 3~5 月枯水期调节灌溉任务，使得下泄到阿拉尔断面的流量减少，而塔里木河干流来水主要集中在汛期，建议塔里木河在汛期 (6~9 月) 实施生态调度，适当加大多浪水库入库水量，存蓄一部分水量用于非汛期。另外，多浪水库和胜利水库均属于平原灌注式水库，水库各月蒸发渗漏损失较大，建议塔里木河灌区通过引水渠自河道引水，引水尽量从库外走水，水库则主要承担 "余蓄亏补" 的作用。目前，大量引水口处于无闸门控制状态，阿拉尔—新渠满段引水无度现象明显，大量低效耗水，需改建引水口为生态闸门，进行引水量的测量，适时控制引水量。

6.2　生态水流情势对气候变化和人类活动的响应敏感性

6.2.1　敏感性分析方法

1. 趋势和突变检验法

滑动 T 检验法将水文气象序列分成 2 个子序列，判定子序列均值差异是否超过了一定的显著性水平，由此确定有无突变产生 (张应华和宋献方，2015)。采用滑动 T 检验法对塔里木河流域 1960~2015 年的降水、潜在蒸发和径流序列进行趋势性和变异性分析。同时，为了进一步确认未通过径流变异点，也采用了累积距平法对径流突变点进行辅助检验。研究旨在确定塔里木河流域各水文站径流和气象站点的降水、潜在蒸散发序列的突变年份，通过综合分析界定气候变化和人类活动剧烈影响的合理起始点，从而将水文序列划分成基准期和改变期。

2. 基于 Budyko 的贡献率分析法

给定一个闭合流域，其多年水量平衡可以近似表示为

$$P = E + R + \Delta S \tag{6.9}$$

式中，P 表示多年平均降水量；E 表示实测蒸发量；R 表示径流深；ΔS 表示流域蓄水量变化，多年尺度上可以忽略不计。

著名气象学家 Budyko(1974) 在对全球水量平衡和能量平衡耦合分析时，发现陆面长期平均蒸散量取决于大气对陆面的水分供给 (降水量) 和能量供给 (蒸发能力或净辐射量) 之间的平衡 (Budyko，1958)。Budyko 的假设具有普适性，因此，该研究引起了广泛关注并催生了许多相似的理论成果 (Fu et al., 2007；Choudhury，1999；Yang et al., 2008；Roderick and Farquhar, 2011)。本书采用基于 Budyko 假设的三种应用最广泛的蒸散发公式计算实际蒸发量，进而计算径流变化对人类活动和气候变化的敏感性 (表 6.9)。根据多年水量平衡关系 $R = f(P, E, n)$，流域气候变化和流域特性引起的径流变化量可近似表示为

$$\mathrm{d}R = \frac{\partial f}{\partial P}\mathrm{d}P + \frac{\partial f}{\partial \mathrm{ET_p}}\mathrm{dET_p} + \frac{\partial f}{\partial n}\mathrm{d}n \tag{6.10}$$

依据敏感性系数的定义公式 (6.11)，可以将流域气候变化和流域特性引起的径流变化表示成式 (6.12):

$$\varepsilon_X = \frac{\mathrm{d}R/R}{\mathrm{d}X/X} \tag{6.11}$$

$$\frac{\mathrm{d}R}{R} = \varepsilon_P\frac{\mathrm{d}P}{P} + \varepsilon_{\mathrm{ET_p}}\frac{\mathrm{dET_p}}{\mathrm{ET_p}} + \varepsilon_n\frac{\mathrm{d}n}{n} \tag{6.12}$$

式中，X 为径流变化影响因素，如降水 P、潜在蒸发量 $\mathrm{ET_p}$ 和下垫面特性系数 n；ε_{P}、$\varepsilon_{\mathrm{ET_p}}$ 、ε_n 分别为降水、潜在蒸散发和下垫面特性的敏感性系数，降水敏感系数是指降水量增加 1%引起的年径流量相对于多年平均径流量的变化百分比，即 $\varepsilon_P = \dfrac{\mathrm{d}R/R}{\mathrm{d}P/P}$(Schaake，1990)。同理可确定潜在蒸散发敏感性系数 $\varepsilon_{\mathrm{ET_p}} = \dfrac{\mathrm{d}R/R}{\mathrm{dET_p}/\mathrm{ET_p}}$

表 6.9 基于 Budyko 假设的流域实际蒸散发公式

文献	经验公式	敏感性系数
Budyko (1974)	$\frac{\mathrm{ET}_a}{P}=\sqrt{\frac{\mathrm{ET_p}}{P}\tanh\left(\frac{P}{\mathrm{ET_p}}\right)\left[1-\exp\left(-\frac{\mathrm{ET_p}}{P}\right)\right]}$	$\varepsilon_P=1+\frac{0.5\varphi\left[\varphi\tanh\left(\frac{1}{\varphi}\right)\left(1-\mathrm{e}^{-\varphi}\right)\right]^{-0.5}\left[\left(\tanh\left(\frac{1}{\varphi}\right)-\frac{1}{\varphi}\mathrm{sech}^2\left(\frac{1}{\varphi}\right)\right)\left(1-\mathrm{e}^{-\varphi}\right)+\varphi\tanh\left(\frac{1}{\varphi}\right)\mathrm{e}^{-\varphi}\right]}{1-\left[\varphi\tanh\left(\frac{1}{\varphi}\right)\left(1-\mathrm{e}^{-\varphi}\right)\right]^{0.5}}$ $\varepsilon_{\mathrm{ET_p}}=\frac{0.5\varphi\left[\varphi\tanh\left(\frac{1}{\varphi}\right)\left(1-\mathrm{e}^{-\varphi}\right)\right]^{-0.5}\left[\left(\tanh\left(\frac{1}{\varphi}\right)-\frac{1}{\varphi}\mathrm{sech}^2\left(\frac{1}{\varphi}\right)\right)\left(1-\mathrm{e}^{-\varphi}\right)+\varphi\tanh\left(\frac{1}{\varphi}\right)\mathrm{e}^{-\varphi}\right]}{\left[\varphi\tanh\left(\frac{1}{\varphi}\right)\left(1-\mathrm{e}^{-\varphi}\right)\right]^{0.5}-1}$
傅抱璞 (1981)	$\frac{\mathrm{ET}_a}{P}=1+\frac{\mathrm{ET_p}}{P}-\left[1+\left(\frac{\mathrm{ET_p}}{P}\right)^m\right]^{\frac{1}{m}}$	$\varepsilon_P=\frac{(1+\varphi^m)^{\left(\frac{1}{m}-1\right)}}{(1+\varphi^m)^{\left(\frac{1}{m}\right)}-\varphi}$ $\varepsilon_{\mathrm{ET_p}}=\frac{\varphi^m(1+\varphi^m)^{\left(\frac{1}{m}-1\right)}-\varphi}{(1+\varphi^m)^{\left(\frac{1}{m}\right)}-\varphi}$ $\varepsilon_m=-(1+\varphi^m)^{\left(\frac{1}{m}\right)}\times\left[\frac{\ln(1+\varphi^m)}{m^2}-\frac{\varphi^m\ln(\varphi)}{m(1+\varphi^m)}\right]$
Choudhury (1999)	$\frac{\mathrm{ET}_a}{P}=\frac{\mathrm{ET_p}}{\left(P^n+\mathrm{ET_p^n}\right)^{\frac{1}{n}}}$	$\varepsilon_P=\frac{(1+\varphi^{n_0})^{(1/n_0+1)}-\varphi^{n_0+1}}{(1+\varphi^{n_0})\left[(1+\varphi^{n_0})^{(1/n_0)}-\varphi\right]}$ $\varepsilon_{\mathrm{ET_p}}=\frac{1}{(1+\varphi^{n_0})\left[1-\left(1+\varphi^{-n_0}\right)^{(1/n_0)}\right]}$ $\varepsilon_{n_0}=\frac{\ln(1+\varphi^{n_0})+\varphi^{n_0}\ln\left(1+\varphi^{-n_0}\right)}{n_0(1+\varphi^{n_0})\left[1-\left(1+\varphi^{-n_0}\right)^{(1/n_0)}\right]}$

和径流的下垫面敏感性系数$\varepsilon_n = \dfrac{\mathrm{d}R/R}{\mathrm{d}n/n}$。为简化计算公式，令 $\varphi = \mathrm{ET_p}/P$，即干旱指数，它作为水热平衡的量度指标，可用于在气候带和自然植被带的区域划分依据。敏感性系数 ε_P，$\varepsilon_{\mathrm{ET_p}}$ 可表示为

$$\varepsilon_P = 1 + \frac{\varphi f'(\varphi)}{1 - f(\varphi)}, \quad \varepsilon_P + \varepsilon_{\mathrm{ET_p}} = 1 \tag{6.13}$$

式中，$f(\varphi)$ 和 $f'(\varphi)$ 分别表示 Budyko 公式及其导数的推导公式。同理，下垫面敏感性系数 ε_n 可通过 $\varepsilon_n = \dfrac{\mathrm{d}R/R}{\mathrm{d}n/n}$和径流偏微分方程计算得出。各方程的降水、潜在蒸散发和下垫面特性的敏感性系数公式如表 6.9 所示，则气候变化和人类活动引起的径流变化可以表示为

$$\Delta R_C = \varepsilon_P \frac{\Delta P}{P} R + \varepsilon_{\mathrm{ET_p}} \frac{\Delta \mathrm{ET_p}}{\mathrm{ET_p}} R \tag{6.14}$$

$$\Delta R_H = \varepsilon_n \frac{\Delta n}{n} R \tag{6.15}$$

傅抱璞公式中的参数 m 和 Choudhury 公式中的 n_0 反映了特定流域的植被、土壤、地形和气候特征，可以通过反算法得出。近年来，人类活动对流域水资源系统的影响日益复杂，因此许多研究采用了带参数的 Budyko 公式进行蒸散发的估算 (Liang et al., 2015；Gao et al.,2016)。

6.2.2　趋势与突变诊断

表 6.10 为塔里木河流域降水、潜在蒸发序列突变点检验结果，从滑动 T 检验的结果可知，通过显著性检验 (P <0.05) 的 13 个站点中，降水、潜在蒸发量的突变点集中在 1986 年，或滞后于 1986 年。从降水、潜在蒸发序列的趋势图 (图 6.8(a) 和 (b)) 可以看出，降水、潜在蒸发分别呈现 6.1mm/10a、−29.9mm/10a 的变化趋势，并通过了置信度为 95%的显著性检验。因此，以 1986 年作为塔里木河干流气候发生显著变化的起始年份，从径流序列的趋势图 (图 6.8(c)) 看出，径流序列虽呈现 1.5mm/10a 的减少趋势，但滑动 T 检验的突变结果未通过 95%的显著性检验 (P=0.081)。为进一步确认其变异位置，用累积距平法再次对径流资料进行检验，确定其变异位置最早位于 1972 年 (图 6.8(d))，因此，以 1972 年作为人类活动影响剧烈的起始之年。据此对研究时段进行划分：基准期为天然状态段 (1960~1971 年)，改变期 I 为人类活动影响段 (1972~1985 年)，改变期 II 为气候变化和人类活动综合影响段 (1986~2015 年)。

表 6.10 1960~2015 年塔里木河流域 13 个站点气象要素突变检验

站点名称	降水量			潜在蒸发量		
	突变年份	显著性	变化趋势	突变年份	显著性	变化趋势
阿合奇	1990	0.001	↑*	1986	0.001	↓**
阿克苏	1991	0.017	↑*	1987	0.001	↓**
巴楚	1986	0.041	↑*	—	—	/
拜城	1986	0.000	↑**	1986	0.009	↓**
库车	1987	0.004	↑*	1986	0.001	↓**
库尔勒	1986	0.038	↑*	1986	0.001	↓**
民丰	1986	0.005	↑*	1987	0.001	↓**
皮山	1986	0.045	↑*	1986	0.001	↓**
若羌	—	—	/	1986	0.001	↓**
莎车	1986	0.049	↑*	—	—	/
塔什库尔干	1987	0.030	↑*	1986	0.017	↓*
铁干里克	—	—	/	1986	0.002	↓**
于田	1986	0.044	↑*	—	—	/

注: 变化趋势中, ↑**(↓**) 表示特别显著上升 (下降)(P<0.01); ↑*(↓*) 表示显著上升 (下降)(P<0.01); /表示无明显变化趋势

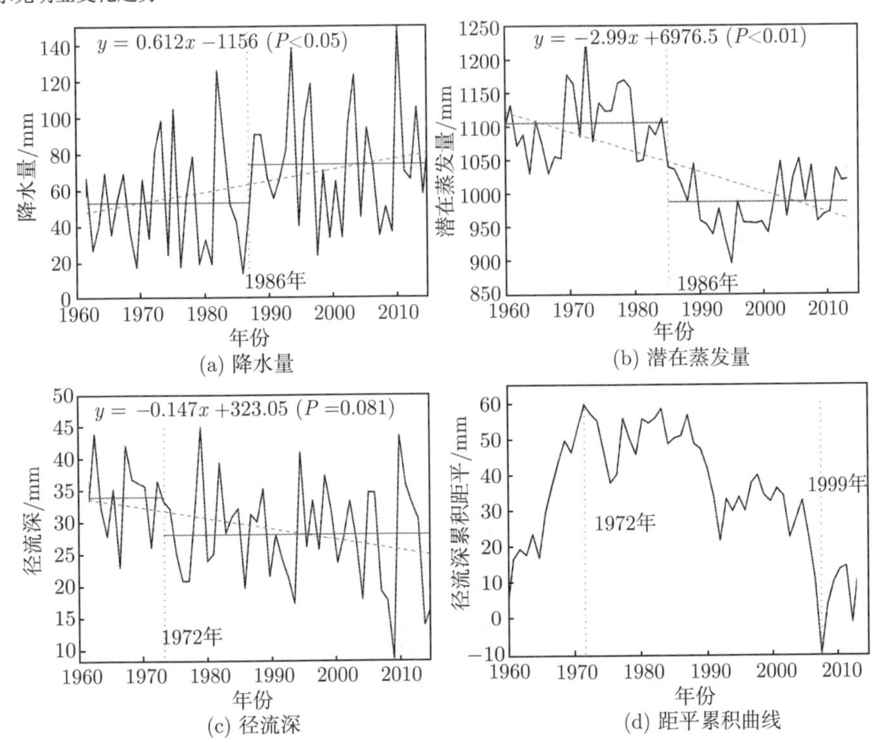

图 6.8 1960~2015 年塔里木河流域降水、潜在蒸散发量和径流的逐年变化

已有不少学者研究了近 50 年来塔里木河流域气候变化和人类活动的突变点。施雅风等 (2002) 认为西北干旱区气候转型的时期为 20 世纪 80 年代中期；陶辉等 (2014) 发现 1961~2010 年塔里木河流域总体呈显著变湿趋势，并在 1986 年发生显著突变；杨青和何清 (2003) 结合相对耗水影响指数分析发现 20 世纪 70~80 年代中期是人类活动影响最大的时期；李香云等 (2003) 在研究受人类活动干扰的水文过程时，发现 1971 年后的水文过程受人类活动的影响较大。本书的结论与上述结果基本一致。

20 世纪 70 年代前后是塔里木河流域人工河道引水和水库调节灌溉高度发展的时期 (郝兴明等，2008)。塔里木河流域属于水养绿洲农业经济，农业生产高度依赖水资源。1970 年以来，塔里木河干流区人口数量持续增加，相比 1970 年，2008 年总人口增加超过 1 倍，农业人口增加超过了 60%，耕地面积增加超过 2.2 倍 (陈忠升等，2011)。与此同时，源流区胜利水库、上游水库和多浪水库相继建成并引水入库运行，干流 1321km 的河道上，共修建了 8 座平原水库，其中有 5 座修建于 1970~1972 年 (郝兴明等，2008)。此外，1986 年左右，降水、潜在蒸发量的均值呈显著的阶段性变化 (图 6.9 (a) 和 (b))。由此可见，突变 1972 年、1986 年与同期气候变化和人类活动干扰紧密相关，这在一定程度上佐证了本书确定气候变化和人类活动干扰点的合理性和准确性。

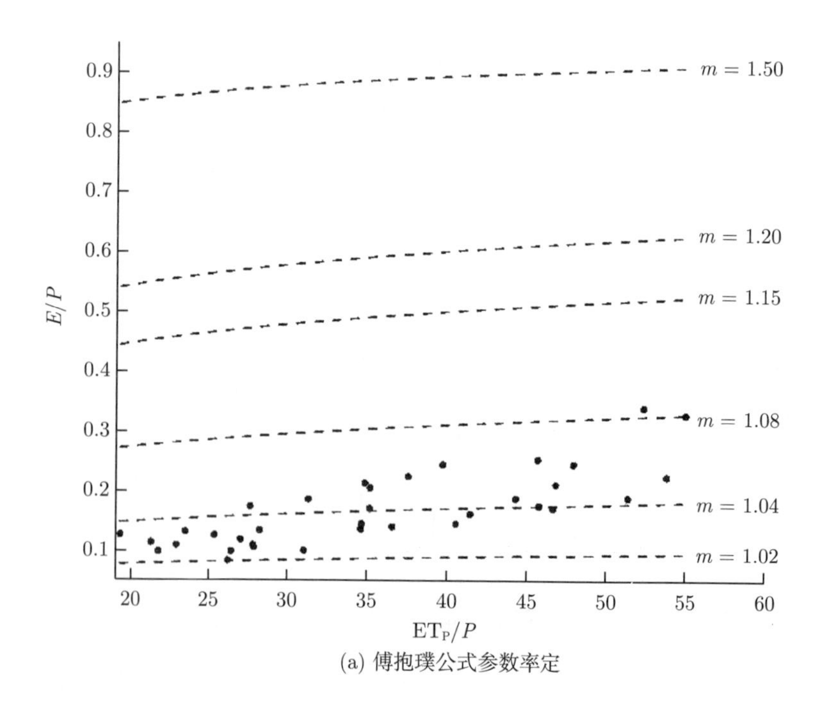

(a) 傅抱璞公式参数率定

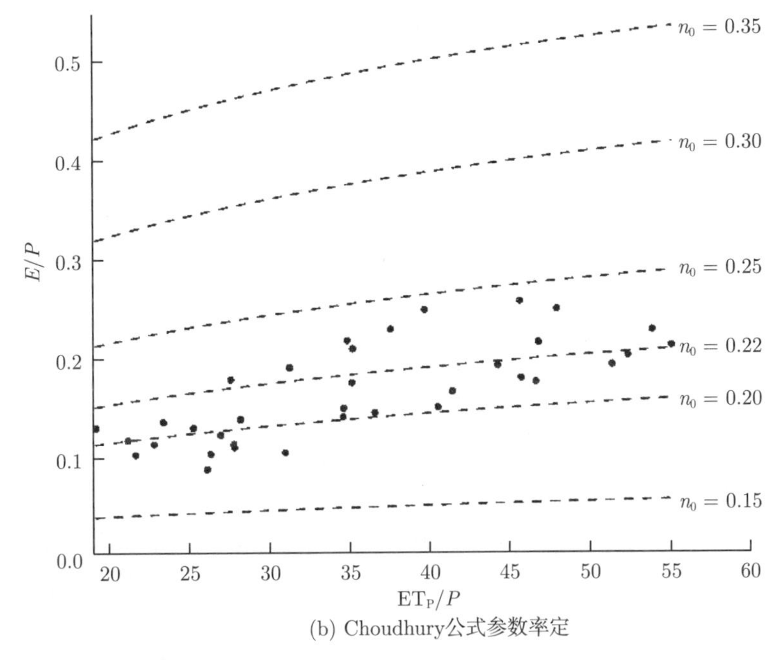

(b) Choudhury公式参数率定

图 6.9　在不同参数条件下的蒸散率 (E/P) 和气候干旱指数 $(\mathrm{ET_p}/P)$ 相关图

6.2.3　气候变化和人类活动对生态水流情势改变的贡献率

选取阿拉尔站 1960~2011 年的实测逐日气象及径流资料，该段时间内源流区人工绿洲面积大幅度增加、大型水利工程设施相继修建，改变了原有的植被覆盖和土壤特性。傅抱璞公式和 Choudhury 公式中，经验参数 m 和 n_0 代表流域的植被覆盖、土壤水力和地形特性，然而，目前没有统一的估算参数的方法。Budyko(1974) 提出，利用实际蒸散发和潜在蒸散发的关系可以有效估算参数。因此，通过绘制不同参数条件下的蒸散率 (E/P) 和气候干旱指数 $(\mathrm{ET_p}/P)$ 的关系曲线 (图 6.9)，虚线表示不同参数条件下的蒸散率 (E/P) 理论值，散点表示流域实际干旱指数 $(\mathrm{ET_p}/P)$ 对应的蒸散率 (E/P)，可以估算出参数 m 和 n_0。结果表明，最优估计参数 m 和 n_0 分别为 1.044 和 0.217。

利用水量平衡法和 3 种 Budyko 公式计算气候变化与人类活动对径流变化的贡献率 (表 6.11)，并绘制各要素在改变期 I 和改变期 II 相对基准期的变化比例图 (图 6.10)。由表 6.11 可知，改变期 I (1973~1985 年) 相对基准期 (1960~1972 年)，气候变化、人类活动引起的径流变化分别为 22.2%、−93.8%，说明此阶段人类活动对流域年径流减少起着重要作用。改变期 II (1986~2011 年) 相对基准期 (1960~1972 年)，由气候变化和人类活动引起的径流变化分别为 114.1%、−187.2%，表明虽然此阶段气候变化对径流变化的影响大幅度增加，但人类活动影响仍占主导地位。

表 6.11 气候变化及人类活动对径流变化的贡献率

时期	P/mm	ET_p/mm	Q/mm	m	n_0/%	$\eta1_c$/%	$\eta1_h$/%	$\eta2_c$%	$\eta2_h$%	$\eta3_c$%	$\eta3_h$%
1960~1972 年	38.7	2176.18	35.53	1.04	0.22						
1973~1985 年	47.71	2084.82	30.22	1.08	0.28	20.68	−120.68	22.06	−122.06	23.75	−123.75
1986~2011 年	53.87	1924.68	28.76	1.13	0.37	90.14	−190.14	123.58	−223.58	128.68	−228.68

注：$\eta1_c$、$\eta2_c$、$\eta3_c$ 分别为 Budyko、傅抱璞、Choudhury 公式计算的气候变化对径流变化的贡献率；$\eta1_h$、$\eta2_h$、$\eta3_h$ 分别为 Budyko、傅抱璞、Choudhury 公式计算的人类活动对径流变化的贡献率

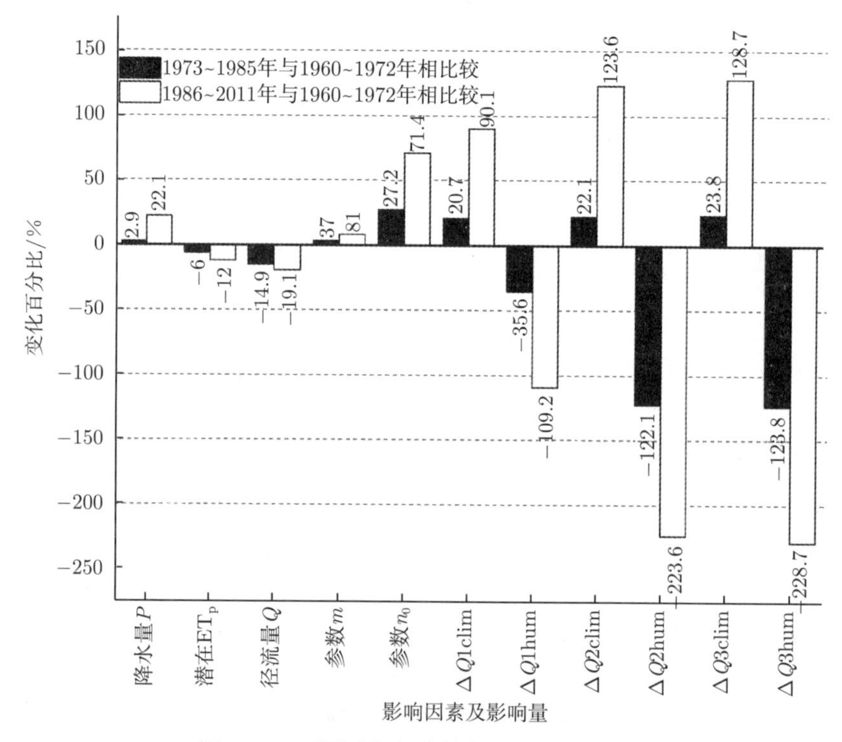

图 6.10 不同时段径流量变化归因成果分析

6.2.4 生态水流情势变化对气候变化和人类活动响应敏感性

根据降水、温度与径流的一元回归方程，建立基准期年径流和年降水量或者温度的相关关系，它们对应的回归模型为

$$y = ax + b \tag{6.16}$$

根据上述原理，建立基准期年径流和年降水量的相关关系，回归模型为

$$y = 245.47x + 49004 \tag{6.17}$$

式中，x 为年份 t 的降水量；y 为年份 t 的径流量。回归方程的相关系数 R 为 0.67。利用基准期的实测降水、径流数据的均值，建立反映近似天然状况下的降水–径流模式，然后计算出不同时段的降水、实测径流、径流的平均值。各个时段的计算值与基准期计算值的差值即为此时段降水变化对径流的影响量，各时段与基准期的实测差值再减去降水变化的影响量，即得到人类活动的影响量，具体如表 6.12 所示。

表 6.12 降水和人类活动对流域径流影响的计算结果

时期	降水 /mm	径流			降雨因素		人类活动因素	
		实测值 /(10^8m^3)	计算值 /(10^8m^3)	总影响量 /(10^8m^3)	影响量 /(10^8m^3)	影响率/%	影响量 /(10^8m^3)	影响率/%
1960~1973 年	37.8	18679.1	—	—	—	—	—	—
1974~1980 年	47.5	16601.8	6403.9	−26627.7	12275.2	46.1	−14352.5	53.9
1981~1990 年	57.4	16477.8	12023.2	−15512.9	6655.8	42.9	−8857.1	57.1
1991~2000 年	54.6	15251.8	11839.08	−17107.2	6840.0	39.9	−10267.2	60.1
2001~2011 年	49.2	16433.3	7987.18	−23629.6	10691.9	45.3	−12937.7	54.8

针对各阶段的降水和径流进行分析，结果表明干流的径流过程既受降水变化的影响，也受人类活动的影响。人类活动的影响呈现先增加后减少的趋势，20 世纪 90 年代是转折点。由于塔里木河流域自身并不产流，其径流主要由山区的冰川积雪融水补给，因此对温度响应比较敏感。大量研究表明，冰川融雪补给河流的产流产沙对气温的敏感性较高，气温和径流的相关性较高。因此这里的气候要素要考虑气温变化对径流减少的影响。同理，建立基准期年径流和温度的相关关系，回归模型为

$$y = -6708x + 131528 \tag{6.18}$$

式中，x 为年份 t 的平均温度；y 为年份 t 的径流量。回归方程的相关系数 R 为 0.61。气温和人类活动对干流径流影响的计算结果见表 6.13。

表 6.13 气温和人类活动对流域径流影响的计算结果

时期	温度 /℃	径流			温度因素		人类活动因素	
		实测值 /(10^8m^3)	计算值 /(10^8m^3)	总影响量 /(10^8m^3)	影响量 /(10^8m^3)	影响率 /%	影响量 /(10^8m^3)	影响率 /%
1960~1973 年	10.7	18778.2	—	—	—	—	—	—
1974~1980 年	10.7	16340.0	18806.6	−4905.0	28.4	49.7	−2466.7	50.3
1981~1990 年	10.8	14392.9	19191.4	−9183.8	413.2	47.8	−4798.5	52.2
1991~2000 年	10.8	17174.3	19483.7	−3913.3	705.5	41.0	−2309.4	59.0
2001~2011 年	11.0	15947.9	20161.0	−7043.5	1382.8	45.2	−4213.2	54.8
1960~1973 年	10.8	16722.1	18612.4	−6261.4	632.5	44.7	−3446.9	55.3

针对温度变化和人类活动的影响分析，可以发现，人类活动的影响也是呈现先增加后减少的趋势，转折点在 20 世纪 90 年代，人类活动的影响占 55%左右，气候变化的影响占 45%左右，并且相比降水，径流对温度的敏感性较高。

利用无参数的 Budyko 公式和有参数的傅抱璞公式、Choudhury 公式分别计算降水、潜在蒸散发和下垫面系数敏感性系数 (表 6.14)。结合傅抱璞公式、Choudhury 公式的计算结果得出，自基准期以来，降水、潜在蒸散发和下垫面敏感性系数呈明显增加趋势；在改变期Ⅱ，径流变化对降水、潜在蒸散发和流域特性参数变化的敏感性系数为 1.19、−0.19、−1.93，表明降水、潜在蒸散发或流域特性参数变化 1%时，径流变化为 1.19%、−0.19%或 1.93%。研究表明，流域径流变化对下垫面变化的敏感性最高，其次是降水和潜在蒸散发变化；在降水和蒸散发的影响下，径流变化对降水的敏感性较高。

表 6.14 不同时期径流变化对气候变化和人类活动的敏感性

时期	Budyko 公式		傅抱璞公式			Choudhury 公式		
	ε_P	$\varepsilon_{\mathrm{ET_p}}$	ε_P	$\varepsilon_{\mathrm{ET_p}}$	ε_m	ε_P	$\varepsilon_{\mathrm{ET_p}}$	ε_{n_0}
基准期 (1960～1971 年)	2.999	−1.999	1.044	−0.044	−0.501	1.061	−0.061	−0.791
改变期Ⅰ (1972～1985 年)	2.998	−1.998	1.082	−0.082	−1.253	1.127	−0.127	−0.992
改变期Ⅱ (1986～2015 年)	2.999	−1.999	1.129	−0.129	−1.975	1.263	−0.263	−1.883

对比分析不同 Budyko 公式的结果发现：有参数的傅抱璞公式、Choudhury 公式计算的敏感性系数计算结果基本一致，自基准期至改变期Ⅱ，径流变化对降水、潜在蒸散发和流域特性参数变化的敏感性呈增加趋势；而无参数的 Budyko 公式计算结果与傅抱璞公式、Choudhury 公式存在差异，自 1972 年以来径流变化对降水、蒸散发的敏感性无明显变化。这可能与 Budyko 公式经验性特征及未考虑针对不同地区的模型参数等因素有关。对于降水、潜在蒸散发等气候条件显著变化、人类活动强烈干扰的塔里木河流域地区，忽略下垫面变化对水文过程的影响，是导致无参数的 Budyko 公式适用性较差的主要原因。傅抱璞公式、Choudhury 公式的计算结果与以往研究结果基本一致，如陈忠升得出 20 世纪 70 年代至 21 世纪初，人类活动的贡献率呈显著增加趋势，分别为 54.78%、155.33%、299.17%、218.51%(陈忠升，2016)。因此，研究结果虽不能完全反映气候变化和人类活动对径流变化的影响程度，但可为水资源管理及开发利用提供理论依据。

为确定敏感性系数的变化趋势，以 Choudhury 公式为例，绘制气候敏感性系数和下垫面敏感性系数随干旱指数变化的关系曲线 (图 6.11)。其中虚线表示不同下垫面下的敏感性系数理论值，散点代表流域实际径流敏感性系数。研究表明，塔里木河流域实测降水敏感性系数集中于 1.00～1.53，蒸发敏感性系数处于 −0.53～0.00，而下垫面敏感性系数范围是 −3.03～ −0.09。相同下垫面条件下，随干旱指数的增加，气候和下垫面敏感性系数均增大，并且下垫面敏感性系数具有更明显的涨幅，这说明在干旱地区，径流变化对二者的敏感程度较高，并且下垫面变化引起的径流改变更为显著；而在相同干旱指数的气候区，随着参数 n_0 的增加，气候敏感性系数和下垫面敏感性系数的值均显著增加，换言之，在同一地区，随着土地利用和植被覆盖变化的加剧，径流变化对气候变化和人类活动更为敏感。

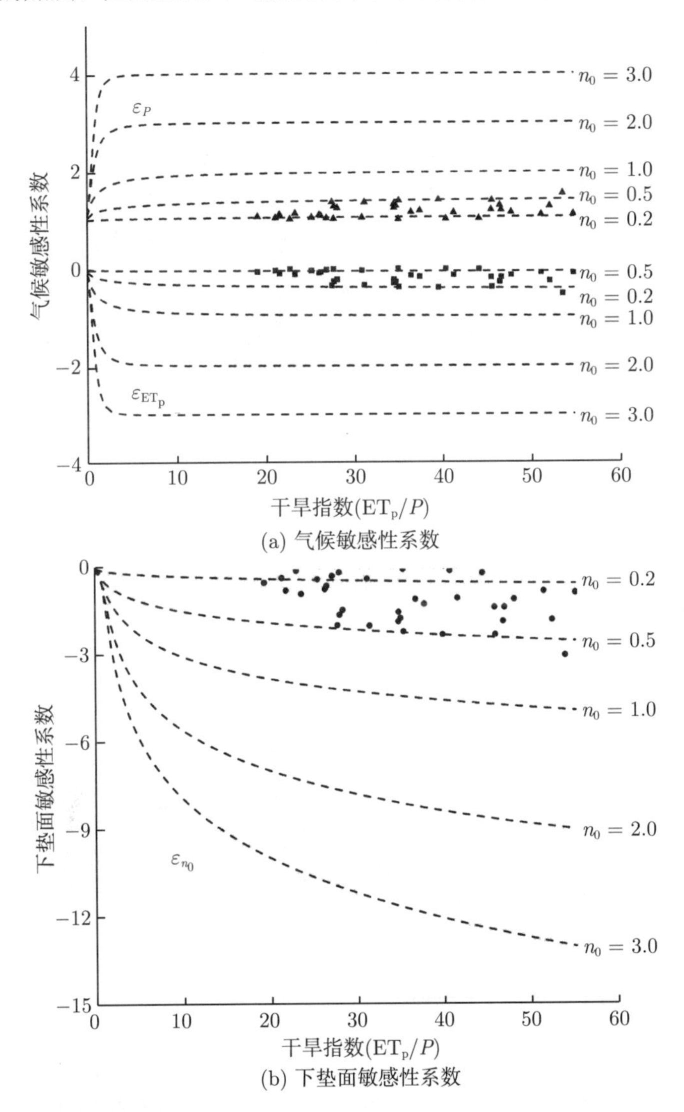

图 6.11 随干旱指数和下垫面变化的气候敏感性系数和下垫面敏感性系数

由敏感性系数的空间分布可知，流域尺度上径流变化对气候变化和下垫面变化的敏感性表现为明显的时空变异特征 (图 6.12)。从塔里木河流域上游到下游，干旱指数显著增加，径流对降水、潜在蒸散发和流域特性参数的敏感性逐渐增加。从基准期到改变期Ⅱ，同一地区干旱指数明显减少，但降水、潜在蒸散发和流域特性参数的敏感性显著增加。并且，随着流域气候由暖干向暖湿转化，径流变化对降水、潜在蒸散发和下垫面变化的敏感性不但没有减少，而且呈现显著的增加趋势。

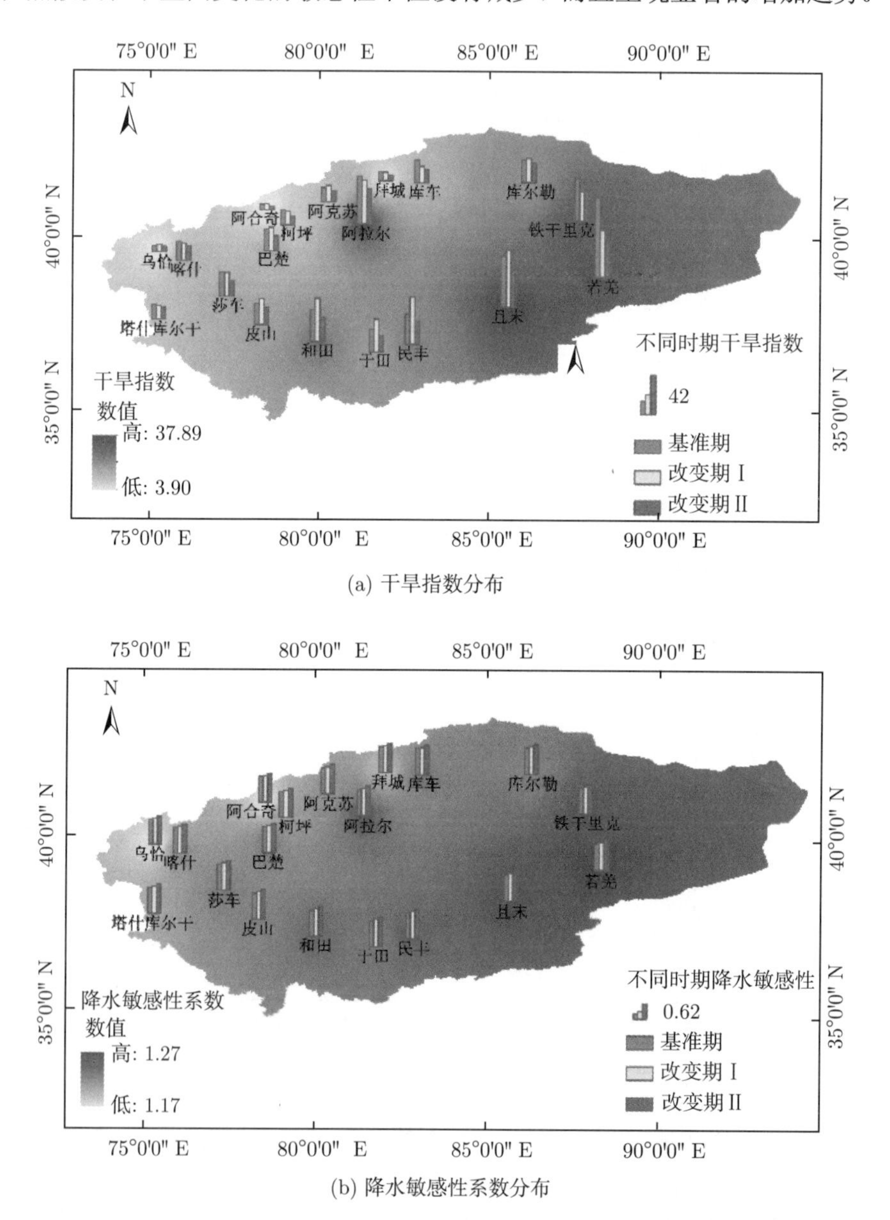

(a) 干旱指数分布

(b) 降水敏感性系数分布

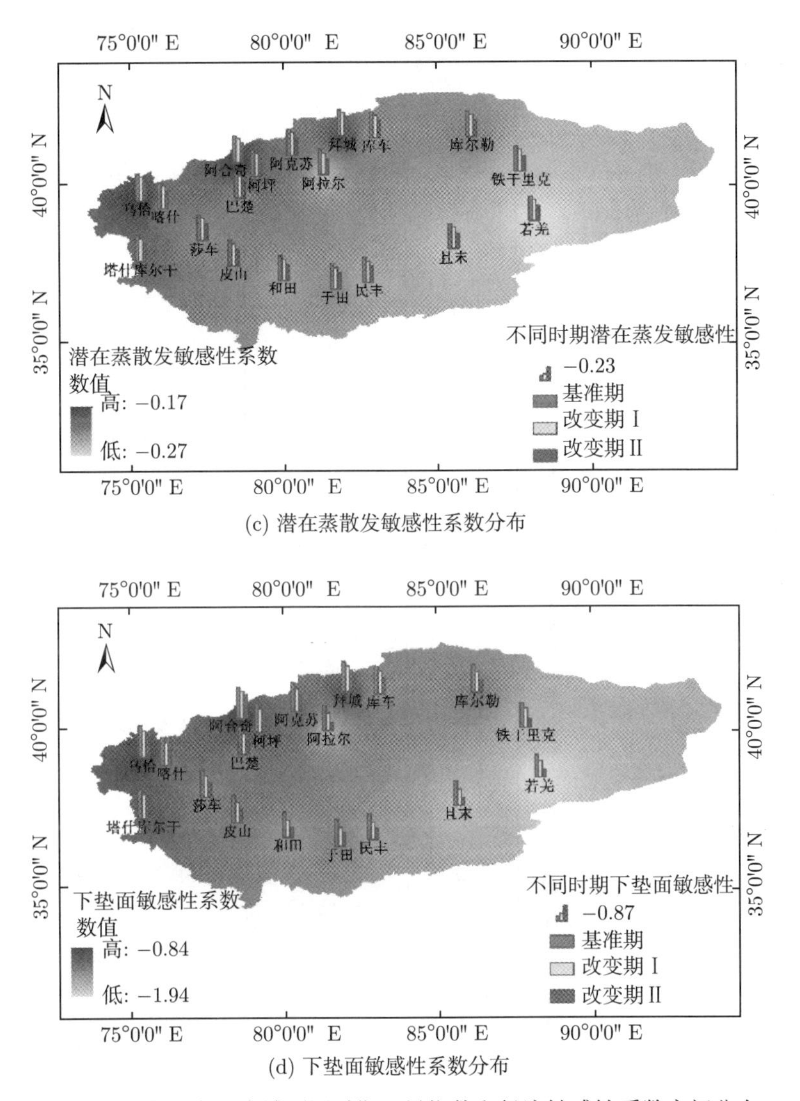

(c) 潜在蒸散发敏感性系数分布

(d) 下垫面敏感性系数分布

图 6.12 塔里木河流域不同时期干旱指数和径流敏感性系数空间分布

6.2.5 影响成因分析

塔里木河流域人类活动对径流变化的影响主要包括大面积耕地引起绿洲耗水量增加、水库修建导致蒸散发渗漏损失严重等。采用 1980~2015 年的五期土地利用和植被覆盖数据，对比分析了六种植被类型的变化趋势 (图 6.13)。经分析，自 1980 年、1990 年、2000 年、2008~2015 年，塔里木河流域的耕地、林地和居民用地面积呈阶段性增加，2015 年较 1980 年分别增加了 51.84%、19.53%和 40.14% (表 6.15)。

表 6.15　塔里木河流域五期土地利用和植被覆盖变化

年份	耕地		林地		草地		水域		居民用地		未利用土地	
	面积/km^2	变化率/%	面积/km^2	变化率/%	面积/km^2	变化率/%	面积/km^2	变化率/%	面积/km^2	变化率/%	面积/km^2	变化率/%
1980	24502		10672		260551		36694		1607		647064	
1990	24503	0.00	10674	0.02	260526	−0.01	36544	−0.41	1608	0.06	647075	0.00
2000	26930	9.91	13806	29.37	253732	−2.62	37292	1.63	1648	2.55	648079	0.16
2008	31684	29.31	13163	23.34	251367	−3.52	36775	0.22	1710	6.41	646588	−0.07
2015	37203	51.84	12756	19.53	248021	−4.81	36767	0.20	2252	40.14	644288	−0.43

在大多数流域，当参数 n 的变化与植被增加的变化趋势一致时，表明植被增加是导致径流减小的主要原因之一 (张树磊等，2015)，而塔里木河流域参数 n 自基准期到改变期Ⅱ呈现 0.217、0.276 和 0.372 的增加趋势，说明植被覆盖面积增加与径流减少密切相关。塔里木河流域地区农业经济高度依赖水资源，耕地面积扩张是灌溉引水量增加的主要原因。由图 6.14 可知，自基准期至改变期Ⅱ，平均绿洲耗水量依次为 $131.42\times10^8\mathrm{m}^3$、$138.57\times10^8\mathrm{m}^3$ 和 $150.36\times10^8\mathrm{m}^3$。而已有研究表明，塔里木河流域三源流年内新增耕地面积与耗水量之间均具有较好的正相关关系 (满苏尔·沙比提和努尔卡木里·玉素甫，2010)，这从一定程度上证实了绿洲耕地面积不断扩大是导致径流减少的重要原因。

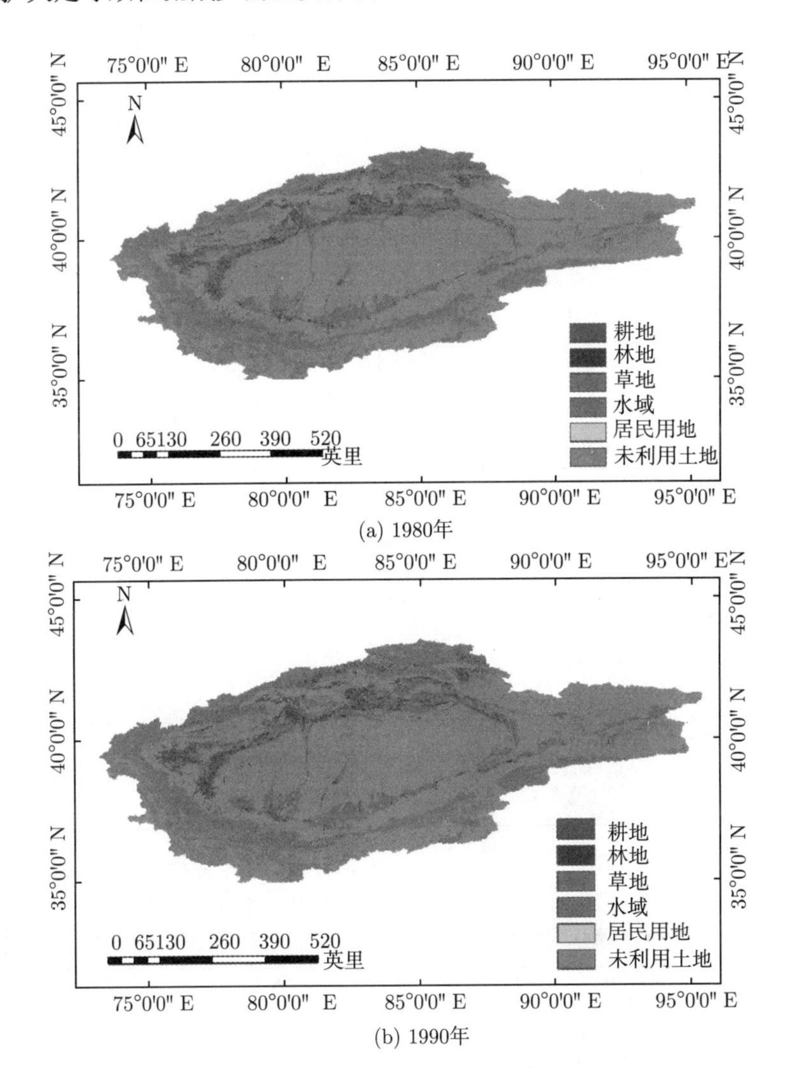

(a) 1980年

(b) 1990年

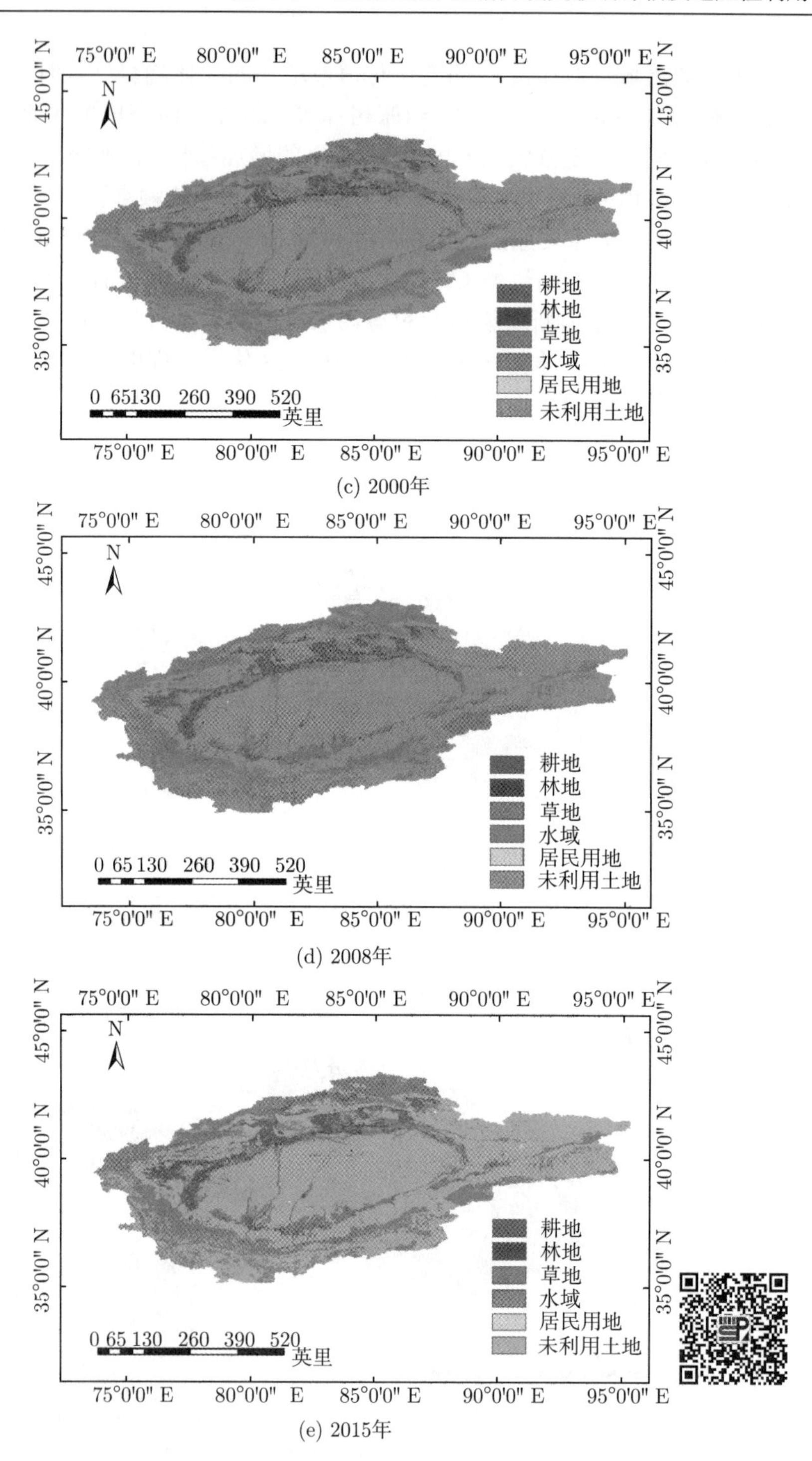

(c) 2000年

(d) 2008年

(e) 2015年

图 6.13　塔里木河流域不同时期土地利用和植被覆盖情况

此外，人类活动在生产过程中修建的水库对径流变化影响剧烈。1981~2006 年，三大平原水库耗水量均呈现显著的上升趋势 (图 6.14)，并且在 1986 年前后呈现阶段性上升趋势。与此同时，孙晓娟 (2010) 采用水均衡估算出 1981~2006 年胜利水库、多浪水库和上游水库的年耗水率分别为 17.9%、26.9%和 21%，年蒸发渗漏损失量高达 $6.28\times10^8\text{m}^3$。水库耗水量占总耗水量的比例呈阶段性下降趋势，进一步说明人类活动在其他用水领域的强度不断增加，再次证实了人类活动影响剧烈的本质原因。

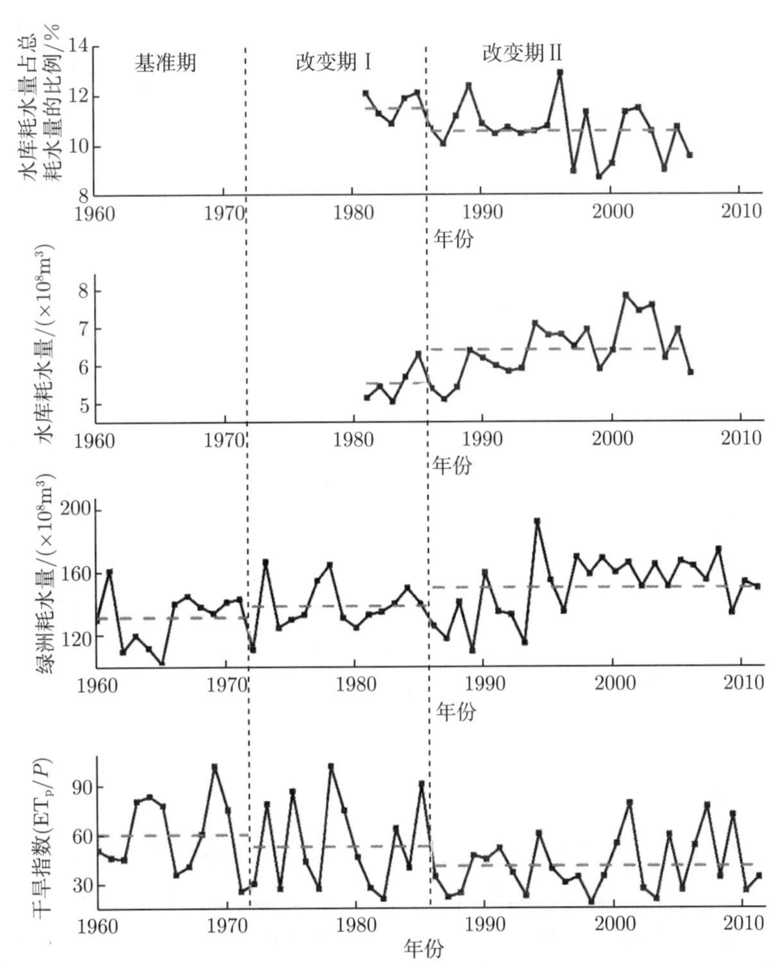

图 6.14 1960~2011 年塔里木河流域干旱指数、绿洲耗水量及平原水库耗水量变化

综上分析，基于 3 种 Budyko 公式和水量平衡法得到的塔里木河干流径流变化对气候变化和人类活动的敏感性结果符合客观事实，进一步深化了人们对河川径流减少原因的整体认识。

6.3 生态水流的适应性利用

引水灌溉、筑坝蓄水等水资源开发利用行为所引起的自然水流情势改变，是导致许多河流生态问题的主要原因之一 (Lessard et al., 2013；Duethmann et al., 2015)。生态水流适应性利用是指在保证河流生态系统良性循环的前提下，水资源开发利用过程中，考虑人类活动、气候变化、陆面变化等环境变化对水文过程的影响，调整水文过程以适应生态变化的水流利用模式 (左其亭，2017)。生态水流适应性利用概念的提出正是为了缓解河流水资源开发利用与生态环境保护的矛盾。近年来, 流域生态水流评估理论和方法进展显著。国内外学者对生态水流的理论研究从最早阶段的最小保证生态需水量 (杨志峰等，2004)，到在不同季节或不同月份维持阶梯式变化的标准流量 (胡和平等，2008)，再到形成一种具有季节性涨落变化的动态水文过程 (董哲仁等，2010)。随着河流水文、水质、泥沙和生物研究的深入，基于生态–水文响应关系的生态水流评估得到广泛关注 (Szemis et al., 2015)。Wang 等 (2013) 采用整体法针对单项生态目标分别建立了水文指标与生态指标之间的量化关系, 结合生态保护目标和人类需水综合估算了环境水流；薛联青等 (2017) 采用改进的变化范围法定量评估了水库兴建对下游河流生态水文情势的影响。这些生态水流评估研究一般假设自然水流情势是生态水流的最佳状态 (Poff et al., 2010)。然而，近几十年来，气候和下垫面条件的变化已经导致生态水流情势发生显著改变。鉴于此，生态水流情势的适应性利用应基于相似的动态水流变化基础，研究有必要确定水资源开发利用的合理理想水流状态 (Summers et al., 2015)。本书以干旱区塔里木河流域为研究区，从丰、平、枯水年的角度分析源流及干流的生态水流情势，基于逐步回归和自回归滑动平均的组合回归模型，构建适应于生态变化的不同利用方式的水流变化方程，可为流域构建适宜的生态水文条件及水资源适应性利用提供科学参考。

6.3.1 生态水流情势分析

水流情势是河流生态过程的重要驱动力，水流季节性涨落、年际变化过程与河流水质、泥沙及水生生物的更替过程之间存在着天然匹配的契合关系 (Wang et al., 2013)。采用线性回归方程对 1960~2015 年塔里木河源流及干流径流变化过程拟合年际变化趋势 (图 6.15)。从图 6.15 可以看出，源流和干流年际变化趋势不一致，总体上源流来水量呈增加趋势，干流来水量呈减少趋势。采用滑动 T 检验对源流及干流年径流变化趋势进行检验 (图 6.15)。经检验，源流地表径流在 1993 年前后变化明显，其中，阿克苏河、叶尔羌河和和田河的趋势系数分别为 $0.018\times10^8\text{m}^3/\text{a}(P<0.01)$、$0.027\times10^8\text{m}^3/\text{a}(P<0.05)$、$0.006\times10^8\text{m}^3/\text{a}(P=0.12)$。干

流地表径流在 1972 年前后变化显著，呈 $0.018\times10^8\text{m}^3/\text{a}(P<0.05)$ 的减少趋势。

源流地表径流表现为显著增加趋势，而干流地表径流呈减少趋势，反映 50 多年来区间耗水量呈增加趋势。其最主要原因可能与源流区农业灌溉面积扩大和无序开挖引排等有关。随着塔里木河流域气候在 20 世纪 80 年代开始明显地“增暖变湿”(Ling et al., 2014b)，源流区地表径流呈现不同程度的增加，但由于人类活动规模和强度的持续增加，干流生态环境逐渐退化。2000 年以后，各项综合治理措施的采取使整个流域生态环境有所改善，但仍然处于极其脆弱的局面。因此，借助有利的气候条件，完善水资源配置体系的建设，是当前塔里木河流域的适应性利用的关键对策。

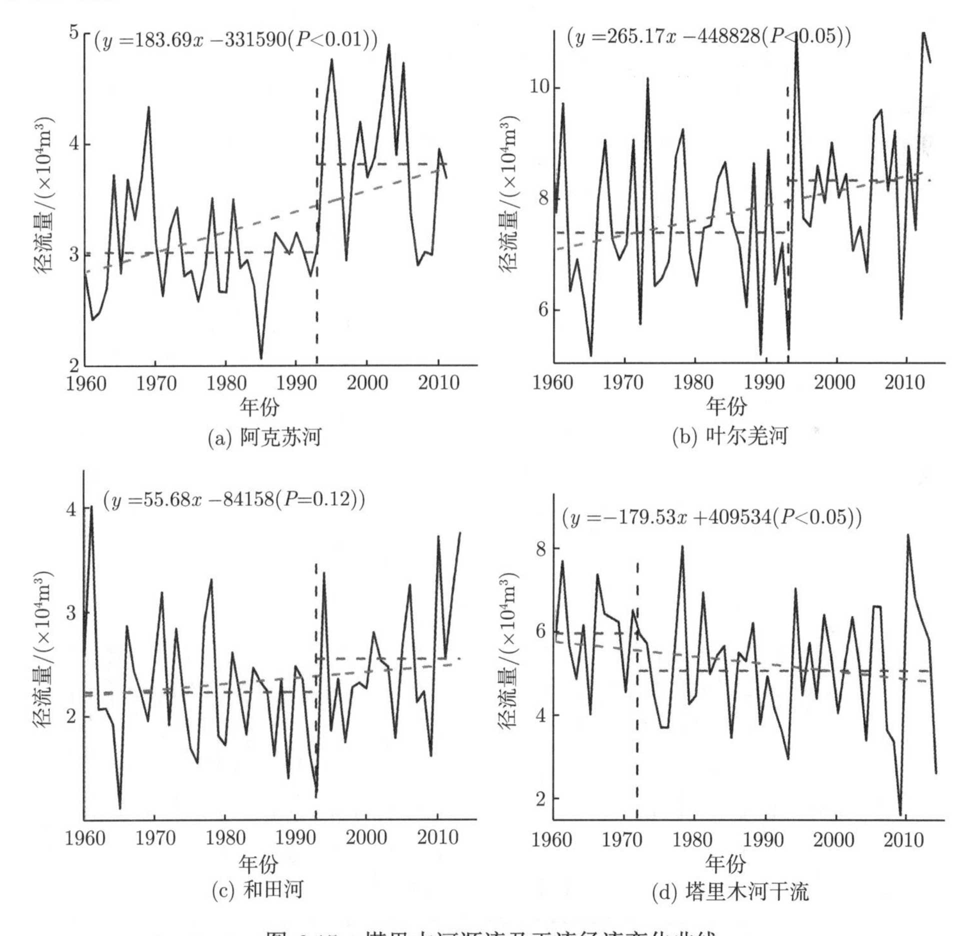

图 6.15 塔里木河源流及干流径流变化曲线

滑动 T 检验中，$P<0.01$ 表示特别显著变化；$P<0.05$ 表示显著上升 (下降)；$P\geqslant0.05$ 表示变化不显著

流域生态状况与自然水文过程是可自由流动河段生态水流情势评估的参考。根

据 1960~2011 年塔里木河源流及干流的水文频率曲线，查得其 10%、25%、50%、75%和 90%对应的径流量，并计算出不同频率对应的源流区间耗水量 (表 6.16)。由表 6.16 可知，随着频率的增加，源流区间耗水量呈减小趋势。当源流来水频率小于 50%(偏丰) 时，干流径流的增加幅度小于源流，源流区间耗水量的增加幅度较为明显；当频率大于 50%(偏枯) 时，干流径流的减小幅度小于源流，区间耗水量减小幅度较为平缓。这说明在丰水期，源流地表水资源被大量灌溉引水利用，以及河道漫溢、水面蒸发等加剧导致水流损耗严重；在枯水期，管理措施的实施保障了流域水资源的空间均衡。图 6.16 给出了源流及干流的年径流丰枯等级，表明源流区水文过程呈现显著的“由枯转丰”的趋势，干流区水文过程呈现“由丰转枯”的趋势。结合表 6.16 的耗水量数据，预测未来一段时间，源流区间耗水量仍保持明显的增加趋势，应及时采取有效应对措施。依据生态水流情势特征，发展适宜的生态功能区对流域生态环境具有重要意义，如高流量过程适合乔木类植物生长和生物的繁殖与迁徙，低流量过程有利于灌木、草地的生长和生物越冬。

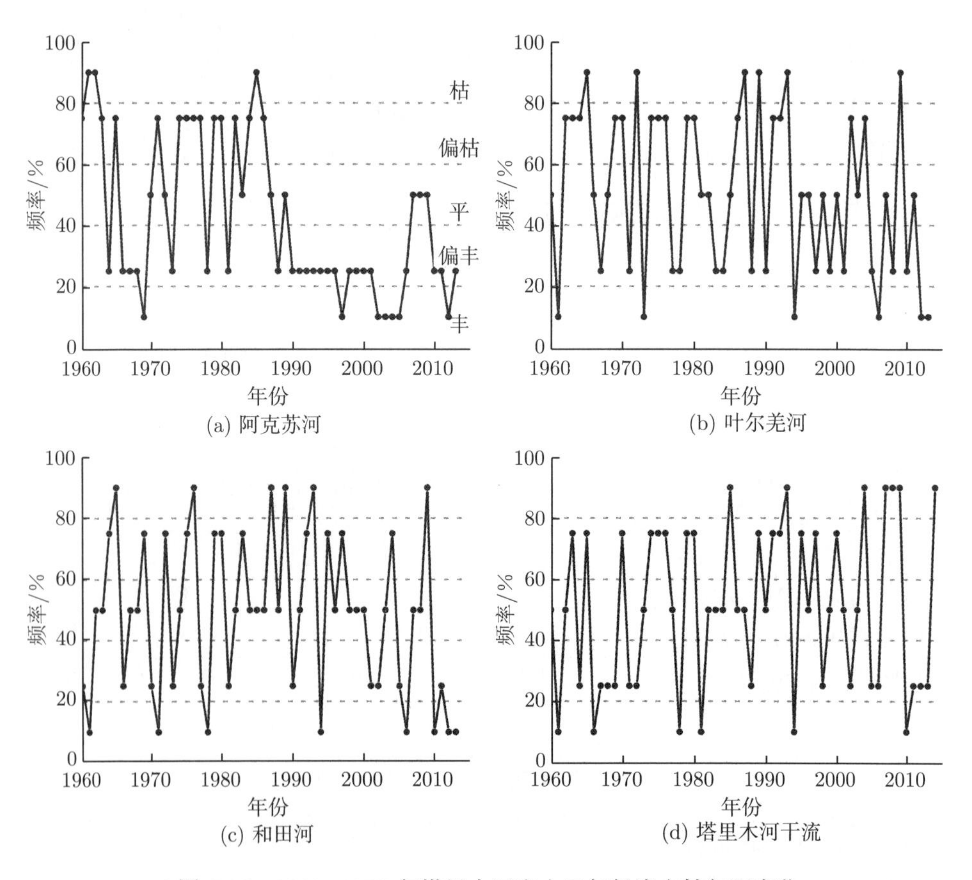

图 6.16 1960~2015 年塔里木河出山口年径流丰枯年际变化

表 6.16 不同频率下源流区间耗水量的预测

频率/%	相应频率源流总径流量/($\times10^8\mathrm{m}^3$)	相应频率干流径流量/($\times10^8\mathrm{m}^3$)	预测源流区间耗水量/($\times10^8\mathrm{m}^3$)
10	243.08	69.98	173.10
25	214.39	53.64	160.75
50	198.58	44.76	153.82
75	172.83	36.42	136.41
90	160.82	31.09	129.73

6.3.2 生态水流适应性利用

1. 组合回归模型

选择 ARMA 模型和组合回归模型进行对比分析，从而确定组合模型与单个模型在塔里木河流域的适用性。组合回归模型基于逐步回归和自回归模型，不仅克服了传统直接采用径流分析掩盖可能的周期及随机规律方法的缺陷，而且能够有效提高模拟的精度。根据生态水文过程的水量平衡关系，源流来水量 $L(t)(t=1,2,\cdots,n;n$ 为样本个数) 一般由河道渗透量、生态变化天然补给量、生态变化周期性水量和生态变化随机性水量组成，表达式如下：

$$L(t)=S(t)+T(t)+P(t)+R(t) \tag{6.19}$$

而地表径流量 $X(t)(t=1,2,\cdots,n;n$ 为样本个数) 可表示源流来水量 $L(t)$ 与河道渗透量 $S(t)$ 的差值：

$$X(t)=L(t)-S(t) \tag{6.20}$$

式 (6.19) 中，$S(t)$ 为河道沿程渗透量；$T(t)$ 为生态变化天然补给量；$P(t)$ 为生态变化周期性水量；$R(t)$ 为生态变化随机性水量。生态变化天然补给量表示水文过程因水文或气象因素引起的季节性或多年变化趋势；生态变化周期性水量表示水文过程按年、月等呈现的周期性变化；生态变化随机性水量表示临时性、偶然性的因素引起水文过程的随机变化水量。

本书首先运用非平稳序列逐步回归趋势分析和周期分析将生态变化天然补给量 $T(t)$ 和生态变化周期性水量 $P(t)$ 分离出来，获得 $\hat{T}(t)$ 、$\hat{P}(t)$ 序列，$\hat{T}(t)$、$\hat{P}(t)$ 序列为稳定性成分；生态变化周期性水量和生态变化天然补给量分离后的生态变化随机性水量是非平稳时间序列，利用自回归滑动平均模型 (ARMA(p,q)) 进行拟合，可得到生态变化随机性水量的表达式 (汤成友等，2007)。

1) 生态变化天然补给量的分离

借助 SPSS19.0 软件，采用非平稳序列逐步回归分析法对水文过程进行预报因子选择，对预报因子进行统计检验，若所有回归系数为零的假设不成立，则能够认定该水文过程存在生态变化天然补给量函数；反之，该水文过程不存在生态变化天然补给量函数。生态变化天然补给量函数是预报对象和预报因子之间的函数关系。对于剔除渗透量后的地表径流过程 $X(t)(t=1,2,\cdots,n)$，生态变化天然补给量函数的近似值可表示为

$$T(t)=b_0+b_1t+b_2t^2+b_3t^3+b_4t^4+b_5t^{-1}+b_6t^{-2}+b_7t^{-1/2}+b_8t^{1/2}+b_9\mathrm{e}^t+b_{10}\ln t \tag{6.21}$$

逐步回归模型将时间变量 t 组成的 t、t^2、t^3、t^4、t^{-1}、t^{-2}、$t^{-1/2}$、$t^{1/2}$、e^t、$\ln t$ 等作为预报因子，年径流量序列作为预报对象，回归计算中对预报因子进行筛选，在信度 α=0.05 时选择预报因子，直到引入所有合格的预报因子，回归结束，计算各被选变量的回归方程及模拟精度。若方程对应的显著性水平小于 0.05，可以拒绝原假设，表明回归方程预报因子整体上对预报对象有显著性的线性影响，回归方程显著。

2) 生态变化周期性水量的分离

将地表径流过程 $X(t)$ 剔除生态变化天然补给量 $T(t)$ 后的序列作为生态变化周期性水量的预报序列 $y(t)$，预报序列 $y(t)$ 依次按长度 $l(2\leqslant l\leqslant m)$ 进行分组：

$$\begin{gathered}y(1),\cdots,y(i),\cdots,y(l)\\ y(1+l),\cdots,y(i+l),\cdots,y(2l)\\ \cdots\\ y(1+(n_0-1)l),\cdots,y(i+(n_0-1)l),\cdots,y(n)\end{gathered} \tag{6.22}$$

式中，n 为原序列样本长度；n_0 为满足 $i+(n_0-1)l\leqslant n$ 的最大整数；$m=\mathrm{int}(n/2)$。对各组求平均，则得到一个长度为 l 的平均值序列，称为长度为 l 的试验周期序列。按不同长度分组为 $(m-1)$ 个试验周期序列。将各试验周期序列按其周期性外延，时期长度为 n，并将这 $(m-1)$ 个新序列视为因子 $x_1,x_2,\cdots,x_m$，则回归方程生态变化周期性水量可以表示为

$$P(t)=\sum_{t=1}^{m}(a_tx_{i,t}) \tag{6.23}$$

式中，i 为周期数，$i=2,3,\cdots,m$；t 为时间，$t=1,2,\cdots,n$。利用逐步回归方法，对 $x_1,x_2,\cdots,x_{m-1}$ 进行变量的引入和剔除，直到既无变量可剔除又无变量可引入为止，记下被选变量的序号 i。计算各被选变量的回归方程及模拟精度。若方程对应的显著性水平小于 0.05，可以拒绝原假设，表明回归方程预报因子整体上对预报对象有显著性的影响，回归方程显著。

3) 生态变化随机性水量的分离

将地表水文过程 $X(t)$ 的生态变化天然补给量 $\hat{T}(t)$ 和生态变化周期性水量 $\hat{P}(t)$ 分离后，得到生态变化随机性水量 $R(t)$，分离后的剩余值可用式 (6.24) 表示；借

助 Eviews7.2 软件，对序列应用自回归滑动平均模型 (ARMA(p,q)) 进行估计。利用 AIC 准则等识别使模型的 AIC 值最小的模型阶数 (p,q) 。设生态变化随机性水量序列为 $z(t)$，预报模型按照式 (6.25) 计算。

$$R(t)=X(t)-\hat{T}(t)-\hat{P}(t) \tag{6.24}$$

$$z(t)=\varphi_0+\varphi_1 y_{t-1}+\varphi_2 y_{t-2}+\cdots+\varphi_p y_{t-p}+\varepsilon_t-\theta_1\varepsilon_{t-1}-\theta_2\varepsilon_{t-2}-\cdots-\theta_q\varepsilon_{t-q} \tag{6.25}$$

式中，φ_p 是自回归模型的系数；θ_q 是滑动平均模型的系数。模型的输入资料分为率定期和检验期，利用率定期的资料进行参数率定，拟合模型参数方程，然后将检验期的资料带入模型，比较率定期和检验期的精度。

4) 模拟精度评价标准

根据《水文情报预报规范》(GB/T 22482—2008) 中长期预报精度的评价方法，当一次预报的误差小于许可误差 (20%) 时，视为合格。合格预报次数与总次数的百分比为合格率，表示预报总体精度水平。预报合格率(QR) 计算公式如下：

$$\mathrm{QR}=\frac{m}{n}\times 100\% \tag{6.26}$$

式中，m 为合格预报次数；n 为预报的总次数。预报项目的精度按照预报合格率的大小分为 3 个等级 (表 6.17)。

表 6.17 预报项目精度等级

项目	甲	乙	丙
合格率QR/%	QR⩾85	85>QR⩾70	70>QR⩾60

预报精度达到甲、乙两个等级者，可用于发布正式预报；精度达到丙级者，可用于参考性预报，精度丙级以下者，只能用于参考性估报。

2. 生态变化天然补给量

当前生态调度主要遵循总量控制原则，对生态水文情势的适用性利用考虑仍较欠缺。生态水流适应性利用根据水文情势和生态需求来利用，在空间上和时间上分段分片分别给予保证。生态水流适应性利用作为一种更有效的生态调度方式，主要根据丰、平、枯水年的生态水流的周期、趋势和洪峰低谷等的变化特征，在时间上和空间上实行定期和不定期水量分配，从而更有效地利用有限的水资源。因此，生态水流适应性利用是一种完全适应于环境变化的可保障水资源系统良性循环的水资源利用方式。以塔里木河流域源流及干流年径流序列为例，将历史时期分为率定期 (1960~2000 年) 和检验期 (2001~2011 年)，分别采用 ARMA 模型和组合回归模型进行适应性的对比分析。ARMA 模型直接对生态水流序列进行预测，而组合回归模型将流域生态水流按照不同利用方式分为生态变化天然补给量、生态变化周期性水量和生态变化随机性水量进行预测。

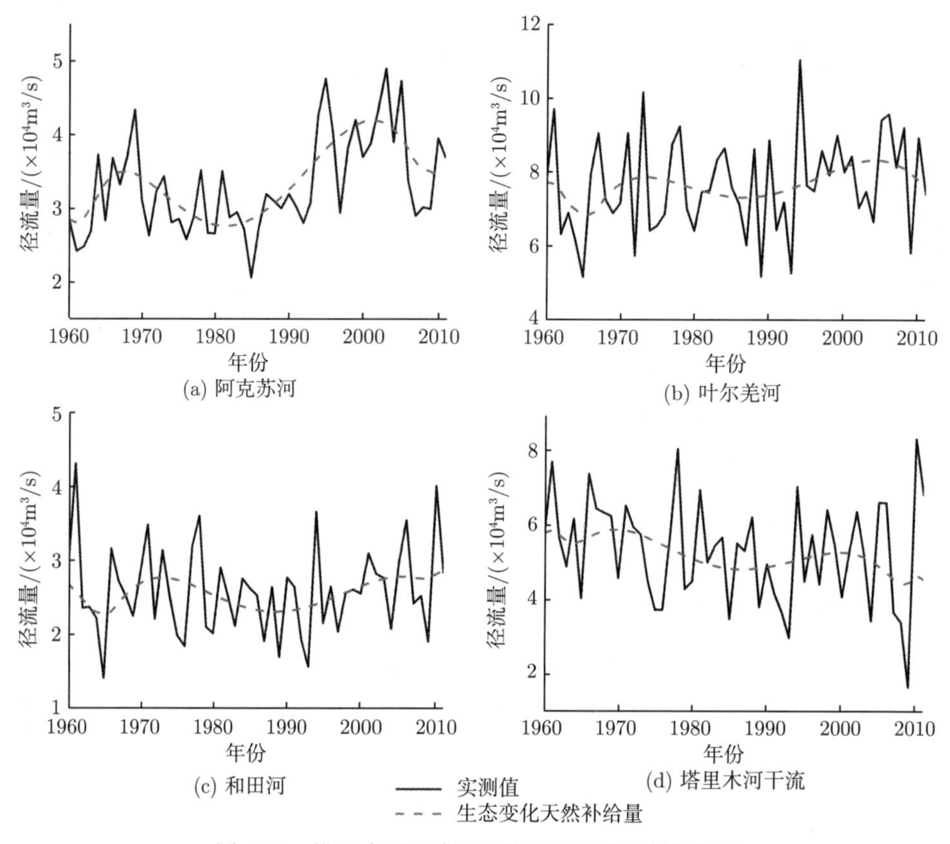

图 6.17　塔里木河源流及干流天然补给量变化趋势

采用式 (6.21) 中的时间变量 t 组成的 t、t^2、t^3、t^4、t^{-1}、t^{-2}、$t^{-1/2}$、$t^{1/2}$、e^t、$\ln t$ 等作为预报因子，1960~2000 年的年径流序列作为预报对象，建立生态变化天然补给量方程，绘制历史拟合曲线如图 6.18 所示。对比分析源流及干流的年径流生态变化天然补给量方程，可得出相应方程的回归系数、相关系数、统计量和显著性水平 (表 6.18)。

生态变化天然补给量方程中，阿克苏河对应的显著性水平小于 0.05，回归方程显著，其他源流及干流不显著。由图 6.18 可知，源流径流呈增加趋势，这是由于 20 世纪 80 年代以来，新疆气候呈现持续变暖的趋势，温度升高引起大量冰川融雪补给径流，而干流径流呈不显著的减少趋势，说明人类活动的增强已严重影响正常的生态水文过程。立足有利的气候条件，加强水资源的开发利用管理，在具体策略上考虑干流生态补水的亏损量，以适应生态环境的良性循环。

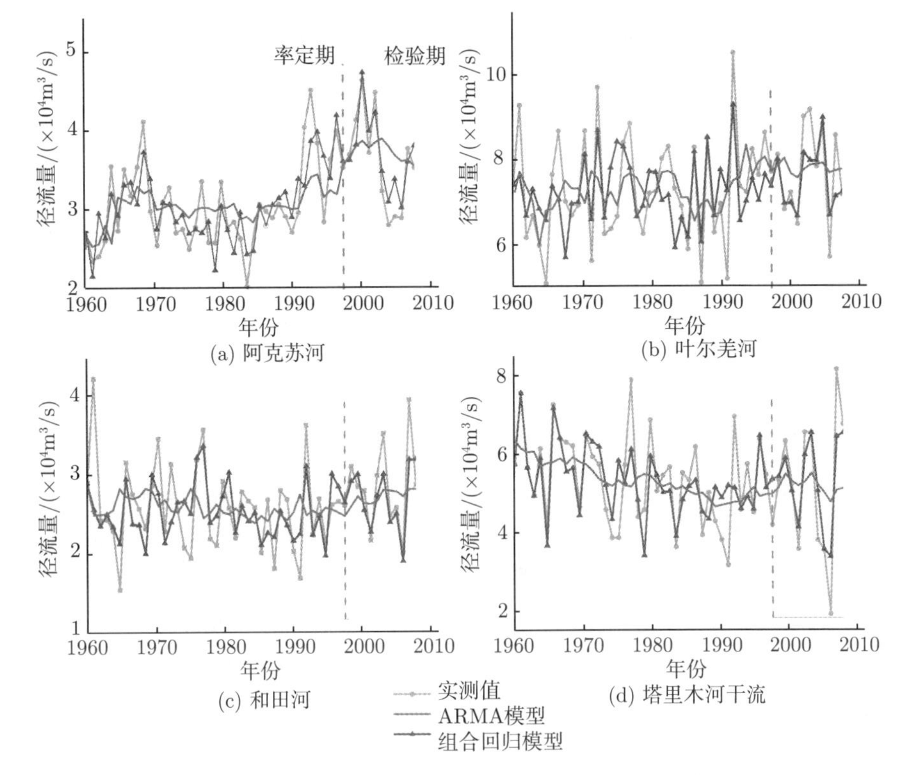

图 6.18 自回归滑动平均模型与组合回归模型预测结果对比

表 6.18 生态变化天然补给量模型参数 (回归系数) 及统计检验

流域名称	回归系数							相关系数 R	统计量 F	显著性
	b_0	b_1	b_3	b_4	b_5	b_6	b_{10}			
阿克苏河	−82287.5	−7903.9	5.4	−0.1	155341.8	−36673.5	76590.0	0.777	9.581	0.000
叶尔羌河	−518694.5	−17596.7	6.9	−0.1	1189403.9	−575698.1	282662.6	0.381	1.065	0.402
和田河	−310594.0	−9692.4	3.6	0.0	695332.2	−346012.6	158345.8	0.497	2.063	0.068
塔里木河干流	−346583.4	−14305.2	6.7	−0.1	815811.1	−397146.2	201885.5	0.422	1.358	0.247

3. 生态变化周期性水量

根据式 (6.19) 和式 (6.20) 剔除生态变化天然补给量后的预报序列 $y(t)$ 按式 (6.22) 和式 (6.23) 计算，分别得到源流及干流的生态变化周期性水量方程。对比分析源流及干流的年径流生态变化周期性水量方程，可得出相应方程的相关系数、统计量和显著性水平 (表 6.19)。生态变化周期性水量方程中，阿克苏河、和田河和塔里木河干流显著性水平小于 0.05，回归方程显著。由生态变化周期性水量方程可知，阿克苏河、叶尔羌河、和田河和塔里木河干流对应的生态水文过程周期分别为

2a、3a、7a、17a，3a、8a、9a、17a，7a、13a、17a，3a、9a、17a。研究虽不能完全准确地表征生态水流情势的周期变化特点，但可为确定生态水流评估的生态保护目标和关键期提供支持。

表 6.19　生态变化周期性水量模型参数及统计检验

流域名称	生态变化周期性水量方程	相关系数R	统计量F	显著性
阿克苏河	$\hat{P}_1(t)=-2483.42+0.16x_{2,t}-0.015x_{3,t}+1.16x_{7,t}-4.34x_{17,t}$	0.596	17.321	0.000
叶尔羌河	$\hat{P}_2(t)=-88.25-0.004x_{3,t}+0.344x_{8,t}-0.21x_{9,t}-1.21x_{17,t}$	0.392	32.285	0.071
和田河	$\hat{P}_3(t)=-38.2+2.03x_{7,t}-12.49x_{13,t}+2.01x_{17,t}$	0.315	25.817	0.033
塔里木河干流	$\hat{P}_4(t)=-2210.2-0.10x_{3,t}-1.15x_{9,t}-0.165x_{17,t}$	0.452	20.247	0.000

4. 生态变化随机性水量

根据式 (6.24) 计算剔除生态变化天然补给量和生态变化周期性水量后的序列，对序列应用 ARMA(p,q) 模型进行估计，通过 AIC 准则、自相关系数和偏相关系数共同识别模型阶数，运用组合模型式 (6.25) 计算得到径流生态变化随机性水量的模拟序列。由表 6.20 可知，阿克苏河、叶尔羌河、和田河和塔里木河干流的生态变化随机性水量方程的显著性水平均小于 0.05，回归方程显著。确定人类活动干扰后的水文过程与自然水文情势的偏离程度及发展趋势，可初步推测水文改变的生态响应关系。

表 6.20　生态变化随机性水量模型参数及统计检验

流域名称	模型阶数	生态变化随机性水量方程	相关系数R	统计量F	显著性
阿克苏河	ARMA(1,1)	$z(t)=-91.59-0.52y_{t-1}+\varepsilon_t-0.98\varepsilon_{t-1}$	0.256	18.789	0.002
叶尔羌河	ARMA(1,2)	$z(t)=284.45-1.11y_{t-1}+\varepsilon_t$ $-0.70\varepsilon_{t-1}+0.86\varepsilon_{t-2}$	0.414	79.091	0.029
和田河	ARMA(1,1)	$z(t)=-62.93-0.41y_{t-1}+\varepsilon_t$ $+0.99\varepsilon_{t-1}$	0.302	68.193	0.015
塔里木河干流	ARMA(4,4)	$z(t)=-483.56-0.60y_{t-1}-0.51y_{t-2}$ $-0.65y_{t-3}-0.59y_{t-4}+\varepsilon_t-0.64\varepsilon_{t-1}$ $-0.40\varepsilon_{t-2}-0.61\varepsilon_{t-3}-0.93\varepsilon_{t-4}$	0.329	42.267	0.027

5. 模拟效果评价

对比 ARMA 模型和组合回归模型的预测精度可知，组合回归模型的模拟效果良好，ARMA 模型模拟效果很差 (表 6.21 和图 6.18)。组合回归模型在率定期合格率处于 80.49%～90.24%，检验期合格率集中于 63.64%～81.82%，可见精度均达到丙级以上，可用于参考性预报。经源流和干流对比发现，源流区组合回归模型模拟效果相对较好，尤其是在阿克苏河流域，干流区预报效果相对较差，这是由于 20 世纪 70 年代以来，为满足农业发展需求，人工河道引水和水库调节灌溉高度发展

表 6.21 自回归滑动平均模型与组合回归模型预测合格率及误差分析

参数	阶段	阿克苏河		叶尔羌河		和田河		塔里木河干流	
		ARMA(1,1)	组合回归	ARMA(1,1)	组合回归	ARMA(1,1)	组合回归	ARMA(1,1)	组合回归
合格率/%	率定期	80.49	90.24	75.61	90.24	70.73	80.49	56.10	80.49
	检验期	63.64	81.82	54.55	72.73	45.45	72.73	36.36	63.64
平均相对误差/%	率定期	11.65	9.29	14.95	11.34	16.10	13.02	19.46	13.38
	检验期	16.45	13.66	19.21	18.23	23.85	19.67	29.44	20.19

等因素的叠加，致使人类活动干扰错综复杂，从而导致干流生态水流序列趋近非平稳序列，模拟难度较大。

在不同利用方式的水流预测方程确定的情况下，基于实时预报的水文年特征，从时间和空间角度出发，建立水流适应性利用方案。在丰水年，将生态变化随机性水量一部分用于补给生态用水量，一部分进行存储；在平水年，将洪峰期的随机性水量用于存储和补给生态用水量；在枯水年，利用前期存储的水量进行补给。根据生态天然补给量的变化趋势进行不定期分段水量补给，根据生态变化周期性水量进行定期分段水量补给，根据丰、平、枯水年的配置原则对生态变化随机性水量进行定期和不定期的分段水量分配。塔里木河流域水资源开发利用程度较高，致使周边生态环境严重恶化，迫切需要结合生态水流情势制定水量调度方案，以保障塔里木河生态系统的健康发展。

6.4 本章小结

本章从水利工程兴建、人类活动和气候变化影响的角度分析了生态水流情势的演变成因，研究了适应生态水文过程的水流情势及其利用模式，结果如下：

(1) 以 IHA 体系为基础，采用改进的 RVA 法评估了水利工程对塔里木河干流生态水文情势的影响，发现两大平原水库建设运行后对塔里木河干流径流产生较大影响，多数月份的月均流量减少，尤以 3 月、6 月、8 月份减少显著；阿拉尔站最小 1d 流量发生时间从 4 月下旬推迟到 5 月上旬；年发生低流量的次数均较之前增加；新渠满站流量逆转次数增加。建库后，阿拉尔站和新渠满站水文指标的整体改变度依次为 62.7%和 58.3%，且随着多浪水库的扩建，发生高度改变的水文指标增多，其对河流的控制程度增大，阿拉尔站和新渠满站的水文情势整体改变度也逐渐增大。塔里木河干流阿拉尔站、新渠满站的环境流组成在人类活动主要是塔里木灌区引水后呈现不同程度的变化。大多数流量过程划入枯水流量事件和高流量脉冲事件的模式，说明受人类活动的干扰，流量的变化范围显著变窄，流量模式趋向于单一化。受影响较大的流量事件是特枯流量事件。

(2) 采用 3 种 Budyko 公式和水量平衡方法，从时间和空间角度分析了近 60 年来塔里木河流域径流变化对气候变化和人类活动的敏感性，发现相对于气候变化，径流变化对人类活动更敏感。自基准期到改变期Ⅱ，降水敏感性分别为 1.05、1.10、1.19，下垫面参数敏感性分别为 −0.65、−1.12、−1.93；随着干旱程度和下垫面变化程度的增加，径流对气候和人类活动的敏感性也相应增加。结合植被覆盖变化趋势和实测耗水量分析，发现塔里木河流域耕地面积和林地面积在 30 年内分别增加了 29.31%和 23.34%，与此同时，绿洲耗水量和水库耗水量呈阶段性增加，这说明耕地面积的增加、绿洲灌溉耗水和水库修建是径流敏感性增加的重要原因。

(3) 采用滑动 T 检验法和组合回归模型分析了近 52 年塔里木河流域生态水流情势及适应性利用对策，发现源流区与干流区生态水流变化不一致，呈现源流区径流增加、干流区径流减少的情势。20 世纪 70 年代以来，源流区间耗水量呈现增长趋势，随着保证率的减小，源流区间耗水量呈减少趋势。相对于 ARMA 模型，组合回归模型模拟效果比较理想，可作为参考性预报。依据生态水流情势和生态需求，建立丰、平、枯水年的水流适应性利用方案，在丰水年、平水年的洪峰期补给生态用水量和存储富余水量，在枯水期补充生态变化天然补给量，依据生态水流的趋势、周期和随机变化特征，在时间上和空间上实行定期和不定期水量配置。本书的研究对深入理解生态水流情势和建立适应性对策具有积极意义，但由于流域监测资料有限，估算分析存在偏差，后期应进一步完善资料，深入分析适应性利用措施。

第7章　基于流域系统协调的水资源适应性开发利用

本章基于流域系统协调度思想，建立了外界胁迫条件下适应于流域生态水文特点的水资源承载能力评估体系。基于水资源复合系统的生态环境、经济社会和水资源的最优协调关系，提出建立水资源复合系统序参量体系，利用系统熵值调控过程分析塔里木河水资源系统的发展速度，确立协调生态环境、经济社会和水资源三者之间的最佳状态，建立不同干旱等级下水资源的适应性调控方案及水资源适应性开发利用策略。依据塔里木河流域干旱特征和标准化径流指数 (SRI) 值，确定不同干旱等级划分标准，评价了不同干旱情景下的水资源复合系统协调程度及水资源系统响应关系，分析指出，随着干旱程度的加深，流域的社会经济、水资源以及生态环境系统均受影响，流域水资源复合系统的协调发展将受到严重阻碍；通过对不同干旱情景下的序参量调控，建立水资源复合生态系统综合承载力评估体系，量化挖掘有效的开发能力。研究成果一定程度上促进了流域生态水利调度的理论研究及工程应用，对流域水资源开发利用、工农业生产布局优化、维护干旱区流域水安全与绿洲生态安全及良性发展具有重要意义。

7.1　水资源复合系统协调度

7.1.1　水资源复合系统

水资源复合系统是以水事活动为主体，由自然生态系统和社会经济系统复合而成的一类专业复合系统 (丛方杰和周惠成，2008)。随着人类对水资源开发利用强度的不断增加，以水资源为纽带的水资源–社会经济–生态环境复合系统逐渐失去系统平衡。根据复合系统协调性理论，分析水资源复合系统内各个子系统的相互作用关系，研究子系统之间协调性，结合水资源水文情势特点和水资源开发利用条件，进行合理的适应性开发利用，对保证水资源复合系统有序、稳定、可持续的发展具有重要作用 (回晓莹等，2011)。水资源复合系统协调程度分析利用系统学理论研究水资源这一复杂巨系统。在系统科学中，通常用有序、无序来描述客观事物的状态或具有多个子系统组成的系统状态。所谓有序，指系统内部的诸要素之间有规则的联系或转化，表征着系统结构在组织上的协调和适度；无序，则指内部要素之间混乱、无规则的组合。有序和无序在一定的条件下可以相互转化。将系统学理论应用于水资源复合系统协调程度分析，分别衡量各子系统中的要素转化是否有序，从而分析子系统发展趋势。在此基础上，考量各系统之间的协调程度，探究子系统发展与水资源复合系统间的相关关系，探究子系统发展对水资源复合系统承载能力的影响程度，从而为流域可持续性发展提出方案与建议。

7.1.2 系统有序度与系统熵

熵值是用以表征系统混乱程度的度量，熵值越大，系统混乱程度越大，越不利于系统的良性循环 (阎植林和邱菀华，1997)。本书通过计算各系统熵值大小可以衡量系统间发展的协调程度。针对水资源复合系统特性，构建水资源承载力调控模型, 通过系统熵值调控，令社会经济、水资源和生态环境系统协调发展，同时得到调控后的控制参量组合，即承载力调控方案，从而达到优化水资源复合系统，提高水资源承载力的目标 (韩运红等，2015)。调控参量是各子系统发展效应的表征和度量, 各参量间的关系变化决定着系统的演变方向, 为描述系统整体行为利用调控参量构建有序度函数, 用以衡量各子系统的发展协调程度 (李杰友，2013)。

设系统 X_j 调控参量为 $e_j=(e_{j1},e_{j2},\cdots,e_{jn})$，其中效益型调控参量 B，其取值越大，系统 X_j 有序度越高；对费用型调控参量 P，则取值越小，系统的有序度越高。

$$u_j(e_{ji})=\begin{cases}\dfrac{e_{ji}-\beta_{ji}}{\alpha_{ji}-\beta_{ji}}, & e_{ji}\in B\\[2ex] \dfrac{\beta_{ji}-e_{ji}}{\beta_{ji}-\alpha_{ji}}, & e_{ji}\in P\end{cases} \tag{7.1}$$

式中，$u_j(e_{ji})$ 为调控参量 e_{ji} 的有序度；β_{ji} 和 α_{ji} 分别为 e_{ji} 的最小和最大临界阈值。对于效益型指标，若调控参量 e_{ji} 的有序度值 $u_j(e_{ji})\in[0,1]$，则调控参量在临界阈值区间，且其值越大，e_{ji} 对子系统有序度的“贡献”越大，费用型指标则相反。若 $u_j(e_{ji})\notin[0,1]$，说明 e_{ji} 不在合理阈值区间，需进行调节。调控参量 e_{ji} 对水资源子系统有序程度的“总贡献”可通过 $u_j(e_{ji})$ 的集成来实现：

$$u_j(e_j)=\sum_{i=1}^{n}\frac{u_j(e_{ji})}{j} \tag{7.2}$$

熵值是描述系统有序程度的物理量。系统有序度越高，熵值就越低；越是无序，熵值就越高。利用熵与有序度间的关系，建立有序度熵函数，对系统演化方向进行分析：

$$Z_Y=-\sum_{j=1}^{3}\frac{1-U_j(E_j)}{3}\lg\frac{1-U_j(E_j)}{3} \tag{7.3}$$

式中，$U_1(E_1)$、$U_2(E_2)$、$U_3(E_3)$ 分别代表社会经济、水资源和生态环境系统的有序度。

$$\Delta Z_Y=Z_Y(n+1)-Z_Y(n) \tag{7.4}$$

当熵变 $\Delta Z_Y > 0$ 时，表示调控后复合系统总熵增加，系统向无序方向演化；熵变 $\Delta Z_Y < 0$，即系统靠近熵产生最小的状态，表明系统总熵减小，相对于调控前系统趋向于良性循环状态；当熵变 $\Delta Z_Y = 0$ 时，表明调控后熵无变化，系统熵收敛，实现寻优。

7.1.3 水资源复合系统序参量体系

序参量是协同学为描述系统整体行为引入的宏观参量，它既是子系统合作效应的表征与量度，又是系统整体运动状态的度量，在系统演化中能指示新结构的形成。协同学认为，当系统逼近临界点时，一些变量主宰着演化进程，支配着其他变量行为，这些变量就是序参量。因此，由概括三维协调性的 8 个主要表征指标构建水资源复合系统序参量体系 (方国华等，2006)。

参照《新疆维吾尔自治区国民经济和社会发展第十二个五年规划纲要》，并结合塔里木河流域实际情况，设置调控参量调控范围 (表 7.1)。其中，人口增长率最高阈值为现状年计算值，最低阈值为规划数值；对于生态用水率，最低阈值为河道内生态基流需水量，最高阈值为满足河道内外生态需水水量 (黄烈敏等，2012)；其余指标最高阈值为规划数值，最低阈值为流域内最低水平数值。

表 7.1 水资源复合系统序参量体系

系统名称	序参量	调控范围
经济社会	城镇化率/%	34~45
	农业灌溉面积比例/%	60~70
	人口增长速率/%	4~13
水资源	灌溉水利用系数	0.45~0.5
	渠系水利用系数	0.45~0.6
	工业用水重复利用率/%	45~55
生态环境	生态供水量/亿 m^3	2.80~4.70
	污水处理率/%	30~50

7.1.4 流域水资源复合系统协调性分析

以叶尔羌河流域为例，计算水资源复合系统相关序参量，得到现状年该流域城镇化率 (%)、农业灌溉面积比例 (%)、人口增长速率 (%)、灌溉水利用系数、渠系水利用系数、工业用水重复利用率 (%)、生态供水量 (亿 m^3)、污水处理率 (%) 分别为 34.56、70.35、11.28、0.47、0.46、0.45、4.02、27。将初始序参量输入调控模型，得到三个子系统的熵值分别为 0.98、0.46 和 0.25，各子系统间熵差均大于 0.2，尤其是经济社会系统，与其他子系统发展极不协调，不利于复合系统的良性循环。判断各调控参量调整方向，以一定步长进行调整，具体调节过程如图 7.1 所示。经过 12 次调控，各调控参量依次为 40.05、69.50、11.27、0.48、0.54、0.52、4.43，0.41，此时复合系统熵有明显降低且收敛，迭代熵变 $\Delta Z \leqslant 0.005$，符合调控收敛标准，系统收敛熵为 0.2770。由此可见，系统熵值调控过程可以科学合理地控制系统发展速度，协调生态环境、经济社会和水资源三者之间的关系，使各子系统间熵值差 $\Delta U \leqslant 0.2$，实现复合系统的优化发展。

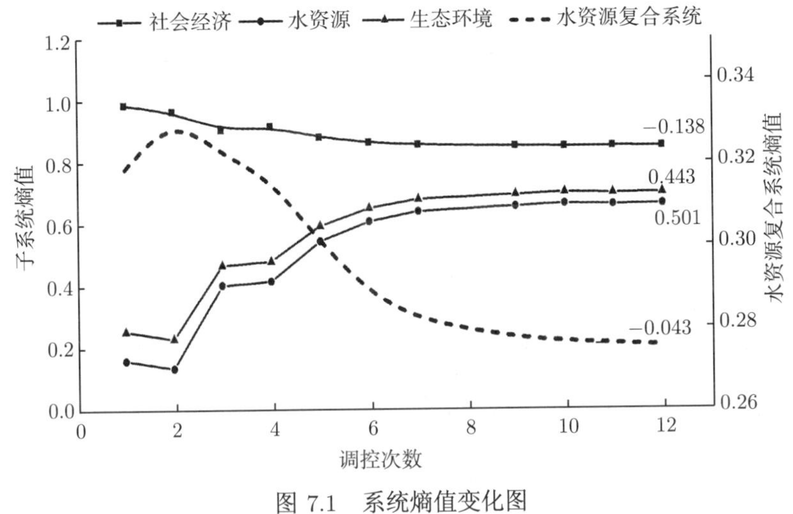

图 7.1 系统熵值变化图

为探究系统协同发展对于水资源承载能力的重要意义，设置多个模拟方案对叶尔羌河流域水资源承载力进行评价，以验证模型的先进性与实用性。

情景 1：模拟叶尔羌河流域 2020 年系统状态，各调控参量均维持现状年 2013 年数值。

情景 2：单系统调控，在情景 1 的基础上，考虑社会经济系统调控。

情景 3：单系统调控，在情景 1 的基础上，考虑水资源系统调控。

情景 4：单系统调控，在情景 1 的基础上，考虑生态环境系统调控。

情景 5：复合系统调控，在情景 1 的基础上，考虑社会经济、水资源、生态环境系统的协同调控。

将指标计算结果代入承载力评价计算模型，在该模型中，将各评价指标对水资源承载能力的影响程度分为 3 个等级，其中 V_1 为情况良好级别，表示该流域水资源利用程度、发展规模均处于初级阶段，有很大的承载潜力，水资源供给情况较为乐观；V_3 表示情况较差，该流域资源承载能力已经达到饱和，继续发展下去将会发生水资源短缺的结果，水资源进一步开发必然导致环境恶化；V_2 等级情况介于上两级之间，表明该流域水资源开发利用已有相当的规模，但仍有一定开发潜力。利用熵权法计算指标权重依次为 0.048、0.092、0.072、0.068、0.058、0.081、0.057、0.091、0.106、0.159、0.108、0.061。通过可变模糊综合计算得到各情景下叶尔羌河流域水

资源承载力得分及分级情况 (图 7.2)。

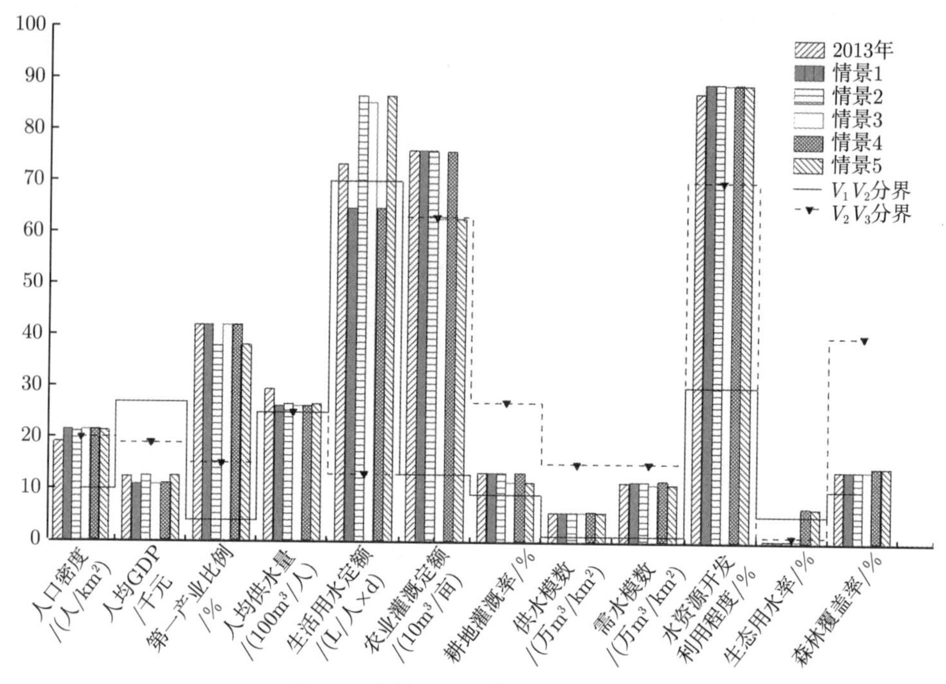

图 7.2　各情景下评价指标计算情况

由评价结果可知，叶尔羌河流域现状年水资源承载力处于 2 级初始阶段，社会经济–水资源–生态环境系统发展失调，若按此趋势继续发展，2020 年承载力将接近饱和状态，即情景 1。经过系统协同调控后，各子系统优化有序，发展均衡，承载力上升至 2 级中段，分值为 0.69~0.88，较现状年有明显升高。若仅对单独子系统进行优化，分别得到情景 2、情景 3、情景 4，其评价结果均处于 1~2 级，虽然较情景 1 分值有所上升，但效果不明显，由此可见系统协调发展对水资源承载力具有重要意义。

表 7.2　叶尔羌河流域水资源承载力评价结果

参数	现状年	情景 1	情景 2	情景 3	情景 4	情景 5
分值	0.51~0.73	0.36~0.60	0.47~0.71	0.48~0.72	0.47~0.74	0.69~0.88
级别	2	1~2	1~2	1~2	1~2	2

利用水资源承载力调控评价模型对该流域的社会经济–水资源–生态环境系统间的协同性做出评测，结果表明，现状年该流域各子系统发展严重失衡，水资源承载力也处于 2 级初始阶段，接近饱和状态。对该流域调控参量进行调控，优化协同各子系统，使复合系统熵值稳定收敛，达到良性循环效果，同时可变模糊综合评价

分值上升，流域水资源承载力提高。对系统调控前后序参量进行对比，发现部分序参量调节幅度较大，第一产业比例下调了 10.1%，人口增长速率降低了 12%，渠系水利用系数提高了 17.1%，污水处理率提高了 52.2%。由此可见，调整产业结构、降低人口增长速度、建立高效节水农业体系、提高污水处理技术等系列措施可以有效协调叶尔羌河流域各子系统发展，做到由耗水型经济结构向节水型经济结构转变，以提高流域的水资源复合系统承载能力。

7.2 流域干旱情景划分

7.2.1 干旱对农业的影响

干旱作为一种自然灾害，在对国民经济各部门影响中，对农业有着广泛和最显著的影响，它不仅影响农业结构、作物布局和种植制度，而且对作物生长发育有着直接和间接的影响。干旱使作物缺水减产，影响农事活动，如影响肥料的使用及其有效性，导致病虫害和森林、草地火灾的发生等。

1) 农业产量

塔里木河流域每年因为旱灾造成的粮食减产量不断上升，损失量占粮食总产量的比重由 20 世纪 80 年代的 1.34%上升为 21 世纪 10 年代的 4.97%。20 世纪 80 年代，平均每年粮食损失量为 51.17 万 t，占粮食总产量的 1.34%；20 世纪 90 年代，平均每年粮食损失量为 45.13 万 t，占粮食总产量的 3.98%，比 20 世纪 80 年代减少了 6.04 万 t；21 世纪初 (2000~2010 年)，平均每年因旱灾而造成的粮食损失量为 56.37 万 t，约占总产量的 4.97%，比 20 世纪 80 年代增加了 5.20 万 t，高出了 3.63 个百分点，比 20 世纪 90 年代增加了 11.24 万 t，高出了 0.99 个百分点。从上述分析可以看出，由于干旱灾害受灾面积，成灾面积不断增加，以及粮食单产的提高，使粮食损失量呈上升趋势，直接影响粮食产量的波动。

2) 农业经济

塔里木河流域 1990~2007 年因旱粮食损失 976.23 万 t(年平均 54.24 万 t)，是粮食总产量 7212.05 万 t 的 13.54%，造成农业直接经济损失 2214.06 亿元 (年平均 123.01 亿元)，占全塔里木河流域生产总值 66928.18 亿元 (年平均 3718.23 亿元) 的 3.31%；工业直接经济损失 1169.20 亿元 (年平均 64.96 亿元)，占流域生产总值的 1.75%；牧业直接经济损失 636.47 亿元 (年平均 35.36 亿元)，占流域生产总值的 0.95%；经济总损失 4019.73 亿元 (年平均 223.32 亿元)，占流域生产总值的 6.01%。

7.2.2 干旱对生态的影响

塔里木河流域生态系统类型的划分采用水生生态系统和陆地生态系统相结合的原则，即河流作为一种水体，可按水生生态系统划分；同时又是一个占据一定陆地面积的区域，也可按陆地生态系统划分。作为一个水体，河流按水资源形成、消耗、转化、蓄积、排泄为依据，划分为径流形成区、消耗转化区、排泄蒸散区和无流缺水区；作为陆地地域又可以按地貌类型、自然和人工植被，划分为山地、人工绿洲、自然绿洲、荒漠等类型。自然绿洲位于干旱区的冲积平原，这类生态系统是由不依赖天然降水的非地带性植被构成，主要为中生、中旱生具有一定覆盖性的天然乔、灌、草植物构成，主要依靠洪水灌溉或地下水维持生命，随着河流和水分条件变化而变化。它们伴河而生、伴河而存，沿着塔里木河形成连续、宽窄不一的绿色植被带，或者称为绿色走廊，其次一级生态系统单元有以下几种。

1) 盐化草甸

盐化草甸是隐域性自然植被的主体，主要建群种包括芦苇、胀果甘草、花花柴、大花罗布麻、疏叶骆驼刺等，这些植物都是参与组成盐化草甸的种类。塔里木河流域的草甸植被都带有盐化性质，这类草场总面积有 45.57 万 hm^2。不同种类的草本植物对地下水的依赖程度是有差别的。当地下水埋深为 1~2m 时，其平均土壤含水量为 23.59%，大多数盐生草甸中的草本植物适宜生长；当地下水埋深 2~4m 时，部分植物仍然能够生长；当地下水埋深降至 4m 时，多数草本植物近乎停止生长或者死亡，只有少数深根系植物能够存活。

2) 灌丛

塔里木河流域灌木主要为柽柳属植物、白刺、黑刺、铃铛刺等。常见的柽柳有多怪柽柳、刚毛柽柳、长穗柽柳、多花柽柳等，它们是构成柽柳灌木丛植被的主要建群种。柽柳适生于河漫滩、低阶地和扇缘地下水溢出带，有广泛的生态适应性。随着地下水的下降，柽柳向超旱生荒漠植被过渡，随着地下水上升，盐渍化加重，它向盐生荒漠过渡。地下水埋深 1~2m 的地方，柽柳分布数量不多，盖度较小；地下水埋深 2~4m 处，灌木所占比例逐渐增大，盖度也相应地加大；当地下水位埋深至 6m 时，除乔木外地上植被占统治地位的则是灌木，这种状况一直延伸至地下水位更深的区域，但是这一区域的柽柳生长并不处于最佳状态，长势较弱，生长良好的柽柳 95%分布于地下水埋深小于 5m 的区域内。

3) 荒漠河岸林

塔里木河流域的乔木树种有胡杨和尖果沙枣，前者是构成荒漠河岸林的主要建群种，在塔里木河干流区胡杨分布最广。实生胡杨幼林皆发生在河漫滩上，其地下水埋深一般为 1~3m，胡杨幼林表现出良好的生长势头；随着河水改道，形成现代冲积平原 1~2 级阶地，此阶段的地下水埋深一般为 3~5m，此时胡杨林正处于中龄阶段，生长最为旺盛；分布在古老冲积平原高阶地上的胡杨林为近熟林，地下水埋深一般为 5~8m，其长势明显低于中龄林；胡杨的成熟林与过熟林，都分布在古老的冲积平原上，地下水埋深多在 8m 以下，长势最差，呈现出衰败的景象。

对于深处内陆区域的塔里木河流域，水是保持生态平衡和生态系统正常运行不可或缺的要素，流域内的主要生态环境问题都与水资源有着密切的关系，如水土流失、土地荒漠化、土地盐碱化、沙尘暴、湖泊矿化度增高、地表水环境质量下降等都在不同程度上与干旱缺水有关，若干旱成灾则会使上述各类生态环境问题进一步加剧，其中较为突出的问题包括以下几点。

1) 导致地表水与地下水环境恶化

影响水质的因素是多方面的，包括地质构造、土壤盐分、土壤结构、土壤质地等因子。塔里木河流域水质恶化主要是由于长期干旱以及人类经济活动的影响，引发地表径流量和地下径流量不断减少。目前塔里木河仅在洪水期的水质为淡水，至洪水末期，水质已变为弱矿化水，而枯水期全为较高矿化度的矿化水。从塔里木河各站月平均矿化度监测数据可以看出，每年 7~9 月的汛期河水矿化度最低，其中在 8 月份矿化度 < 1，枯水期矿化度均很高，尤其以 4~6 月为最高，可达 6.326g/L。据调查，34 团农业灌溉水质在 5 月底到 8 月初这一重要的生产季节灌渠水的矿化度平均在 2g/L 以上，最高达到 6.24g/L，导致农作物出现大面积死亡。

灌区地下水主要以灌溉用水的垂直渗漏补给为主。而非灌区则以河道流水的侧漏补给为主。由于地表水减少了对地下水的补给，从而使塔里木河干流区地下水水位不断下降，随着地下水水位下降，地下水矿化度也逐渐升高。调查显示，20 世纪 50~60 年代，英苏至阿拉干河段的地下水水位为 3~5m，1973 年为 6~7m，1998 年为 8~10.4m，1999 年为 9.4m~12.65m，从而导致阿拉干井水的矿化度由 1984 年的 1.25g/L 上升至 1998 年的 4.5g/L。

2) 引发地表生态系统退化

由于塔里木河下游特殊的干旱环境，天然植被生长所需的水分主要依靠地下水的补给。地下水是该地区天然植被维持生命活动和延续的最主要、最根本的来源，地下水又依靠河道渗漏补给。塔里木河流域 1972 年英苏以下 246km 长的塔里木河断流，阿拉尔以南的地下水位由 20 世纪 50 年代的 3~5m 下降至 6~11m，超过了植被赖以生存的地下水水位，大面积湿地丧失，多年生植被退化，生态系统已失去再生能力，以胡杨为主体的荒漠河岸植被和以柽柳为代表的平原地灌丛等天然植被大面积死亡，天然胡杨林锐减。从 20 世纪 50 年代的 5.4 万 hm^2，到 20 世纪 70 年代减至 1.64 万 hm^2，至 20 世纪 90 年代仅剩 0.67 万 hm^2。天然草地严重退化，芦苇草甸干枯，仅 1988~2000 年，塔里木河下游天然草地就减少 10675hm^2，天然草地减少面积之中 17.2%变成流沙地，4.03%变成裸地，14.1%变成盐碱地。

3) 天然绿洲萎缩和沙漠化程度加剧

随着天然植被的全面衰败和大片死亡，塔里木河下游成了风沙活动的场所，沙漠化面积迅速扩大。1958~1993 年，塔里木河流域下游流动沙丘面积从占土地面积的 44.3%上升到 64.47%，强度沙漠化和极强度沙漠化土地分别增加了 3.12%和 3.56%，土地沙化扩展速率年增长率达 4%以上。自 20 世纪 80 年代以来，塔里木河中下游地区大风沙尘暴强度明显加强，1998 年 4 月 13 日 ~28 日发生在新疆包括塔里木盆地的大风沙尘暴天气，最大风速达到 40m/s，最小能见度为 0m，直接造成全疆经济损失超过 10 亿元，塔里木河中下游地区的损失达 2 亿元。以尉犁县为例，20 世纪 70 年代平均每年风沙日数 0.8d，扬沙日数 49d，浮尘日数 44.7d，比 60 年代的平均值增加两倍，20 世纪 80 年代和 90 年代又显著增加。

7.2.3 流域干旱情景划分

水文干旱指标是指因长期的降水短缺而造成某段时间内地表水或地下水收支不平衡，使河流径流量、地表水、水库蓄水和湖水减少的现象，而标准化径流指数 (standardized runoff index，SRI) 是剖析水文干旱时空演变特征的一项重要水文干旱评价指标 (吴杰峰等，2016)。塔里木河流域的河流多数属于混合补给型，河流径流深与流域平均高程、地理位置及自然气候特点有关，河道出山口处的天然来水量的变化才能真实地反映干旱时间与空间的变化规律。本书选取基于河川径流量的 SRI 作为干旱评价指标，将偏态分布的径流量转化为标准正态分布，以进行不同时空尺度下的对比分析 (薛联青等，2014)，基本原理如下。

首先通过 Box-Cox 转换将径流量序列转化为正态分布：

$$Y=\begin{cases}\dfrac{X^{\lambda}-1}{\lambda}, & \lambda\neq 0\\ \ln(X), & \lambda=0\end{cases} \tag{7.5}$$

将转换后的序列进行标准化：

$$\mathrm{SRI}=\frac{Y-\bar{Y}}{\sigma_Y} \tag{7.6}$$

式中，X 为径流量；λ 为 Box-Cox 转换系数；Y 为经 Box-Cox 转换后序列；$\bar{Y}$、σ_Y 分别为其均值和标准差。

SRI 干旱等级划分标准见表 7.3。分别计算塔里木河干流区、阿克苏河流域和叶尔羌河流域主要代表水文站长系列径流资料的 SRI 值，采用 P- Ⅲ型曲线对以上水文站长系列来水数据进行适线，对照找出 SRI 值分别为 0、−1、−1.5 和 −2 的来水年份及各年份对应的来水频率，从而划分不同干旱等级范围 (任立良等，2016)。

表 7.3 SRI 干旱等级划分标准

SRI 范围	干旱等级
$-1.0 < \mathrm{SRI} \leqslant 0.0$	轻度干旱
$-1.5 < \mathrm{SRI} \leqslant -1.0$	中度干旱
$-2 < \mathrm{SRI} \leqslant -1.5$	重度干旱
$\mathrm{SRI} \leqslant -2.0$	特大干旱

分别计算阿克苏河流域主要代表水文站 —— 沙里桂兰克站 (托什干河) 和协合拉站 (库玛拉克河)1957~2006 年的 SRI 值和阿拉尔站 (塔里木河干流)1958~2007 年的 SRI 值，其对比结果如表 7.4 所示。

表 7.4 阿克苏河流域和塔里木河干流流域干旱等级和来水频率

SRI 值	沙里桂兰克站		协合拉站		阿拉尔站		干旱等级
	年份	来水频率	年份	来水频率	年份	来水频率	
0	1987	50%	1991	50%	1982	51%	轻度干旱
−1	1971	81%	1993	82%	1989	83%	中度干旱
−1.5	1961	91%	1964	90%	2004	89%	重度干旱
−2	1957	98%	1972	96%	1993	95%	特大干旱

从表 7.4 中可以看出，在来水频率小于 50%时无旱，来水频率 50%~81%时为轻度干旱，来水频率 81%~90%时为中度干旱，来水频率 90%~95%时为重度干旱，来水频率大于 95%时为特大干旱。为便于水资源复合系统协调度分析度量，分别选取 80%、90%和 95%来水频率的径流量代表阿克苏河流域中度干旱年、重度干旱年和特大干旱年的来水量。

7.3 不同干旱情景下水资源复合系统响应分析

7.3.1 不同干旱情景水资源复合系统要素分析

1) 不同干旱等级来水过程

阿克苏河流域、叶尔羌河流域和塔河干流区的河道来水分别为各流域的水资源可利用量，两者按天然来水过程等比例分配到每个月。各河道不同干旱等级下各月来水流量统计见表 7.5。

2) 不同来水保证率下地表水可利用量

选取阿克苏河流域出山口水文站为代表站，即位于托什干河上游的沙里桂兰克站和位于库玛拉克河上游的协合拉站，水文站分布如图 7.3 所示。通过计算分析沙里桂兰克站与协合拉站的年径流深，得出两者的相关系数 r 为 0.5，可认为阿克苏河两条支流托什干河与库玛拉克河的水文频率具有同步性。利用水文站 1956~2006 年 52 年的长系列来水数据进行适线，适线法采用 P- Ⅲ型曲线，通过适线得到阿克苏河流域地表水资源量特征值，见表 7.6。

表 7.5　塔里木河流域研究区不同干旱等级下各月来水流量统计表　(单位：m^3/s)

等级	河名	1 月	2 月	3 月	4 月	5 月	6 月	7 月	8 月	9 月	10 月	11 月	12 月
干旱	托什干	7.6	7.08	7.22	29.41	56.56	62.49	130.36	106.66	43.36	23.33	17.88	9.91
	库玛拉克	13.95	13.58	13.58	18.37	50.42	126.05	224.63	280.65	80.26	32.59	22.09	15.35
	塔河干流	2.883	2.76	2.78	6.39	14.31	25.23	47.5	51.82	16.54	7.48	5.35	3.38
	孔雀河	11.2	12.4	7.47	0	0	15.43	7.47	16.8	0	0	15.43	9.33
	叶河	46.38	42.63	48.21	46.79	67.39	213.14	631.3	611	196.9	95.81	69.32	58.06
	提河	4.58	3.83	4.26	3.83	20.2	50.27	74.61	67.12	23.06	7.46	5.39	4.74
	乌河	2.1	1.98	2.11	3.05	9.51	29.6	48.6	39.9	13.6	3.85	2.4	2.23
	柯河	0.22	0.22	0.2	0.87	1.05	11.4	10.5	3.29	1.1	0.24	0.22	0.22
重度干旱	托什干	10.7	6.07	7.61	23.1	63.34	87.83	113.91	121.89	58.551	30.07	23.47	16.08
	库玛拉克	13.89	12.14	12.78	17.73	56.42	102.2	127.75	190.02	95.278	66	22.3	15.65
	塔河干流	2.84	2.1	2.36	4.72	13.84	21.96	27.93	36.05	17.78	11.11	5.29	3.67
	孔雀河	11.2	12.4	7.47	0	0	15.43	7.47	16.8	0	0	15.43	9.33
	叶河	46.38	42.63	48.21	46.79	67.39	213.14	631.3	611	196.9	95.81	69.32	58.06
	提河	4.58	3.83	4.26	3.83	20.2	50.27	74.61	67.12	23.06	7.46	5.39	4.74
	乌河	2.1	1.98	2.11	3.05	9.51	29.6	48.6	39.9	13.6	3.85	2.4	2.23
	柯河	0.22	0.22	0.2	0.87	1.05	11.4	10.5	3.29	1.1	0.24	0.22	0.22
特大干旱	托什干	4.31	6.15	7.83	16.14	27.07	58.88	90.95	82.01	26.232	14.4	11.04	8.57
	库玛拉克	14.4	13.983	12.46	21.29	42.581	79.91	239.72	274.41	79.91	38.22	20.77	15.61
	塔河干流	1.87	2.007	2.023	3.73	6.94	13.84	32.96	35.53	10.58	5.246	3.171	2.41
	孔雀河	11.2	12.4	7.47	0	0	15.43	7.47	16.8	0	0	15.43	9.33
	叶河	49.9	45.3	46.3	44.7	111.4	193.1	369.65	514.19	313.77	77.7	60.2	52
	提河	3.29	3.45	2.82	2.77	8.06	49.5	85.78	36.21	15.05	5.71	4.77	3.57
	乌河	2.1	1.98	2.11	3.05	9.51	29.6	48.6	39.9	13.6	3.85	2.4	2.23
	柯河	0.22	0.22	0.2	0.87	1.05	11.4	10.5	3.29	1.1	0.24	0.22	0.22

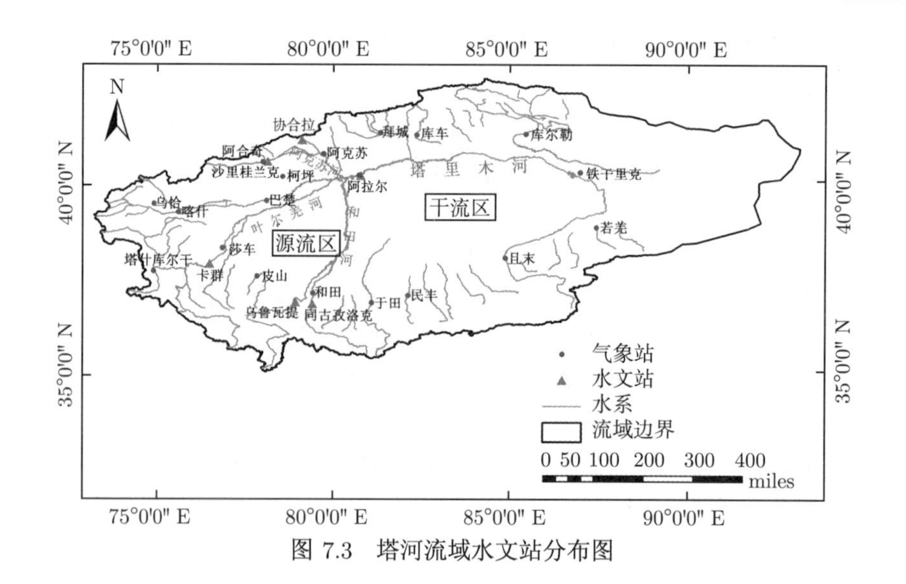

图 7.3　塔河流域水文站分布图

表 7.6 阿克苏河流域地表水资源量特征值统计

区域	水文站	统计参数			不同来水保证率下地表水资源量/亿 m^3		
		均值/亿 m^3	Cv	Cs/Cv	$P=75\%$	$P=90\%$	$P=95\%$
阿克苏河流域	沙里桂兰克	77.02	0.15	7.33	68.54	64.37	60.88

《塔里木河流域“四源一干”地表水水量分配方案》规定了塔里木河流域各源流在不同来水保证率下的下泄水量 (表 7.7)。依据《塔里木河流域近期综合治理规划报告》确定控制断面的多年平均来水条件下的下泄水量指标。

表 7.7 不同来水保证率下塔河流域各源流来水量

来水保证率/%	阿克苏河流域来水/亿 m^3	叶尔羌河流域来水/亿 m^3	和田河流域来水/亿 m^3	开都—孔雀河流域来水/亿 m^3	合计/亿 m^3
75	26.41	0	6.39	4.50	37.30
90	25.22	0	2.02	4.50	31.74
95	24.25	0	1.06	4.50	29.81

注: 开都—孔雀河流域来水 4.5 亿 m^3，其中 2.5 亿 m^3 用于塔里木河干流下游灌区灌溉，2.0 亿 m^3 用于改善塔里木河干流下游天然植被

流域不同来水保证率下的各水资源分区地表水可利用量，见表 7.8 和表 7.9。来水保证率为 75%时，阿克苏河流域地表水可利用量为 36.92 亿 m^3，塔河干流区地表水可利用量为 7.45 亿 m^3；随着来水保证率的提高，各水资源分区的地表水可利用量逐渐减少；极端干旱条件下 (来水保证率为 95%)，阿克苏河流域地表水可利用量为 32.00 亿 m^3，塔河干流区地表水可利用量为 5.69 亿 m^3。

表 7.8 阿克苏河流域不同来水保证率下地表水资源可利用量统计表

来水保证率/%	河道来水量/亿 m^3	河道损失水量/亿 m^3	下泄水量/亿 m^3	地表水可利用量/亿 m^3
75	68.54	5.21	26.41	36.92
90	64.37	4.89	25.22	34.26
95	60.88	4.63	24.25	32.00

表 7.9 塔河干流区不同来水保证率下地表水资源可利用量统计表

来水保证率/%	河道来水量/亿 m^3	河道损失水量/亿 m^3	河道内生态基流需水量/亿 m^3	天然植被需水量/亿 m^3	地表水可利用量/亿 m^3
75	37.30	2.46	2.74	24.65	7.45
90	31.74	2.04	2.74	20.50	6.46
95	29.81	1.90	2.74	19.48	5.69

叶尔羌河流域内的地表水资源可利用量 (即河道取水口) 为天然来水量扣除河道损失后的水量。通过叶尔羌河流域 1980~2003 年 24 年实测引水资料的分析计算，叶尔羌河卡群站至艾里克塔木渠首间、提孜那甫河玉孜门勒克站至汗克尔渠首间的损失水量约为卡群站、玉孜门勒克站来水量的 18%。其中，叶尔羌河河道损失为 15%，提孜那甫河河道损失为 21.98%。叶尔羌河、提孜那甫河各月的河道输水损失率见表 7.10。

表 7.10　叶尔羌河、提孜那甫河不同来水保证率下河道输水损失量统计 (单位：%)

河流名称	1 月	2 月	3 月	4 月	5 月	6 月	7 月	8 月	9 月	10 月	11 月	12 月	平均
叶尔羌河	5	10	15	20	25	25	25	15	10	10	10	10	18
提孜那甫河	6	12	17	23	28	28	28	17	12	11.5	11.5	11.5	21.98

扣除河道损失后，叶尔羌河和提孜那甫河不同来水保证率下的地表水资源可利用量 (河道取水口) 见表 7.11。

表 7.11　叶尔羌河和提孜那甫河不同来水保证率下的地表水资源可利用量统计

河流名称	保证率	项目	水量/亿 m^3
叶尔羌河	75%	河道来水量 (卡群站)	56.403
		河道损失水量	10.218
		地表水资源量可利用量 (河道取水口)	46.185
	90%	河道来水量 (卡群站)	50.334
		河道损失水量	9.204
		地表水资源量可利用量 (河道取水口)	41.13
	95%	河道来水量 (卡群站)	48.147
		河道损失水量	8.192
		地表水资源量可利用量 (河道取水口)	39.955
提孜那甫河	75%	河道来水量 (卡群站)	7.133
		河道损失水量	1.389
		地表水资源量可利用量 (河道取水口)	5.744
	90%	河道来水量 (卡群站)	6.459
		河道损失水量	1.299
		地表水资源量可利用量 (河道取水口)	5.16
	95%	河道来水量 (卡群站)	5.848
		河道损失水量	1.209
		地表水资源量可利用量 (河道取水口)	4.639

由于乌鲁克河和柯克亚河的径流年内分配极不均匀，且缺乏控制性，虽然依据《新疆叶尔羌河流域水资源评价报告》的乌鲁克河的地表水资源量为 1.59 亿 m^3，柯克亚河的地表水资源量为 0.78 亿 m^3。但通过调查，这两条河流在汛期时大部分径流得不到有效利用而流入沙漠，因此，考虑到河流利用的实际情况，采用两河的

实际利用量作为其可利用量。据调查，乌鲁克河和柯克亚河的水量全部由叶城县使用，现状年叶城县利用两河的水量约 0.78 亿 m^3(河道取水口)，其中，利用乌鲁克河的水量为 0.71 亿 m^3，利用柯克亚河的水量为 0.07 亿 m^3 (表 7.12)。

表 7.12 乌鲁克河和柯克亚河地表水资源可利用量统计 (单位：亿 m^3)

河流	1 月	2 月	3 月	4 月	5 月	6 月	7 月	8 月	9 月	10 月	11 月	12 月	全年
乌鲁克河	0.011	0.011	0.012	0.031	0.082	0.160	0.179	0.139	0.040	0.021	0.015	0.012	0.713
柯克亚河	0.004	0.003	0.003	0.003	0.003	0.010	0.015	0.011	0.003	0.003	0.003	0.003	0.065
合计	0.015	0.014	0.015	0.034	0.085	0.170	0.194	0.150	0.044	0.024	0.018	0.015	0.778

通过上述分析可得，叶尔羌河流域在 75%来水频率下的地表水资源总量为 52.538 亿 m^3，90%来水频率下的地表水资源总量为 46.915 亿 m^3，95%来水频率下的地表水资源总量为 45.144 亿 m^3 (表 7.13)。

表 7.13 叶尔羌河流域现状年地表水资源可利用量统计

项目		年地表水资源可利用量/亿 m^3		
		75%来水频率	90%来水频率	95%来水频率
叶尔羌河来水量 (卡群断面)		56.403	50.334	48.147
提孜那甫河来水量	玉孜门勒克断面	7.133	6.459	5.848
	折至卡群断面	6.962	6.304	5.708
叶尔羌河和提孜那甫河来水量(卡群断面)		63.365	56.638	53.855
河道损失量		11.607	10.503	9.491
叶尔羌河和提孜那甫河水量(河道取水口)		51.758	46.135	44.364
乌鲁克河和柯克亚河实际利用水量(河道取水口)		0.78	0.78	0.78
地表水资源可利用量 (河道取水口)		52.538	46.915	45.144

注：提孜那甫河水量玉孜门勒克断面的来水量折至卡群断面时的折算系数为 0.976

7.3.2 不同干旱情景水资源复合系统协调性评价

根据干旱等级划分，对塔里木河流域不同干旱情景下的序参量和系统有序度进行计算评价。

1) 干旱

在干旱情景下，对塔里木河干流及各个子流域进行复合系统协同性评价，计算各流域评价指标序参量，分析其社会经济系统、水资源系统以及生态环境系统发展协同程度，分别得到和田河流域 (图 7.4(a))、阿克苏河流域 (图 7.4(b))、开都—孔雀河流域 (图 7.4(c))、叶尔羌河流域 (图 7.4(d)) 以及塔河干流 (图 7.4(e)) “四源一干” 子系统有序度图。

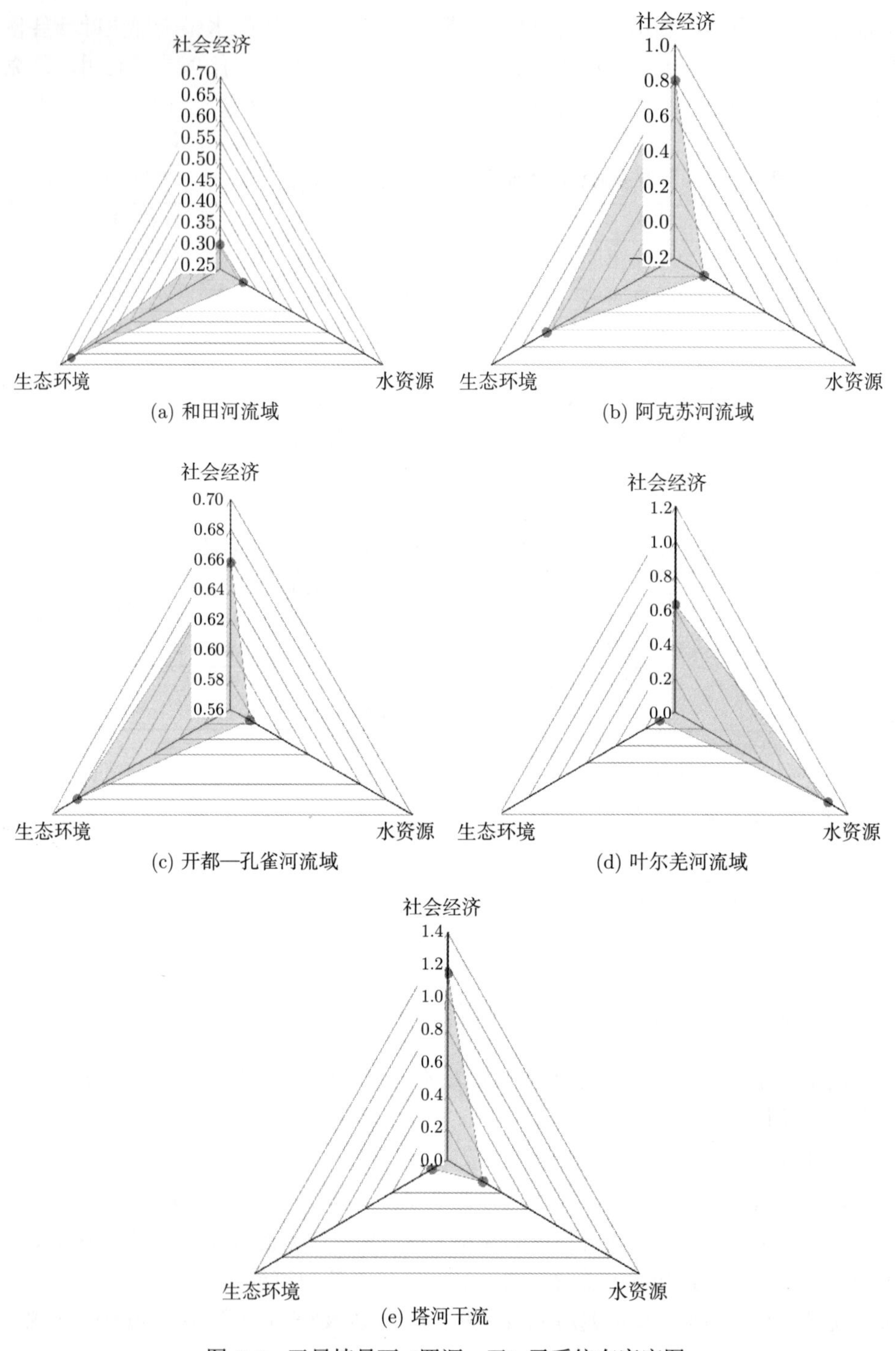

图 7.4　干旱情景下“四源一干”子系统有序度图

由图 7.4 可得，和田河流域社会经济及水资源系统发展较为均衡，其有序度分别为 0.3066 和 0.3136，但生态环境系统有序度达到了 0.6675，与其他子系统差值大于 0.35，因此，需要进一步调节；阿克苏河流域生态环境以及社会经济系统有序度与水资源系统有序度差值过大，超过 0.60，发展极不平衡，在后续调控过程中需重点加强对水资源系统的调节；开都—孔雀河流域三个子系统发展较为均衡，其社会经济、生态环境以及水资源系统有序度分别为 0.6579、0.6798 和 0.5747，其两两差值小于 0.15，说明协调性良好；叶尔羌河流域生态环境发展与社会经济、水资源系统发展极不平衡，生态供水量不足与污水处理程度低有密切关系，需要进一步调节计算；塔里木河干流子系统有序度图显示该流域社会经济发展与其他子系统发展差距十分显著，与其低城镇化率和高人口增长速率有很大关系，需要对该两项指标进行调节以协调各子系统发展。

2) 重度干旱

在重度干旱情景下，对塔里木河干流及各个子流域进行复合系统协同性评价，计算各流域评价指标序参量，分析其社会经济系统、水资源系统以及生态环境系统发展协同程度，分别得到和田河流域 (图 7.5(a))、阿克苏河流域 (图 7.5(b))、开都—孔雀河流域 (图 7.5(c))、叶尔羌河流域 (图 7.5(d)) 以及塔河干流 (图 7.5(e))“四源一干” 子系统有序度图。

由图 7.5 可得，和田河流域社会经济、生态环境与水资源三个子系统有序度相差不大, 其两两之差不大于 0.003，与干旱情景对比分析，社会经济与水资源系统的有序度有所下降，但主要是其生态环境系统有序度明显降低，从而导致整个复合系统发展受到限制；阿克苏河流域在重度干旱情景下有序度变化主要发生在生态环境系统，其他两个子系统有序度变化较小，说明重度干旱主要对该流域的生态环境造成影响；对比开都—孔雀河流域在干旱和重度干旱情境下的子系统有序度图可知，重度干旱导致了该流域的复合系统发展失衡，尤其是水资源系统受影响较大；重度干旱情景加剧了叶尔羌河流域的系统不协调程度，使水资源系统发展受到了明显的阻碍，同时加剧了生态环境系统危机；对于塔里木河干流，对比干旱情景模式，其社会经济发展受到了抑制，但是水资源系统得到好转，说明目前该流域复合系统发展严重失衡，应当适当控制社会经济发展，使之与生态环境与水资源系统协调发展。

3) 特大干旱

在特大干旱情景下，对塔里木河干流及各个子流域进行复合系统协同性评价，计算各流域评价指标序参量，分析其社会经济系统、水资源系统以及生态环境系统发展协同程度，分别得到和田河流域 (图 7.6(a))、阿克苏河流域 (图 7.6(b))、开都—孔雀河流域 (图 7.6(c))、叶尔羌河流域 (图 7.6(d)) 以及塔河干流 (图 7.6(e))“四源一干” 子系统有序度图。

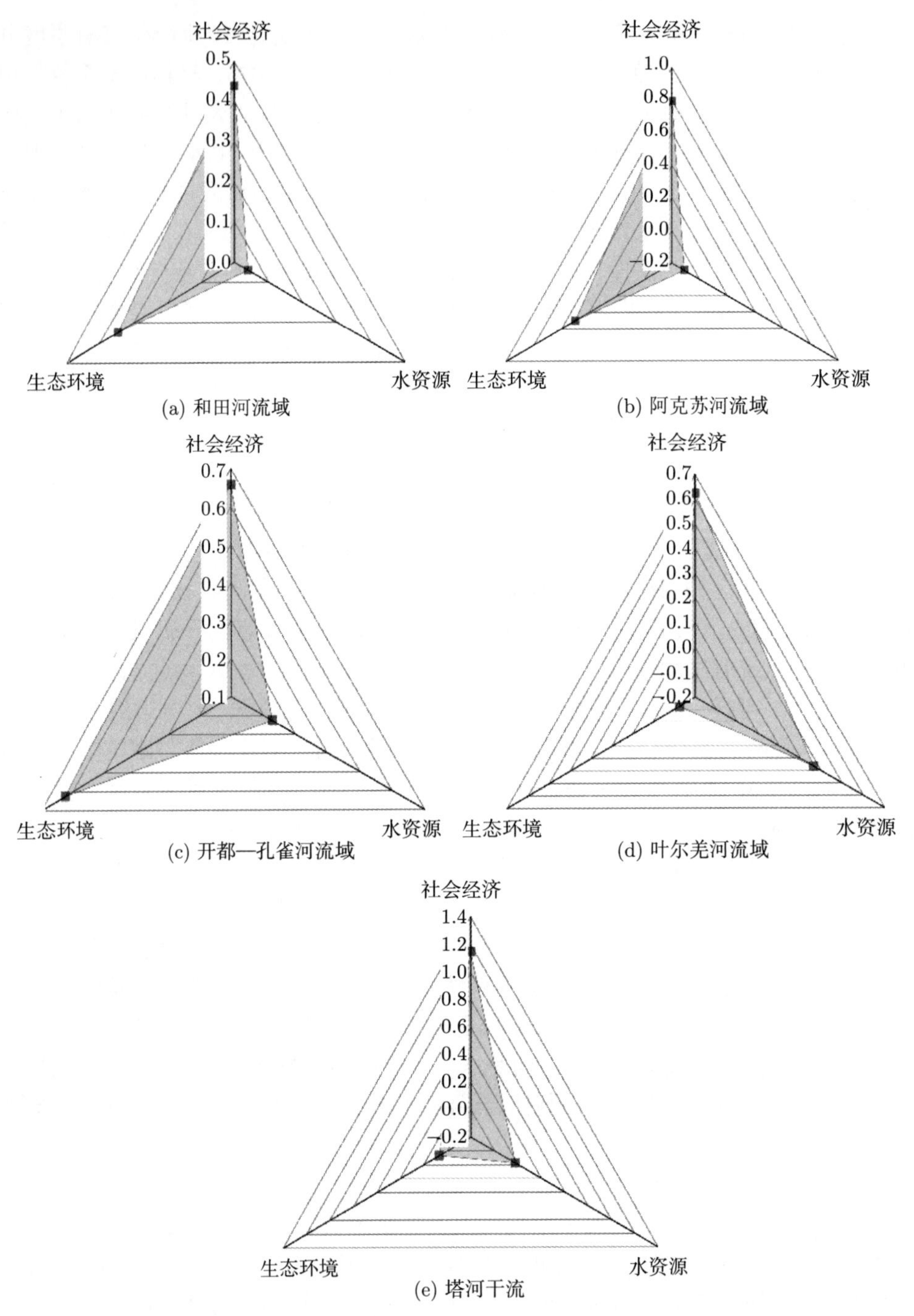

图 7.5　重度干旱情景下“四源一干”子系统有序度图

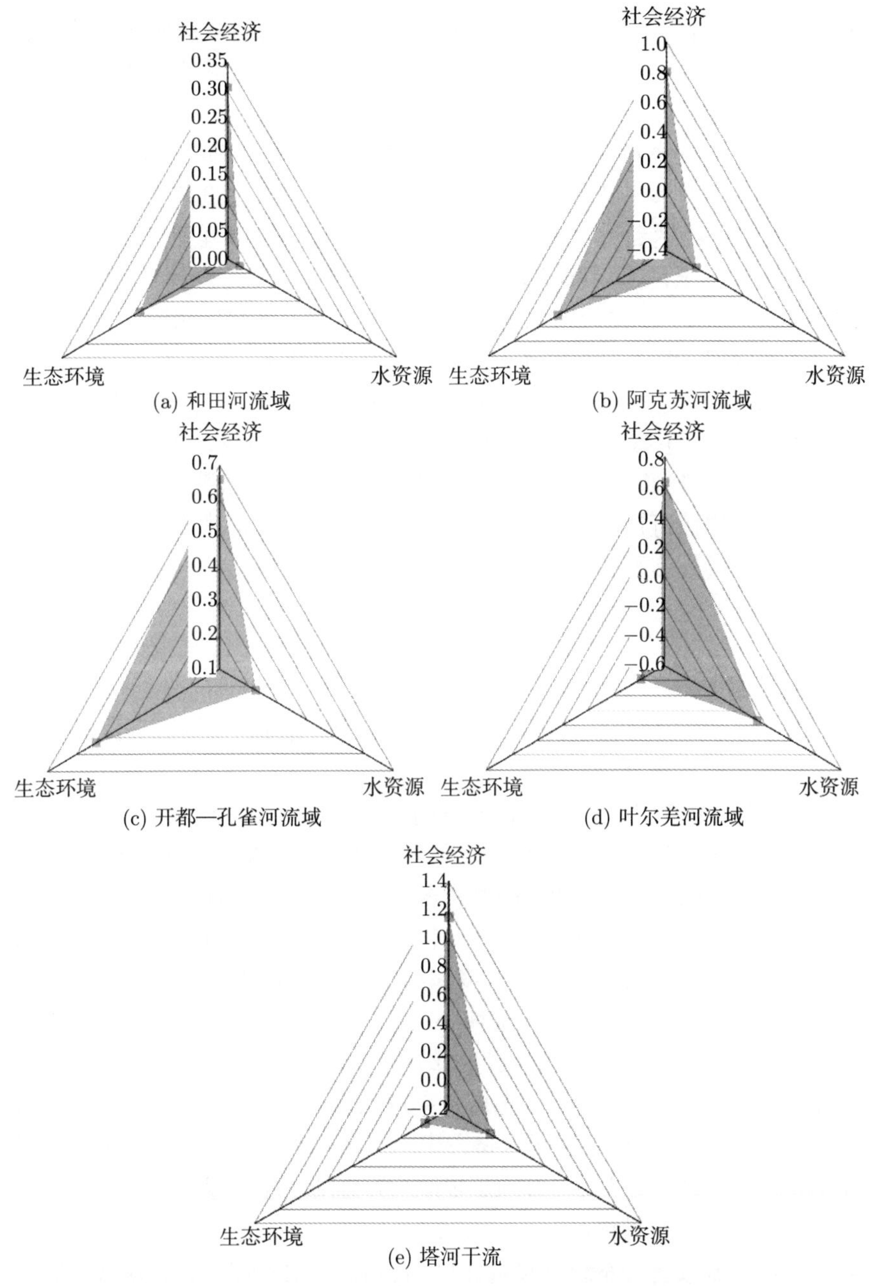

图 7.6 特大干旱情景下“四源一干”子系统熵值图

由图 7.6 可得，和田河流域社会经济系统有序度有所提高，说明特大干旱模式刺激了该流域的社会经济系统发展，缺水情景迫使该流域地方发展节水技术，提高水资源利用效率；特大干旱情景下，阿克苏河流域水资源复合系统发展受到了严重制约。对比不同干旱情景发现，随着干旱程度的加深，该流域的水资源系统，生态环境系统以及社会经济系统发展逐步受到阻碍。因此，不同干旱情景模式下应采取不同的调控模式以提高流域水资源复合系统协同程度；开都—孔雀河流域在特大干旱情景下生态环境系统受到较大影响，社会经济系统有序度几乎不变，说明该流域社会经济发展已经达到一定水平，但与其他系统发展协调程度较差，因此应将生态环境与水资源系统作为后续发展的重要内容；叶尔羌河流域在该情景下出现系统失调的现象，生态环境系统与水资源系统发展受到了严重的阻碍，需对该流域水资源进行合理调配，保证生态用水，缓解水资源供需平衡矛盾，从而优化复合系统水资源发展；对于塔里木河干流，对比重度干旱情景模式，其社会经济与水资源系统有序度变化不大，生态环境系统有序度从 0.0659 下降到 −0.0051，说明特大干旱情景下，该流域水资源匮乏，供需矛盾突出，生产生活用水严重挤占了生态用水，导致生态环境系统接近崩溃边缘，必须及时加以治理，保证生态用水，避免对生态环境系统的影响进一步恶化。

7.3.3　阿克苏河流域多情景水资源承载力调控

1) 干旱情景

基于现状年 2015 年阿克苏河流域基本社会经济情况以及阿克苏河流域干旱年来水条件和供水特点进行干旱情景模拟。

由上文可知，V_1 为情况良好级别，表示该指标发展尚处于初级阶段；V_3 表示情况较差，该流域指标已经达到饱和，继续发展下去将会造成系统超载；V_2 等级情况介于上两级之间。基于现状年的水资源现状，计算干旱情景下的阿克苏河流域水资源承载力评价指标。由图 7.7 可知，干旱情景下阿克苏河流域部分指标均处于 V_2 级别，但仍有部分指标例如人口密度和第一产业比例仍处于 V_3 级别，说明该流域目前人口过多，导致人均可供水量偏少，使流域处于超载状态。第一产业比例过高，挤占第二、第三产业用水，造成供水结构不合理，同时造成产业结构失衡，阻碍该流域社会经济发展。此外，生态用水率以及森林覆盖率虽然位于 V_2 等级，但已接近 V_3 级别，表明生产生活用水挤占生态用水现象严重，已经造成生态环境恶化，植被覆盖面积退化等现象，必须加以改善，否则生态环境系统崩溃，不利于流域水资源复合系统的良性循环。

对阿克苏河流域复合系统序参量计算，可得其社会经济、水资源以及生态环境系统熵值分别为 0.7955、−0.0056、0.6352。此时水资源系统熵值为负数，依据熵函数定义，此时水资源系统的有序度熵值将失去意义，说明干旱情景下水资源系统不能为其他系统提供良好的水资源支持与维护，此时阿克苏河流域水资源复合系统处于失衡状态，需通过调控程序引导，对流域序参量进行调整 (图 7.8)，并用熵判别调控的合理性。

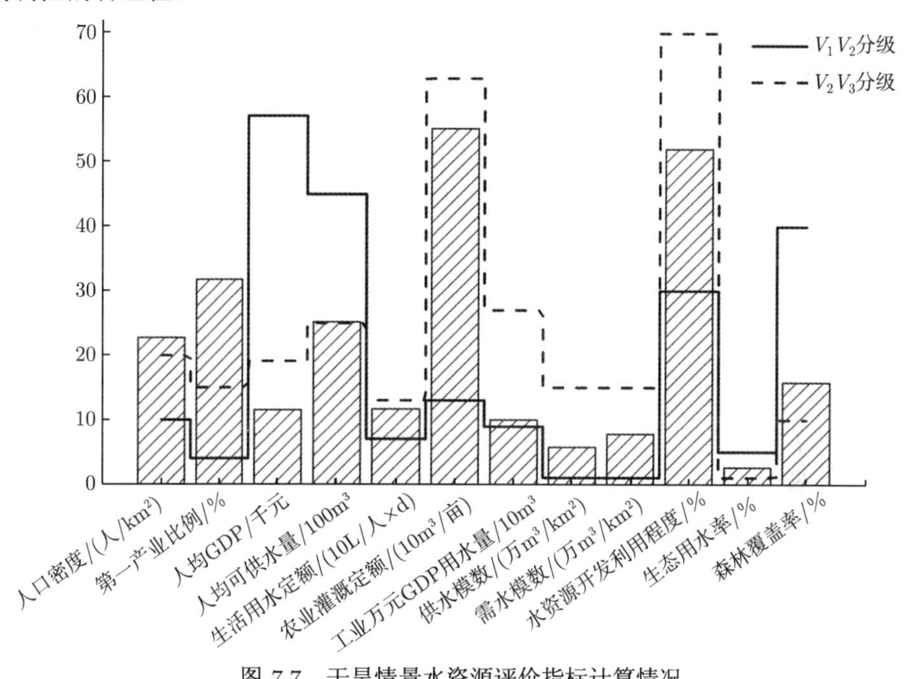

图 7.7 干旱情景水资源评价指标计算情况

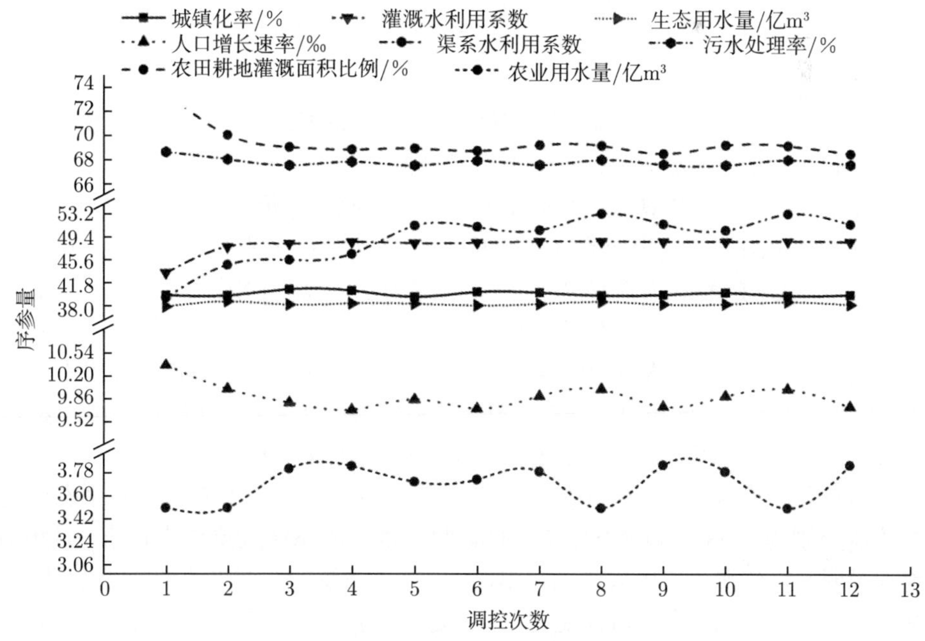

图 7.8 干旱情景下阿克苏河序参量调控过程

由图 7.9 可知，第一次调控后的系统熵为 0.3499，第二次调控后系统熵降低为 0.3491。经过 12 次自动调控后，系统熵收敛为 0.3216，与第一次调控相比，水资源、生态环境以及社会经济系统熵值差距缩小，说明各子系统发展协调程度更好；复合系统熵明显降低，达到复合系统优化效果，利于该流域可持续发展。12 次调控后，各序参量有序度都处于 [0, 1] 区间，各子系统间熵值差 $\Delta U \leqslant 0.05$，复合系统熵值差迭代熵变 $\Delta S \leqslant 0.001$ (图 7.9)，说明水资源承载力的 12 次调控过程，实现了复合系统的优化发展。

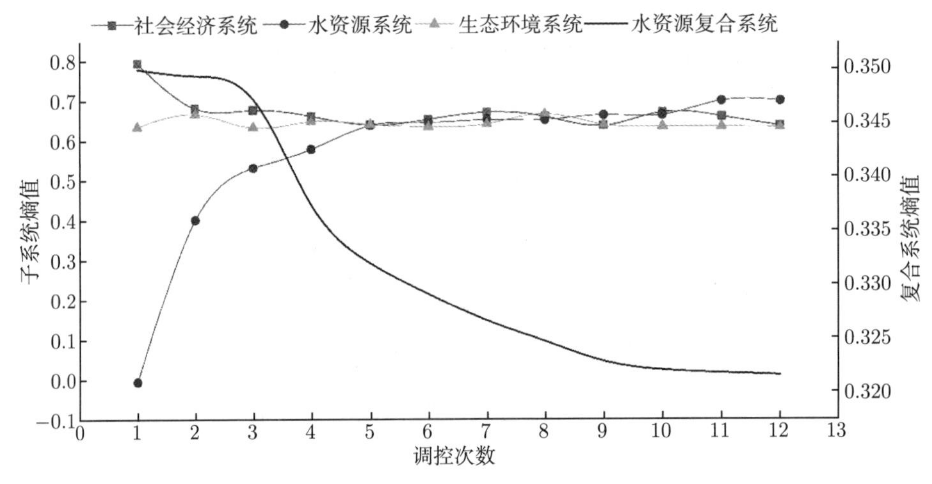

图 7.9　干旱情景下阿克苏河系统熵值变化图

2) 重度干旱

基于现状年 2015 年阿克苏河流域基本社会经济情况以及阿克苏河流域重度干旱年来水条件和供水特点，进行重度干旱情景模拟。

重度干旱情景下，计算阿克苏河流域水资源承载力评价指标。由图 7.10 可知，重度干旱情景下阿克苏河流域有 4 项指标处于 V_3 级别，分别是人口密度、第一产业比例、人均 GDP 和人均供水量。同干旱情景比较，现阶段阿克苏河流域来水量减少，导致供水模数降低，人均可供水量随之减少，加剧了水资源供需矛盾。同时，第一产业是高耗水产业，水资源短缺抑制了第一产业发展，对节水技术提出更高的要求；与此同时，水资源也刺激第二、第三产业发展，有利于产业结构调整。然而，水资源短缺造成生态用水减少，加剧了生态环境系统的恶化。

对阿克苏河流域复合系统序参量计算，可得其社会经济、水资源以及生态环境系统熵值分别为 0.984、−0.0488、0.5093。此时水资源系统熵值仍为负值，且绝对值增加说明其水资源供需矛盾更加突出，且三个子系统间两两差值增大，说明同干旱情景相比其复合系统失衡程度更为严重。通过调控程序引导，对流域序参量进行调整 (图 7.11)，并计算系统熵值，对系统调控合理性进行评判。

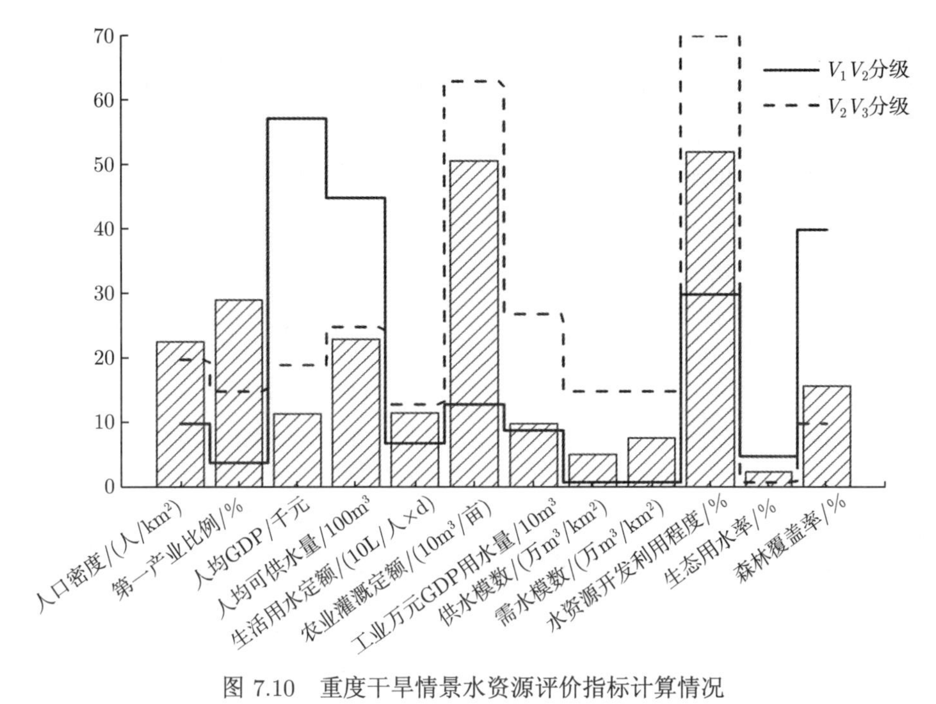

图 7.10 重度干旱情景水资源评价指标计算情况

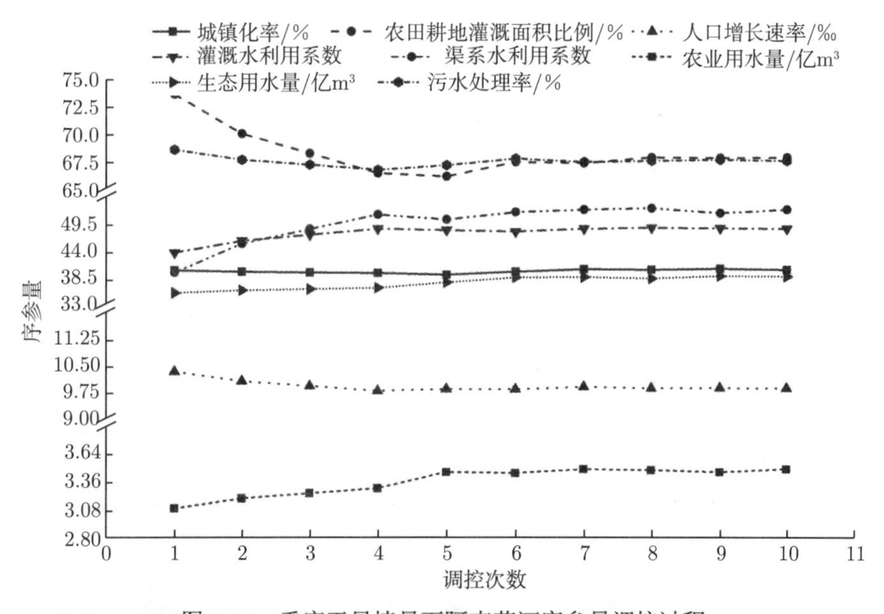

图 7.11 重度干旱情景下阿克苏河序参量调控过程

由图 7.12 可知，第一次调控后的系统熵为 0.3003，第 9 次调控后系统熵降低为 0.2816，经过 10 次自动调控后，系统熵收敛为 0.2799。与第一次调控相比，水资源系统熵值有明显提高，社会经济系统熵值有所降低，从而使各子系统熵值差距缩小，说明各子系统发展协调程度更好。研究表明，经过 9 次调控，复合系统熵明显降低，已达到复合系统优化效果，有利于该流域可持续发展。经过 10 次调控后，各序参量有序度均位于 [0, 1] 区间，子系统间熵值差 $\Delta U \leqslant 0.05$，复合系统熵值差迭代熵变 $\Delta S \leqslant 0.001$ (图 7.12)，可实现复合系统的协同发展，水资源承载水平提高。

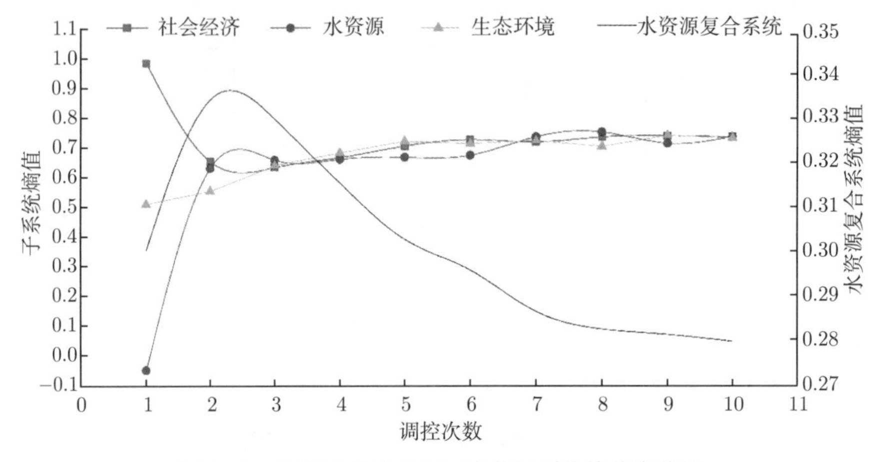

图 7.12　重度干旱情景下阿克苏河系统熵值变化图

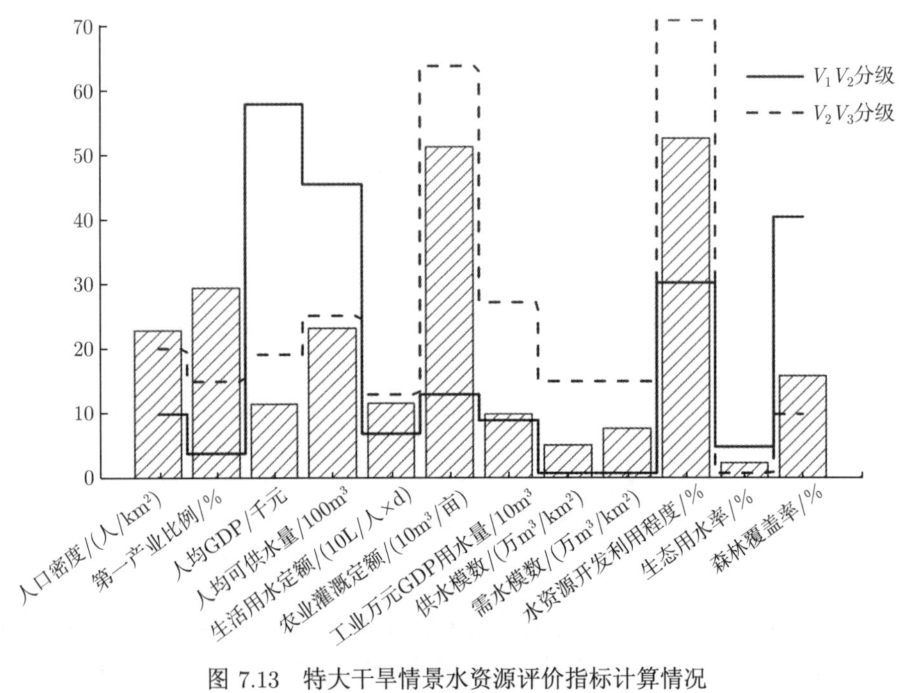

图 7.13　特大干旱情景水资源评价指标计算情况

3) 特大干旱

特大干旱情景下，计算阿克苏河流域水资源承载力评价指标。由图 7.13 可知，特大干旱情景下阿克苏河流域水资源评价指标中人口密度、第一产业比例、人均 GDP 以及人均供水量仍处于 V_3 级别，且人均供水量持续减少，供水模数与需水模数间差值持续加大，表明特大干旱情境下，复合系统中水资源系统难以同其他子系统协调发展，在优化资源系统的同时，需要对其他系统进行相关调整，从而避免复合系统的恶性循环，保证在特大干旱情况下阿克苏河流域的可持续发展。

对阿克苏河流域复合系统进行序参量计算，可得其社会经济、水资源以及生态环境系统熵值分别为 1.5494、−0.1048、0.4312。此时水资源系统熵值仍为负值，且绝对值呈增加趋势，说明阿克苏河流域水资源供需矛盾更加突出；并且，三个子系统间两两差值增大，说明同干旱情景相比，其复合系统失衡程度更为严重。通过调控程序引导，对流域序参量进行调整 (图 7.14)，并用熵判别调控的合理性。第一次调控后的系统熵为 0.3259，第 10 次调控后系统熵降低为 0.2890，经过 11 次自动调控后，系统熵收敛为 0.2886，与第一次调控相比，水资源系统熵值有明显提高，生态系统熵值有所提高，社会经济系统熵值明显降低，从而使各熵值两两差值缩小，子系统间协同发展。11 次调控后，各序参量有序度均位于 [0, 1] 区间，各子系统熵值

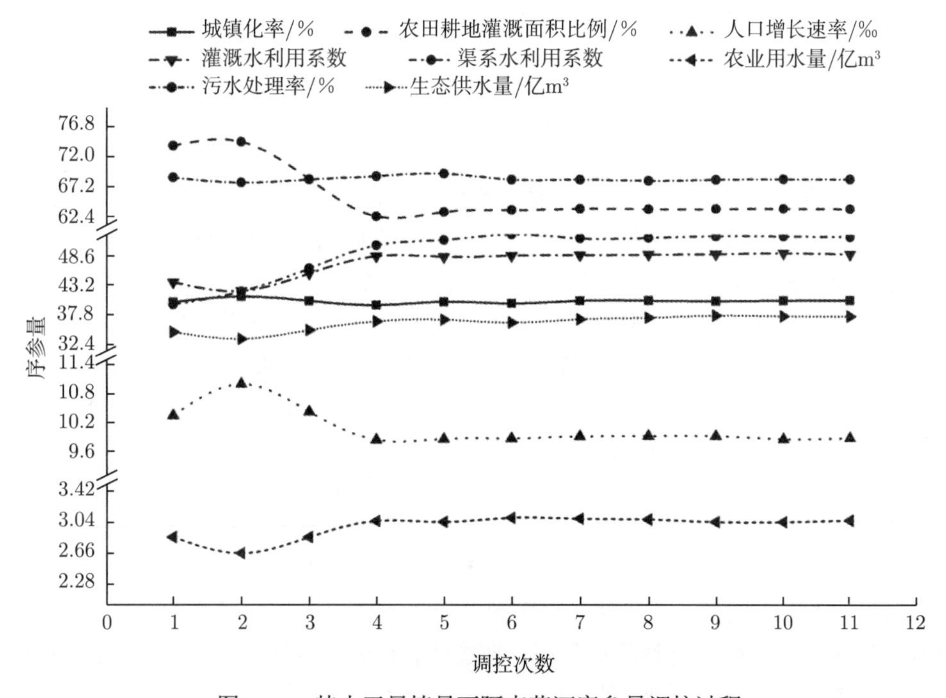

图 7.14 特大干旱情景下阿克苏河序参量调控过程

分别为 0.7213、0.7141、0.7233，其两两熵值差 $\Delta U \leqslant 0.05$，符合调控收敛标准，复合系统熵值差迭代熵变 $\Delta S \leqslant 0.001$ (图 7.15)。由此可知，系统熵值调控过程可以科学合理地控制系统发展速度，协调生态环境、经济社会和水资源三者之间的关系，使各子系统间熵值差 $\Delta U \leqslant 0.2$，实现复合系统的优化发展。

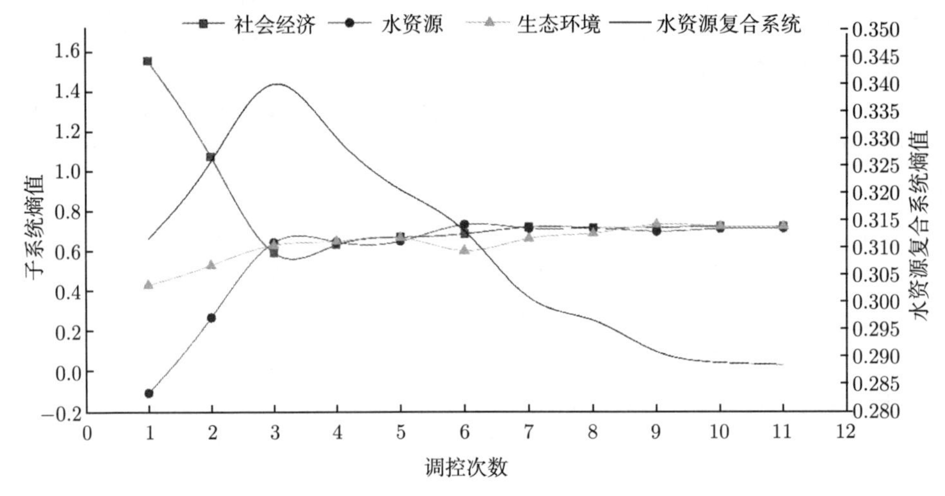

图 7.15　特大干旱情景下阿克苏河系统熵值变化图

7.4 本章小结

基于水资源复合系统序参量体系，利用系统熵值调控过程分析了塔里木河水资源系统的发展速度，得出生态环境、经济社会和水资源三者之间的协调关系，发现各子系统间熵值差 $\Delta U \leqslant 0.2$ 的复合系统为最优状态，从而实现了水资源的适应性开发利用。为进一步分析不同干旱情景下的水资源复合系统响应特征，本书针对干旱地区特点，对塔里木河流域进行干旱特征分析并计算其 SRI 值，从而确定该流域干旱等级划分标准。将干旱等级分为三个等级，分别是干旱、重度干旱以及特大干旱级别，在不同干旱情景下进行水资源复合系统协调程度评价以及系统响应分析。研究表明，阿克苏流域在干旱情景下水资源系统与其他子系统有序度相差较大，复合系统发展极不平衡；重度干旱情景下，系统失衡现象严重，且生态环境系统有序度小幅度降低；特大干旱情景下各系统有序度大幅度降低。由此可见，随着干旱程度加深，流域的社会经济、水资源以及生态环境系统均受影响，流域水资源复合系统的协调发展将受到严重阻碍。通过对不同干旱情景下的序参量调控，可协调各子系统自身的协调发展，使流域水资源复合系统的系统熵值降低并收敛，从而实现了流域水资源复合系统的可持续发展和水资源的适应性利用。

第 8 章　总结与展望

8.1　总　　结

塔里木河地处新疆南部，是我国最大的内陆河，是塔里木盆地绿洲经济、自然生态和各族人民生活的生命线。水资源开发利用与生态环境保护，不仅关系到流域自身的生存和发展，也关系到西部大开发战略的顺利实施，其战略地位突出。塔里木河干流自身不产流，“四源一干” 面积占流域总面积 25.4%，多年平均年径流量占年径流总量 64.4%，塔里木河生态水文情势状态及水资源适应性利用对整个流域的发展演变都起着决定性作用。研究变化环境下的人类活动对干旱内陆河流域水资源演变规律的影响，从机理上探究塔里木河流域大规模水资源开发利用引起的相应水文生态情势变化，客观评价塔里木河流域人工–自然驱动力作用对流域复合系统的影响，确立绿洲适宜性发展规模及水资源适应性调控策略对保障塔里木河流域生态安全具有重大意义，是面向塔里木河治理需求，维护塔里木河持续良性发展的保障。

本书采用了流域生态水文模拟、随机理论、生态动力学理论、不确定性等多学科系统分析的方法，重点讨论了干旱内陆河流域生态水利调度及水资源适应性调控的理论方法及其应用。水资源适应性利用是解决复杂、不确定生态系统的高效方法，弥补了人水和谐理论的局限性。而国内在适应性利用研究方面尚处于起步阶段，因此本书借鉴国内外已有研究成果，从生态保护目标和流域系统协调发展的角度出发，重点开展了外界胁迫作用下的基于生态水文情势响应特点的流域水资源适应性利用理论方法和技术体系，为流域构建适宜的生态水文条件及水资源适应性利用提供科学参考。

首先，综述了人类活动水文效应研究的定性和定量研究成果，剖析了人类活动水文效应定量化研究的方法模式，系统阐述了目前国内外关于干旱内陆河流域生态–水文问题、水资源演变规律、流域生态水文情势演变及水资源适应性利用等相关问题的研究进展；然后，深入研究了外界胁迫作用下塔里木河流域源流、干流水资源及生态水文情势的演变，并进行了对比分析，采用累积量斜率变化的影响评估方法，确立了水资源利用方式的改变对流域生态维持所需要的水文径流过程及水资源的影响程度。

近年来，受自然变异和人为强迫等外界变化条件的影响，水资源系统变得更加敏感和脆弱，极端水文气象事件 (如洪涝、干旱、暴雨、暴雪、高温等) 的发生频率、强度及时空随机性有明显增强的趋势，这对流域水资源安全造成了巨大影响。诸多流域频繁发生的极端水文、气象事件及气候改变对水资源可用性的潜在影响以及对水文极端事件的管理，已成为社会和科学界密切关注的焦点问题。本书描述了 1960~2015 年塔里木河流域的极端降水和温度的时空变化特征，重点从时间尺度和空间尺度分析了内陆干旱区气候历史、现状特征，模拟预测了未来极端气候与水文事件的演变趋势。针对气候变化和人类活动等外界胁迫及环境变化引发的流域极端事件问题，采用不确定性分析和气象要素统计方法、空间分析等理论方法，进行气候特征、气象要素统计及其时空变异特性分析，研究确定极端事件阈值特征，确定流域水文、局部气象事件的年代变化特征及空间分布格局，模拟分析其在不同时期可能发生的概率、时空分布变化特征及演变趋势。通过天气生成参数可方便快速地更新评估 GCM 输出，进行未来气候条件下的临界天气状况发生的频率分析，评估了 CMIP5 多模式集合对塔里木河流域气候变化模拟能力以及未来不同气候情景下降水模拟能力，完成了 CMIP5 降水数据在塔里木河流域的不确定性分析，为推求有限资料条件下特定或极端情景的水文情势及研究不同流域水文极端事件对外界胁迫的响应机理提供科学依据。

本书基于变化环境下人类活动对干旱内陆河流域水资源演变规律的影响，力求从机理上探究塔里木河流域大规模水资源开发利用引起的相应水文生态情势变化，分别从时间和空间角度客观评价了近 56 年来塔里木河流域径流变化对外界气候变化和人类活动的响应敏感性。通过综合分析界定气候变化和人类活动剧烈影响的合理起始点，从而将水文序列划分成基准期和改变期。在时间上根据降水、潜在蒸发和径流突变节点划分成三个阶段，采用 Choudhury 公式和水量平衡方法，确立了径流变化对灌溉用水和土地利用变化等人类活动的敏感性及其空间分布，以期为流域水资源优化管理及下游生态环境保护起到重要作用。

塔里木河流域生态脆弱，在干旱区内陆河生态水文过程研究中具有典型性和代表性。近几十年来，人类对水资源的开发利用程度不断提高，引水灌溉、筑坝蓄水等水资源开发利用行为所引起的自然水流情势改变，其中水利工程对受控河流水文情势的改变最为显著，且改变程度随着河流开发利用程度的增加而逐渐累积，并由此产生了一系列生态水文效应。生态水流适应性利用概念的提出正是为了缓解河流水资源开发利用与生态环境保护的矛盾，本书正是综合考虑人类活动、气候变化、陆面变化等环境变化影响，分析了外界干扰下的流域生态水流情势，采用水文变异指标及变化范围法 (IHA/RVA) 定量评估了塔里木河上游水库运行后，干流代表站的水文指标改变程度及其生态影响，从水利工程兴建、人类活动和气候变化影响的角度分析了生态水流情势的演变成因，以调整水资源开发利用过程适应流域生态系统的发展演化。书中采用组合回归模型建立了适应生态变化的水流利用关系，修正了水文–生态响应关系和生态水流估算结果，探讨了适应生态水文过程的水流情势利用模式。基于 IHA 体系，采用改进的 RVA 法评估水利工程对塔里木河干流生态水文情势的影响，从生态水文情势演变趋势分析入手，结合生态–水文过程变化特征，基于水文改变指标基本分析方法，筛选建立环境流，分析代表站的水文指标改变程度及其生态影响，确立了基于水文–生态响应关系的生态水流评估方法，定量评估水库兴建、引水灌溉等人类活动和自然变异对生态水流情势影响。研究结果表明，水库运行导致塔里木河干流水文情势发生高度改变，改变度高达 60%以上；指标体系中 3 月和 6 月平均流量，最小 1d 和 3d 流量、最大 30d 和 90d 流量、年发生低流量次数及逆转次数等指标发生严重变异。水库运行对塔里木河周边生态系统影响较大，迫切需要对河流的流量进行适时调控，依据生态水流情势和生态需求，建立不同水平年的水流适应性利用方案，以期为流域水资源优化管理及下游生态环境保护和河流生态调度提供技术参考与依据。

与此同时，水资源利用问题是塔里木河流域绿洲可持续的关键，塔里木河流域人工–自然驱动力作用对流域复合系统的影响涉及绿洲经济、社会、生态等各个方面，影响因素众多，确立绿洲适宜性发展规模及水资源适应性调控策略对保障塔里木河流域的生态安全具有重大意义。本书基于流域系统协调度思想，提出建立外界胁迫条件下适应于流域生态水文特点的水资源承载能力评估体系。基于水资源复合系统的生态环境、经济社会和水资源的最优协调关系，提出建立水资源复合系统序参量体系，利用系统熵值调控过程分析了塔里木河水资源系统的发展速度，确立协调生态环境、经济社会和水资源三者之间的最佳状态，建立了不同干旱等级下的水资源的适应性调控方案及水资源适应性开发利用策略。研究成果一定程度上促进了流域生态水利调度的理论研究及工程应用，对流域水资源开发利用、工农业生产布局优化、维护干旱区流域水安全与绿洲生态安全及良性发展具有重要意义。

干旱内陆河流域绿洲水资源安全、流域的水问题以及一系列由水资源短缺衍生出的生态环境问题已成为干旱地区绿洲经济发展的瓶颈。受全球气候变化和人类活动等的综合影响，水资源系统变得更加敏感和脆弱，以土地利用、农业灌溉、兴修水利和城镇化为主的人类活动引起的水文效应已得到广泛关注。由此可见，研究把握内陆干旱区绿洲生态水文格局变化，客观评价人工驱动力对绿洲水文–生态的影响，安全合理地利用水资源，确立适宜的绿洲发展模式及水资源适应性调控策略，不仅是众多学者所关注的关键科学问题，也是西部开发维护绿洲持续良性发展的需求所在。

8.2 展　　望

20 世纪 80 年代中期以来，国内外就已经开展了一系列全球变化问题的前沿性研究计划，针对全球变暖对水文趋势变化的影响，主要概括为以下两方面的研究。

一是从观测的长序列水文气象历史资料中分析自然气候变异和人为气候变化的影响；二是从模型得到的未来气候情景下的径流变化趋势中，评价以上两种变化的贡献。关于未来气候情景预测、气候变化和人类活动对水循环过程的影响研究虽已逐步深入，气候变化对洪水与干旱的影响研究主要根据历史资料与未来情景，以降水量变化规律与趋势分析为主，水文学家一般采用自上而下法研究气候变化对水资源和水文循环的潜在影响，定量估算气候变化对水文水资源影响的研究要素常包括径流总量、径年内分布和年际变化、土壤含水量、积雪、冰川、地下水、水文极端事件等。在这一单向连接中，气候模型输出的气候情景以及与其相连的水文模型是两个独立的研究对象。气候变化与人类活动因素不是孤立的，它们之间的相互作用既可能是正反馈也可能是负反馈。水文学家主要关注分析气候变化对水资源和水文循环的潜在影响，因而在传统的气候变化影响研究中往往采用自上而下的方法，利用大气环流模式的气温、降水等结果输出及降尺度模拟局部气候特征，进行流域水文及水资源情景分析。然而由于不同的气候模型可产生完全不同的降水量及其空间分布，且 GCM 和流域时空尺度的不兼容性及 GCM 输出精度和降尺度带来的不确定性等影响，进一步确立一种基于逆向重构思想的流域水文极端事件模拟分析方法，研究如何合理推求有限资料条件下特定或极端情景的水文特征，在气候变化和人类活动影响下进行流域洪旱特征 (包括极值、变异等特征) 识别，深入研究其与临界气象条件的转化关系，确定流域关键水文过程向相应临界气象条件反向转化的方法，揭示气候变化、自然变异和人为胁迫等对流域水文情势演变的影响方式及机理，不仅是目前水文科学的前沿科研课题之一，也是完善流域水资源管理的重要技术手段。

绿洲与荒漠相生相伴，是干旱区人类赖以生存的载体，是干旱区特有的自然景观。内陆干旱区人类社会的发展伴随水资源开发利用而进行，并以绿洲经济为基础。水作为绿洲存在和演变的关键因素，不仅是干旱区绿洲生态系统构成、发展和稳定的基础，也决定着干旱区绿洲化过程与荒漠化过程两类极具对立与冲突性的生态环境演化过程。绿洲的发展，实际就是水资源开发利用和适应生态环境变化的过程，由于干旱区荒漠绿洲水文特性、水资源利用特征具有独特的水循环及生态格局，受全球气候变化和人类活动等的综合影响，水资源系统变得更加敏感和脆弱，荒漠绿洲生态一定程度上已到了人工调控阶段。节水技术和地下水开采能力的进一步提高，使水资源的利用率达到了新的高度，人类对水资源利用方式的改变严重影响了流域生态维持所需要的水文径流过程，现有的流域水资源的自然演化模式已不能有效地指导实践，以天然植被为主体的生态系统和生态过程因人为对水资源时空格局的改变而受到严重影响。在今后的研究中深入探求人工和自然复合作用下的干旱区绿洲水文循环，科学合理地开展变化环境下的流域水文态势与外界变化条件胁迫的响应分析，多种途径分析当前和未来气候情景模式下的水文响应特征的敏感性，深入探讨干旱区产汇流过程、地下水埋深动态变化过程，研究流域水文过程–生态格局变化与水资源利用的响应关系，确立流域水资源安全的生态水利保障条件，进行大规模、大范围的水资源适应性调控不仅是今后生态水利适应性调控和水文生态研究领域的前沿和热点，更是维系干旱区绿洲生态安全及持续发展的关键所在。

塔里木河流域位于亚欧内陆干旱区，流域总面积 102 万 km^2，其中山地占 47%，平原区占 20%，沙漠面积占 33%，气候干旱，降雨稀少，蒸发强烈，水资源相对贫乏。塔里木河是我国最大的内陆河，主要水源是山地冰雪融化和地下水，农业灌溉和人工调控是绿洲农业演替的主要动力，在自然–人为作用双重影响下，荒漠–绿洲复合生态体系极具不稳定性，其区域生态环境劣变趋势的发展倍受世界关注。由于塔里木河干流自身不产流，“四源一干” 流域面积占流域总面积的 25.4%，多年平均年径流量占流域年径流总量的 64.4%，对塔里木河的形成、发展与演变起着决定性的作用。目前塔河流域水资源的开发利用进入一个快速发展时期，渠道防渗和大面积节水灌溉大大提高了引水和使用效率，水库塘坝控制了大多数地表径流，机井技术加快了地下水的开采利用，节水措施的实施使农业生产力得到了极大的提高，促进了经济、社会的持续发展。但在绿洲开发的同时，绿洲与沙漠之间的生态交错带被破坏，水文条件改变造成干流上、中游段耗水严重，导致下游生态与环境急剧退化，地下水水位降低，下游荒漠化扩大等一系列的生态负面影响。尤其在人类活动干扰强烈的干旱绿洲区，区域大循环减弱，局部小循环增强。水循环输出方式也发生巨大变化，垂向蒸散发输出增强，区域径流性水资源减少，有效利用的水分增加，人工作用已成为绿洲水循环乃至区域水循环过程的重要驱动力。流域水循环自然变化的时空格局整体性及其生态–水文响应过程已被改变，人工控制阶段的生态环境抵御外界冲击的能力非常薄弱，流域一系列由水资源短缺衍生出的生态环境问题已成为干旱地区绿洲经济发展的瓶颈。

塔里木河干流自身并不产流，是中国最长的内陆河，具有山区–绿洲–荒漠的典型干旱区特点，塔里木河流域既是西部干旱区脆弱的生态体系，也是南疆重要经济体系。在过去 60 年里，塔里木河流域在资源开发和经济发展的同时，生态与环境发生了显著变化，水资源时空分布格局及开发过程中生态–经济矛盾突出，人工绿洲不断扩大的同时，水域湿地面积锐减，荒漠生态系统受损，对生态环境影响显著，塔河上游三源流 (阿克苏河、叶尔羌河、和田河) 向干流输水及干流上游和博斯腾湖向下游输水减少，地下水水位大幅度下降，靠地下水维系生存的天然植被生态系统趋于退化，以天然植被为主体的生态系统和生态过程因人为对水资源时空格局的改变而受到严重影响。尽管自 2001 年起已先后 18 次向塔里木河下游进行生态输水，同输水前相比，下游生态出现了一定的积极响应和变化，主要表现在水文过程完整性的恢复、地下水水位的大幅抬升和天然植被生态响应。但在大规模、大范围的生态输水实施过程中，对下游生态恢复的效果是否能达到预期的效果，如何合理利用“生态需水”径流过程以及干流生态保护所需的“生态洪峰”，实现塔里木河流域生态保育的持续性仍是流域可持续发展面临的突出问题。目前集中表现的生态–水文问题主要有：①通过生态输水工程恢复下游生态的过程中，区域尺度的地表水–土壤水–地下水的转换过程以及生态过程的多尺度效应仍需要量化分析；②在荒漠化–绿洲化动态演化过程中，地表景观变化与地下水位动态变动的关系仍不明晰；③以山地–盆地–荒漠为整体研究对象构建以流域为单元的生态水文预测仍有待加强，仍需深入开展人工取–用–排水干扰下的流域水文–生态格局变化与水资源利用的响应关系研究，揭示水资源利用方式与绿洲演变过程的内在联系，找出自然和人工水循环问题，处理源流与干流关系，促进人工“渠库”向天然“河湖”功能转变。

未来采用多交叉学科，通过理论分析和试验监测结合，从人类活动对生态安全造成的干扰或胁迫的角度开展塔河流域水资源综合利用研究，重点加强气候变化与人类活动对水文要素变异驱动机理分析，加强水文要素时空变异特性的诊断，探索完善流域水文态势与外界变化条件胁迫的互馈响应分析机制，重构水文要素变异环境下洪涝极值等特征量及其重现期的新定量等，从机理上进一步追溯气候条件改变及外界胁迫作用下可能产生的生态水文情势的响应特征及其归因。客观评价塔里木河流域人工–自然驱动力作用对流域复合系统的影响，不仅是变化环境对水资源影响研究中具有创新意义的科学问题，也是进行未来特定或极端情景流域水文特征模拟及水资源安全管理的关键。

目前以山地–盆地–荒漠为整体研究对象构建以流域为单元的生态水文预测模型中，生态输水工程的生态损益评价和风险评估预警仍有待完善，基于生态–水文的可持续管理机制还未健全，尚未实现基于调水、蓄水、灌溉、作物结构和布局调整等措施调控并实现区域水资源的生态调配。今后的研究旨在研究如何利用绿洲水文条件及生态格局变化中的人工–自然驱动力对复合系统累积互制效应的分析思想。在有限资料条件下，从水热、水土、水盐平衡角度客观评价人工驱动力对绿洲水文生态特征时空分布的影响，进行绿洲潜在生态条件的仿真模拟，充分发挥水资源的经济、生态综合效益，将是确立绿洲适宜性发展规模及水资源适应性调控策略、保障塔里木河流域生态安全的重要技术途径。

塔里木河流域地域辽阔，目前已开展的生态调度的研究主要集中在总量控制方面，缺乏大范围、大规模生态水量调度工程保障及健全的水生态系统管理体系。生态调度研究在国内外仍处于实践探索阶段，生态调度可控性及预知性不足，大多采取的是应急性生态输水模式，对相应的生态水利工程调度方式及改变所产生的自然水文模式、水文过程及生态响应效果等均未能进行很好的回答，难于落实到流域的具体工程实施和取用水管理上来，生态调度尚缺乏系统的理论、方法和技术手段。针对塔里木河流域荒漠生态系统的特点，完善干旱极值条件下的生态水文理论，开展流域生态–水文过程综合理论和试验研究，构建适用于流域特点的分布式散耗水文结构模型，完善人类活动对绿洲水循环过程影响分析方法，阐明适用于强干扰区域的水文模型构建方法及水资源适应性调控机制。在流域尺度、干旱情景和水资源管理制度下，研究基于生态流量过程线的有效经济的生态调度模式，加强干旱情景下绿洲水土安全评估，合理确定绿洲和湿地生态需水阈值，将有利于逐步实现塔河流域生态空间有效保护及社会–经济–水资源的可持续发展。

同时，进一步建立完善塔河流域绿洲生态环境保护型和经济环境协调发展的水资源生态承载力模拟评价体系，以生态分区和生态水文单元划分为基础，针对塔河流域多年用水结构发展和生态退化特点，预测未来不同情景下绿洲用水结构的演变及用水总量的变化，确定未来不同情景下绿洲用水结构的演变及用水总量的变化，评估流域生态水文过程变化对绿洲湿地水资源生态承载能力的影响，建立流域结构性缺水风险应对策略，也将是今后研究的重点，不仅有利于完善建立生态调度系统的理论、方法和技术手段，也是维护干旱区水资源安全和绿洲生态的重要科学支持。

参 考 文 献

白元, 徐海量, 刘新华, 等. 2013. 塔里木河干流耕地动态变化及其景观格局 [J]. 土壤学报, 50(3): 492-500.

曹明亮, 张弛, 周惠成, 等. 2008. 丰满上游流域人类活动影响下的降雨径流变化趋势分析 [J]. 水文, 28(5): 86-89.

曹志超, 王新平, 李卫红, 等. 2012. 基于水热平衡原理的塔里木河下游绿洲适宜规模分析 [J]. 干旱区地理, 35(5): 806-814.

陈昌毓. 1989. 河西走廊实际水资源及其确定的适宜绿洲和耕地面积 [J]. 干旱区地理, 12(4): 20-27.

陈昌毓. 1995. 河西走廊实际水资源及其确定的适宜绿洲和农田面积 [J]. 干旱区资源与环境, 9(3): 122-128.

陈晓晨. 2014. CMIP5 全球气候模式对中国降水模拟能力的评估 [D]. 北京: 中国气象科学研究院.

陈学君, 苏仲岳, 李仲龙, 等. 2012. 年降水量数据的正态变换方法对比分析 [J]. 干旱气象, 30(3): 459-464.

陈亚宁. 2010. 新疆塔里木河流域生态水文问题研究 [M]. 北京：科学出版社: 390-392.

陈亚宁, 李卫红, 徐海量, 等. 2003. 塔里木河下游地下水位对植被的影响 [J]. 地理学报, 58(4): 542-549.

陈亚宁，徐宗学. 2004. 全球气候变化对新疆塔里木河流域水资源的可能性影响 [J]. 中国科学 D 辑：地球科学，34(11)：1047-1053.

陈忠升. 2016. 中国西北干旱区河川径流变化及归因定量辨识 [D]. 上海: 华东师范大学.

陈忠升, 陈亚宁, 李卫红, 等. 2011. 塔里木河干流径流损耗及其人类活动影响强度变化 [J]. 地理学报, 66(1): 89-98.

迟潇潇, 尹占娥, 王轩, 等. 2015. 我国极端降水阈值确定方法的对比研究 [J]. 灾害学, 30(3): 186-190.

初祁, 徐宗学, 刘文丰, 等. 2015. 24 个 CMIP5 模式对长江流域模拟能力评估 [J]. 长江流域资源与环境, 24 (1): 81-89.

丛方杰, 周惠成. 2008. 区域水资源复合系统可持续发展机制研究 [J]. 水科学进展, 19(4): 62-68.

邓铭江. 2004. 塔里木河流域未来的水资源管理 [J]. 水资源管理, 17: 20-23.

邓永新, 樊自立, 韩德林. 1992. 干旱区人工绿洲规模的预测研究 —— 以新疆叶尔羌河平原绿洲为例 [J]. 干旱区研究, 9(1): 53-58.

董哲仁, 孙东亚, 赵进勇, 等. 2010. 河流生态系统结构功能整体性概念模型 [J]. 水科学进展, 21(4): 550-559.

杜河清, 王月华, 高龙华, 等. 2011. 水库对东江若干河段水文情势的影响 [J]. 武汉大学学报：工学版, 44(4): 466-470.

段唯鑫, 郭生练, 王俊. 2016. 长江上游大型水库群对宜昌站水文情势影响分析 [J]. 长江流域资源与环境, 25(1): 120-130.

樊自立. 1993. 塔里木盆地绿洲形成与演变 [J]. 地理学报, 48(5): 421-427.

方国华, 胡玉贵, 徐瑶. 2006. 区域水资源承载能力多目标分析评价模型及应用 [J]. 水资源保护, 22(6): 9-13.

付晓花，董增川，山成菊，等. 2015. 人类活动干扰下的滦河河流生态径流变化分析 [J]. 南水北调与水利科技, 13(2): 263-267.

傅抱璞. 1981. 论陆面蒸发的计算 [J]. 大气科学, 5(1): 23-31

富强, 马冲, 张徐杰, 等. 2016. 气候变化下兰江流域未来径流的变化规律 [J]. 华北水利水电大学学报 (自然科学版), 37(5): 22-27.

谷朝君, 潘颖, 潘明杰. 2002. 内梅罗指数法在地下水水质评价中的应用及存在问题 [J]. 环境保护科学, 28(1): 45-47.

郭家力，郭生练，郭靖, 等. 2010. 鄱阳湖流域未来降水变化预测分析 [J]. 长江科学院院报, 27(8): 20-24.

韩双平, 刘少玉, 刘志明, 等. 2008. 玛纳斯河流域地下水–土壤水–植被生态耦合关系试验研究 [J]. 南水北调与水利科技, 6(6): 100-104.

韩运红, 唐德善, 李奥典, 等. 2015. 模糊熵权综合评价模型在阜阳市水资源承载力综合评价中的应用 [J]. 水电能源科学, 33(5): 26-29.

郝兴明, 李卫红, 陈亚宁, 等. 2008. 塔里木河干流年径流量变化的人类活动和气候变化因子甄别 [J]. 自然科学进展, 18(12): 1409-1416.

胡和平, 刘登峰, 田富强, 等. 2008. 基于生态流量过程线的水库生态调度方法研究 [J]. 水科学进展, 19(3): 325-332.

胡娜，林凯荣，何艳虎, 等. 2014. 东江上游龙川站水文情势变化分析 [J]. 水电能源科学, 32(5): 10-13.

胡顺军，宋郁东，田长彦，等. 2006. 渭干河平原绿洲适宜规模 [J]. 中国科学 D 辑：地球科学，36(S2)：51-57.

黄朝迎. 2003. 黑河流域气候变化对生态环境与自然植被影响的诊断分析 [J]. 气候与环境研究, 8(1): 84-90.

黄烈敏, 刘家宏, 秦大庸, 等. 2012. 南水北调西线调水区生态调控阈值研究 [J]. 中国水利水电科学研究院学报, 10(1): 29-35.

黄领梅, 沈冰, 张高锋. 2008. 新疆和田绿洲适宜规模的研究 [J]. 干旱区资源与环境, 22(9): 1-4.

黄鹏飞, 王忠静. 2014. 气候变化对疏勒河中游水循环及生态环境的影响分析 [J]. 水力发电学报, 33(3): 88-97.

回晓莹, 汪党献, 龙爱华, 等. 2011. 水资源复合系统协调性指标体系构建与调控措施研究 [J]. 中国水利水电科学研究院学报, 9(3): 188-194.

姜德华, 王国清. 1991. 新疆库车绿洲灌溉农业发展模式 [J]. 资源科学, 13(6): 27-32.

康绍忠, 蔡焕杰, 冯绍元. 2004. 现代农业与生态节水的技术创新与未来研究重点 [J]. 农业工程学报, 20(1): 1-6.

雷志栋，胡和平，杨诗秀，等. 2006. 塔里木盆地绿洲耗水分析 [J]. 水利学报，37(12)：1470-1475.

黎云云，畅建霞，雷江群. 2015. 改进 RVA 法在河流水文情势评价中的应用 [J]. 西北农林科技大学学报 (自然科学版), 43(10): 211-218.

李峰平, 章光新, 董李勤. 2013. 气候变化对水循环与水资源的影响研究综述 [J]. 地理科学, 33(4): 457-464.

李福林, 范明元, 卜庆伟, 等. 2007. 黄河三角洲水资源优化配置与适应性管理模式探讨 [C]// 山东省水资源生态调度学术研讨会论文集.

李杰友. 2013. 干旱区水资源优化配置与应急调配关键技术 [M]. 南京: 东南大学出版社: 32-36.

李均力, 姜亮亮, 包安明, 等. 2015. 1962～2010 年玛纳斯流域耕地景观的时空变化分析 [J]. 农业工程学报, 31(4): 277-285.

李凌程, 张利平, 夏军, 等. 2014. 气候波动和人类活动对南水北调中线工程典型流域径流影响的定量评估 [J]. 气候变化研究进展, 10(2): 118-126.

李庆祥, 黄嘉佑. 2010. 北京地区强降水极端气候事件阈值 [J]. 水科学进展, 21(5): 660-665.

李庆祥, 黄嘉佑. 2011. 对我国极端高温事件阈值的探讨 [J]. 应用气象学报, 22(2): 138-144.

李卫红, 黎枫, 陈忠升, 等. 2011. 和田河流域平原耗水驱动力与绿洲适宜规模分析 [J]. 冰川冻土, 3(5): 1161-1168.

李香云, 罗岩, 王立新. 2003. 近 50a 人类活动对西北干旱区水文过程干扰研究 —— 以塔里木河流域为例 [J]. 郑州大学学报 (工学版), 24(4):93-98.

李小明，张希明. 1995. 塔克拉玛干沙漠南缘绿洲生态系统 [J]. 干旱区研究，12(4)：10-16.

李小玉, 肖笃宁, 何兴元, 等. 2006. 内陆河流域中、下游绿洲耕地变化及其驱动因素 —— 以石羊河流域中游凉州区和下游民勤绿洲为例 [J]. 生态学报, 26(3): 671-680.

李新, 周宏飞. 1998. 人类活动干预后的塔里木河水资源持续利用问题 [J]. 地理研究, 17(2): 171-177.

李雁, 周青, 周薇, 等. 2013. 中国不同气候区高、低温及强降水阈值 [J]. 高原气象, 32(5): 1382-1388.

廖要明, 刘绿柳, 陈德亮, 等. 2011. 中国天气发生器模拟非降水变量的效果评估 [J]. 气象学报, 69(2): 310-319.

凌红波，徐海量，刘新华，等. 2012. 新疆克里雅河流域绿洲适宜规模 [J]. 水科学进展，23(4)：563-568.

凌红波, 徐海量, 史薇. 2009. 新疆玛纳斯河流域绿洲生态安全评价 [J]. 应用生态学报, 20(9): 2219-2224.

刘剑宇, 张强, 顾西辉, 等. 2016. 鄱阳湖流域洪水变化特征及气候影响研究 [J]. 地理科学, 36(8): 1234-1242.

刘志丽，马建文，陈嘻，等. 2003. 利用 3S 技术综合研究新疆塔里木河流域中下游 11 年生态环境变化与成因 [J]. 遥感学报, 7(2): 146-152.
罗格平, 周成虎, 陈曦, 等. 2004. 区域尺度绿洲稳定性评价 [J]. 自然资源学报, 19(4): 519-524.
罗梦森, 熊世为, 梁宇飞. 2013. 区域极端降水事件阈值计算方法比较分析 [J]. 气象科学, 33(5): 549-554.
马吉巍. 2015. 基于优化配置的农业水资源承载力研究 [D]. 哈尔滨: 东北农业大学.
马晓超. 2013. 基于生态水文特征的渭河中下游生态环境需水研究 [D]. 杨凌: 西北农林科技大学.
满苏尔·沙比提, 胡江玲. 2011. 1957~2007 年阿克苏河流域绿洲耕地变化及其河流水文效应 [J]. 冰川冻土, 33(1): 182-189.
满苏尔·沙比提, 努尔卡木里·玉素甫. 2010. 塔里木河流域绿洲耕地变化及其河流水文效应 [J]. 地理研究, 29(12): 2251-2260.
齐宪阳. 2016. 基于水文模型与 GIS 技术的山洪灾害风险分析 [D]. 北京: 中国科学院大学.
覃鸿, 黄菊梅, 徐志伟, 等. 2015. 1960~2014 年洞庭湖区极端降水和暴雨的变化特征 [C]//第 32 届中国气象学会年会 S1 灾害天气监测、分析与预报.
覃永良. 2008. 平原河网地区环境流量概念、方法及适应性管理研究 [D]. 上海: 华东师范大学.
曲耀光, 马世敏. 1995. 甘肃河西走廊地区的水与绿洲 [J]. 干旱区资源与环境, 9(3): 93-99.
任立良, 沈鸿仁, 袁飞, 等. 2016. 变化环境下渭河流域水文干旱演变特征剖析 [J]. 水科学进展, 27(4): 492-500.
任立良, 张炜, 李春红. 2001. 中国北方地区人类活动对地表水资源的影响研究 [J], 河海大学学报, 29(4): 13~18.
芮孝芳. 1991. 论人类活动对水资源的影响 [J]. 河海科技进展，11(9): 52-56.
桑燕芳, 王栋, 吴吉春. 2009. 基于贝叶斯理论的水文线型参数不确定性分析 [J]. 水电能源科学, 27(6): 15-19.
尚晓三, 王式成, 王振龙, 等. 2011. 基于样本熵理论的自适应小波消噪分析方法 [J]. 水科学进展, 22(2): 182-188.
施雅风, 沈永平, 胡汝骥. 2002. 西北气候由暖干向暖湿转型的信号、影响和前景初步探讨 [J]. 冰川冻土, 24(3): 219-226.
水利部水文局, 长江水利委员会水文局. 2010. 水文情报预报技术手册 [M]. 北京: 中国水利水电出版社.
司建华, 冯起, 李建林, 等. 2007. 荒漠河岸林胡杨吸水根系空间分布特征 [J]. 生态学杂志, 26(1): 1-4.
苏蕾蕾. 2011. 塔里木河中游土地利用变化及其生态环境效应 [D]. 乌鲁木齐: 新疆大学.
孙超. 2005. 亟待开展黄河下游河道远景学研究 [J]. 冰川冻土, 27(3): 444-448.
孙福宝. 2007. 基于 Budyko 水热耦合平衡假设的流域蒸散发研究 [D]. 北京: 清华大学.
孙晓娟. 2010. 气候变化对阿克苏河流域径流量及平原水库的影响研究 [D]. 阿拉尔: 塔里木大学.

孙晓敏, 袁国富, 朱治林. 2010. 生态水文过程观测与模拟的发展与展望 [J]. 地理科学进展, 29(11): 1293-1300.
孙颖, 吴蓓, 赵程程, 等. 2017. 青岛市城阳区强降水极端气候阈值研究 [J]. 安徽农业科学, 45(13): 189-191.
汤成友, 郭丽娟, 王瑞. 2007. 水文时间序列逐步回归随机组合预测模型及其应用 [J]. 水利水电技术, 38(6): 1-4.
汤奇成. 1990. 塔里木盆地水资源与绿洲建设 [J]. 干旱区资源与环境, 4(3): 110-116.
陶辉, 黄金龙, 翟建青, 等. 2013. 长江流域气候变化高分辨率模拟与 RCP4.5 情景下的预估 [J]. 气候变化研究进展, 9(4): 246-251.
陶辉, 毛炜峄, 黄金龙, 等. 2014. 塔里木河流域干湿变化与大气环流关系 [J]. 水科学进展, 25(1): 45-52.
佟金萍, 王慧敏. 2006. 流域水资源适应性管理研究 [J]. 软科学, 20(2): 59-61.
王澄海, 吴永萍, 崔洋. 2009. CMIP 研究计划的进展及其在中国地区的检验和应用前景 [J]. 地球科学进展, 24(5): 461-468.
王浩. 2011. 环境流既是技术名词，又是管理概念，更是一项系统工程 [N]. 中国水利报, 2011-6-30(5).
王国清, 姜德华. 1991. 新疆的绿洲农业 [J]. 地域研究与开发, 10(3): 27-31.
王国庆. 2006. 气候变化对黄河中游水文水资源影响的关键问题研究 [D]. 南京: 河海大学.
王国庆, 张建云, 贺瑞敏, 等. 2007. 黄河中游气温变化趋势及其对蒸发能力的影响 [J]. 水资源与水工程学报, 18(4): 32-36.
王冀, 江志红, 丁裕国, 等. 2008. 21 世纪中国极端气温指数变化情况预估 [J]. 资源科学, 30(7): 1084-1092.
王启猛, 张捷斌, 付意成. 2010. 变化环境下塔里木河径流变化及其影响因素分析 [J]. 水土保持通报, 30(4): 99-103.
王随继, 闫云霞, 颜明, 等. 2012. 皇甫川流域降水和人类活动对径流量变化的贡献率分析——累积量斜率变化率比较方法的提出及应用 [J]. 地理学报, 67(3): 388-397.
王学雷，姜刘志. 2015. 三峡工程蓄水前后长江中下游环境流特征变化研究 [J]. 华中师范大学学报：自然科学版, 49(5): 798-804.
王智超，程勇，孙海旋，等. 2008. 塔里木河 (阿拉尔河段) 叶尔羌高原鳅生物学特征初步研究 [C]//中国鱼类学会 2008 学术研讨会论文摘要汇编.
王忠静, 王海峰, 雷志栋. 2002. 干旱内陆河区绿洲稳定性分析 [J]. 水利学报, 5: 26-30.
魏军, 李婷, 胡会芳, 等. 2016. 基于 RClimDex 模型的石家庄市极端降水时空变化特征 [J]. 干旱气象, 34(4): 623-630.
魏晓妹, 康绍忠, 马岚, 等. 2006. 石羊河流域绿洲农业发展对水资源转化的影响及其生态环境效应 [J]. 灌溉排水学报, 25(4): 28-32.
吴迪, 严登华. 2013. SRES 情景下多模式集合对淮河流域未来气候变化的预估 [J]. 湖泊科学, 25(4): 565-575.

吴佳, 高学杰. 2013. 一套格点化的中国区域逐日观测资料及与其它资料的对比 [J]. 地球物理学报, 56(4): 1102-1111.

吴佳鹏, 陈凯麒. 2008. 分形理论在水文情势影响评价中的应用 [J]. 水电能源科学, 26(1): 37-39.

吴杰峰, 陈兴伟, 高路, 等. 2016. 基于标准化径流指数的区域水文干旱指数构建与识别 [J]. 山地学报, 34(3): 282-289.

吴晶, 罗毅, 李佳, 等. 2014. CMIP5 模式对中国西北干旱区模拟能力评价 [J]. 干旱区地理, 37(3): 499-508.

夏军，Thomas Tanner，任国玉，等. 2008. 气候变化对中国水资源影响的适应性评估与管理框架 [J]. 气候变化研究进展，(4): 215-219.

徐小玲, 延军平, 梁煦枫. 2009. 三江源区径流量变化特征与人为影响程度 [J]. 干旱区研究, 26(1): 90-95.

许皓, 李彦, 谢静霞. 2010. 光合有效辐射与地下水位变化对柽柳属荒漠灌木群落碳平衡的影响 [J]，植物生态学, 34(4): 375-386.

许有鹏. 1993. 干旱区水资源承载能力综合评价研究：以新疆和田流域为例 [J]. 自然资源学报, 8(3): 229-237.

薛联青, 杨明智, 孙超, 等. 2014. 不同干旱等级下的叶尔羌河流域水资源优化配置 [J]. 水土保持研究, 21(3): 242-245.

薛联青, 张卉, 张洛晨, 等. 2017. 基于改进 RVA 法的水利工程对塔里木河生态水文情势影响评估 [J]. 河海大学学报 (自然科学版), 45(3): 1-8.

阎植林, 邱菀华. 1997. 管理系统有序度评价的熵模型 [J]. 系统工程理论与实践, 17(6): 46-49.

杨默远, 桑燕芳, 王中根, 等. 2014. 潮河流域降水–径流关系变化及驱动因子识别 [J]. 地理研究, 33(9): 1658-1667.

杨青, 何清. 2003. 塔里木河流域的气候变化、径流量及人类活动间的相互影响 [J]. 应用气象学报, 14(3): 309-321.

杨素英, 孙凤华, 马建中. 2008. 增暖背景下中国东北地区极端降水事件的演变特征 [J]. 地理科学, 28(2): 224-228.

杨志峰, 崔保山, 刘静玲. 2004. 生态环境需水量评估方法与例证 [J]. 中国科学 D 辑: 地球科学, 34(11): 1072-1082.

袁超, 陈永柏. 2011. 三峡水库生态调度的适应性管理研究 [J]. 长江流域资源与环境, 20(3): 269-275.

张洪波，黄强，彭少明, 等. 2012. 黄河生态水文评估指标体系构建及案例研究 [J]. 水利学报, 43(6): 675-683.

张剑明, 廖玉芳, 段丽洁, 等. 2011. 1960~2009 年湖南省暴雨极端事件的气候特征 [J]. 地理科学进展, 30(11): 1395-1402.

张凯, 王润元, 韩海涛, 等. 2007. 黑河流域气候变化的水文水资源效应 [J]. 资源科学, 29(1): 76-81.

张林源, 王乃昂, 施祺. 1995. 绿洲的发生类型及时空演变 [J]. 干旱区资源与环境, 9(3): 32-43.

张树磊, 杨大文, 杨汉波, 等. 2015. 1960～2010 年中国主要流域径流量减小原因探讨分析 [J]. 水科学进展, 26(5): 605-613.

张晓艳, 刘梅先. 2016. 洞庭湖流域降雨和降雨极值时空分布及风险变化研究 [J]. 湖南师范大学自然科学学报, 39(2): 10-15.

张应华, 宋献方. 2015. 水文气象序列趋势分析与变异诊断的方法及其对比 [J]. 干旱区地理 (汉文版), 38(4): 652-665.

张勇, 曹丽娟, 许吟隆, 等. 2008. 未来我国极端温度事件变化情景分析 [J]. 应用气象学报, 19(6): 655-660.

赵文智, 庄艳丽. 2008. 中国干旱区绿洲稳定性研究 [J]. 干旱区研究, 25(2): 155-162.

周劲松. 1996. 绿洲系统产业结构的历史演变及其发展方向 —— 以高台绿洲为例 [J]. 地理科学, 16(1): 79-87.

周婷, 于福亮, 李传哲, 等. 2011. 湄公河清盛站水文情势变化分析 [J]. 水电能源科学, (11): 15-18.

周仰效. 2010. 地下水–陆生植被系统研究评述 [J]. 地学前缘, 17(6): 21-30.

祝薄丽, 郭家力, 郭靖, 等. 2016. 基于多模式耦合的赣江流域设计暴雨估算 [J]. 人民长江, 47(13): 6-11.

左其亭. 2017. 水资源适应性利用理论及其在治水实践中的应用前景 [J]. 南水北调与水利科技, 15(1): 18-24.

Beharry S L, Clarke R M, Kumarsingh K. 2015. Variations in extreme temperature and precipitation for a Caribbean island: Trinidad[J]. Theoretical & Applied Climatology, 122(3-4): 783-797.

Bewket W, Sterk G. 2005. Dynamics in land cover and its effect on stream flow in the Chemoga watershed, Blue Nile basin, Ethiopia[J]. Hydrological Processes, 19(2): 445-458.

Budyko M I. 1958. The Heat Balance of the Earth's Surface[M]. Washington: U. S. Dept of Commerce.

Budyko M I. 1974. Climate and Life [M]. San Diego: Academic Press: 72-191.

Choudhury B J. 1999. Evaluation of an equation for annual evaporation using field observations and results from a biophysical model [J]. Journal of Hydrology, 216(1-2): 99-110.

Costa E F, Fragoso M D. 2005. A New Approach to Detectability of Discrete-Time Infinite Markov Jump Linear Systems[M]. Society for Industrial and Applied Mathematics.

Duethmann D, Bolch T, Farinotti D, et al. 2015. Attribution of streamflow trends in snow and glacier melt-dominated catchments of the Tarim River, Central Asia[J]. Water Resources Research, 51(6): 4727-4750.

Dyson M, Bergkamp G, Scanlon J. 2003. Flow: The Essential of Environmental Flow[M]. Gland: IUCN, (6-7): 25-30.

Fu G, Charles S P, Chiew F H S. 2007. A two-parameter climate elasticity of streamflow index to assess climate change effects on annual streamflow [J]. Water Resources Research, 43(11): 2578-2584.

Gao G, Fu B, Wang S, et al. 2016. Determining the hydrological responses to climate variability and land use/cover change in the Loess Plateau with the Budyko framework[J]. Science of the Total Environment, 557-558: 331.

Gao X J, Shi Y, Zhang D F, et al. 2012. Uncertainties in monsoon precipitation projections over China: results from two high-resolution RCM simulations[J]. Climate Research, 52: 213-226.

Hewlett J D, Hibbert A R. 1967. Factors Affecting the Response of Small Watersheds to Precipitation in Humid Areas[A]//Sopper W E, Lull H W. International Symposiumon Froest Hydrology[C]. Oxford Pergamon Press: 275~290.

Huang S, Liu F. 1998. An industrial test of corrugated panel Ti-Mn composite anode[J]. Chinas Manganese Industry.

Hurst. 1984. Multiple-valued logic—its status and its future[J]. IEEE Transactions on Computers, C-33(12): 1160-1179.

IPCC. 2013. Climate Change 2013: the Physical Science Basis[M]. Cambridge: Cambridge University Press.

Jiang Y, Liu C M, Huang C G, et al. 2010. Improved particle swarm algorithm for hydrological parameter optimization[J]. Applied Mathematics & Computation, 217(7): 3207-3215.

Suen J P. 2010. Potential impacts to freshwater ecosystems caused by flow regime alteration under changing climate conditions[J]. Hydrobiologia, 649: 115-128.

Kadari A, Mekala S R, Wagner N, et al. 2011. Human contribution to more-intense precipitation extremes [J]. Nature, 470(7334): 378.

Lauenroth W K. 2014. Schlaepfer, eco-hydrology of dry Regions: Storage versus pulse soil water dynamics[J]. Ecosystems, 17(8): 1469-1479.

Lessard J A, Hicks D M, Snelder T H, et al. 2013. Dam design can impede adaptive management of environmental flows: A case study from the opuha dam, New Zealand[J]. Environmental Management, 51(2): 459.

Li H, Sheffield J, Wood E F. 2010. Bias correction of monthly precipitation and temperature fields from Intergovernmental Panel on Climate Change AR4 models using equidistant quantile matching [J]. Journal of Geophysical Research Atmospheres, 115(D10): 985-993.

Liang W, Bai D, Wang F, et al. 2015. Quantifying the impacts of climate change and ecological restoration on streamflow changes based on a Budyko hydrological model in China's Loess Plateau[J]. Water Resources Research, 51(8): 6500-6519.

Ling H B, Guo B, Xu H L, et al. 2014a. Configuration of water resources for a typical river basin in an arid region of China based on the ecological water requirements (EWRs) of desert riparian vegetation[J]. Global And Planetary Change, 122: 292-304.

Ling H B, Xu H L, Fu J Y. 2014b. Changes in intra-annual runoff and its response to climate change and human activities in the headstream areas of the Tarim River Basin, China[J]. Quaternary International, 336(26): 158-170.

Mandelbrot B B, Wheeler J A. 1982. The fractal geometry of nature[J]. Journal of the Royal Statistical Society, 147(4): 468.

Milly P C, Cazenave A, Gennero C. 2003. Contribution of climate-driven change in continental water storage to recent sea-level rise[J]. Proceedings of the National Academy of Sciences of the United States of America, 100(23): 13158-13161.

Murtinho, Felipe, Tague, et al. 2013. Water scarcity in the andes: A comparison of local perceptions and observed climate, land use and socioeconomic changes[J]. Human Ecology, 41(5): 667-681.

Mwedzi T, Katiyo L, Mugabe F T, et al. 2016. A spatial assessment of stream-flow characteristics and hydrologic alterations, post dam construction in the Manyame catchment, Zimbabwe[J]. Water SA, 42(2): 194-202.

Nagler J, Levina A, Timme M. 2011. Impact of single links in competitive percolation[J]. Nature Physics, 7(3): 265-270.

Naik P K, Jay D A. 2005. Estimation of Columbia River virgin flow: 1879 to 1928[J]. Hydrological Processes, 19(9): 807-824.

Overton I C, Smith D M, Dalton J, et al. 2014. Implementing environmental flows in integrated water resources management and the ecosystem approach [J]. Hydrological Sciences Journal, 59(3-4): 860-877.

Pang H, Pang X, Yang H, et al. 2010. Alteration and Reformation of Hydrocarbon Reservoirs and Prediction of Remaining Potential Resources in Superimposed Basins[J]. ACTA GEOLOGICA SINICA (English Edition), 84(5): 1078-1096.

Poff N L, Richter B D, Arthington A H, et al. 2010. The ecological limits of hydrologic alteration (ELOHA): A new framework for developing regional environmental flow standards. Freshwater Biol, 55(1): 147-170.

Ravins H. 2008. Smiling on the inside and outside[J]. Practical Procedures & Aesthetic Dentistry PPAD, 20(6):369.

Richter B D, Baumgartner J V, Braun D P, et al. 1998. A spatial assessment of hydrologic alteration within a river network[J]. Regulated Rivers: Research and Management, 14(4): 329-340.

Richter B D, Baumgartner J V, Wigington R, et al. 1997. How much water does a river need? [J]. Freshwater Biology, 37(2): 231-249.

Richman J S, Lake D E, Moorman J R. 2004. Sample entropy.[J]. Methods in Enzymology, 384(384):172-184.

Roderick M L, Farquhar G D. 2011. A simple framework for relating variations in runoff to variations in climatic conditions and catchment properties [J]. Water Resources Research, 47(12): 667-671.

Schaake J C. 1990. From Climate to Flow, in Climate Change and US Water Resources [M].New York: John Wiley: 177-206.

Semenov M A, Barrow E M. 2002. LARS-WG A Stochastic Weather Generator for Use in Climate Impact Studies[J]. User Manual.

Semenov M A, Brooks R J, Barrow E M, et al. 1998. Comparison of the WGEN and LARS-WG stochastic weather generators for diverse climates[J]. Climate Research, 10(2): 95-107.

Shiau J T, Wu F C. 2004. Feasible diversion and instream flow release using range of variability approach[J]. Journal of Water Resources Planning and Management, 130(5): 395-404.

Su B, Huang J L, Gemmer M, et al. 2016. Statistical downscaling of CMIP5 multi-model ensemble for projected changes of climate in the Indus River Basin [J], Atmospheric Research, 178: 138-149.

Suen J P. 2010. Potential impacts to freshwater ecosystems caused by flow regime alteration under changing climate conditions in Taiwan [J]. Hydrobiologia, 649(1): 115-128.

Summers M F, Holman I P, Grabowski R C. 2015. Adaptive management of river flows in Europe: A transferable framework for implementation [J]. Journal of Hydrology, 531:696-705.

Szemis J M, Maier H R, Dandy G C. 2015. An adaptive ant colony optimization framework for scheduling environmental flow management alternatives under varied environmental water availability conditions [J]. Water Resources Research, 50(10): 7606-7625.

Wang B, Zhang M, Wei J, et al. 2013. Changes in extreme events of temperature and precipitation over Xinjiang, northwest China, during 1960~2009[J]. Quaternary International, 298(12): 141-151.

Wang G Y, Shen Y P, Zhang J G, et al. 2010. The effects of human activities on oasis climate and hydrologic environment in the Aksu River Basin, Xinjiang, China. [J]. Environmental Earth Sciences, 59(8): 1759-1769.

Wang J N, Dong Z R, Liao W G, et al. 2013. An environmental flow assessment method based on the relation-ships between flow and ecological response: A case study of the Three Gorges Reservoir and its downstream reach[J]. Sci. China Tech. Sci., 56(6): 1471-1484.

Xie Y C, Gong J, Sun P, et al. 2014. Oasis dynamics change and its influence on landscape pattern on Jinta oasis in arid China from 1963a to 2010a: Integration of multi-source satellite images[J]. International Journal of Applied Earth Observation and Geoinformation, 33(12): 181-191.

Xu Z X, Chen Y N, Li J Y. 2004. Impact of climate change on water resources in the Tarim

River Basin[J]. Water Resources Management, 18(5): 439-458.

Yang H, Yang D, Lei Z, et al. 2008. New analytical derivation of the mean annual water-energy balance equation [J]. Water Resources Research, 44(3): 893-897.

Zhang F, Wang T, Yimit H, et al. 2011. Hydrological changes and settlement migrations in the Keriya River delta in central Tarim Basin ca. 2.7–1.6 ka B. P. Inferred from ^{14}C and OSL chronology [J]. 中国科学 D 辑: 地球科学, 54(12): 1971-1980.

Zhang W, Hasegawa A, Itoh K, et al. 1991. Error Back Propagation with Minimum-entropy Weights: A Technique for Better Generalization of 2-D shift-invariant NNs[M]//ICNN-91-Seattle Internationd Joint Conference on Neural Networks.

Zhang W T, Wu H Q, Gu H B. 2014. Variability of soil salinity at multiple spatio-temporal scales and the related driving factors in the Oasis Areas of Xinjiang, China[J]. Pedosphere, 24(6): 753-762.

Zhang X B, Yang F. 2004. RClimDex (1.0) User Manual[S]. Climate Research Branch Environmental Canada Downsview, Ontario Canada.

Zhang Z, Hu H P, Tian F, et al. 2014. Groundwater dynamics under water-saving irrigation and implications for sustainable water management in an oasis: Tarim River basin of western China[J]. Hydrology and Earth System Sciences, 18(10): 3951-3967.

索　　引